高等院校计算机任务驱动教改教材

Linux

系统基础及服务器配置教程与实验

张庆玲 蒙晓燕 张建军 主编

王素坤 赵金考 刘素芬 张淑媛 副主编

清华大学出版社

北京

内 容 简 介

本书以 Linux 网络操作系统为平台,把 Linux 下的服务器配置内容作为重点,以案例引导、任务驱动的方式,基于虚拟机的操作环境,讲解网络环境下各种常用服务器的搭建。全书共 12 章,从内容组织上分为 Linux 系统基础和网络服务器配置,主要介绍了 Linux 操作系统下各种常用命令的使用;磁盘、文件系统和软件的管理;Samba 服务器、NFS 服务器、DHCP 服务器、DNS 服务器、Apache 服务器、FTP 服务器的配置与管理等。本书每章后都配有相应的实验及习题,便于读者快速掌握。

本书以培养学生能够完成中小企业建网、管网的任务为出发点,以工作过程为导向,以目前流行的 CentOS 为平台,对 Linux 的网络服务进行了详细讲解。本书注重工程实训和应用,并配有大量详尽的企业应用实例。

本书可作为应用型本科院校和高职院校计算机网络专业和云计算专业理论与实践一体化的教材,也可作为 Linux 系统管理和网络管理人员的自学指导用书。

图书在版编目(CIP)数据

Linux 系统基础及服务器配置教程与实验/张庆玲,蒙晓燕,张建军主编.—北京:清华大学出版社,2020.7(2021.8 重印)

高等院校计算机任务驱动教改教材

ISBN 978-7-302-55598-8

Ⅰ.①L… Ⅱ.①张… ②蒙… ③张… Ⅲ.①Linux 操作系统—教材 Ⅳ.①TP316.85

中国版本图书馆 CIP 数据核字(2020)第 089345 号

责任编辑:王剑乔
封面设计:刘 键
责任校对:袁 芳
责任印制:丛怀宇

出版发行:清华大学出版社
  网   址:http://www.tup.com.cn,http://www.wqbook.com
  地   址:北京清华大学学研大厦 A 座   邮   编:100084
  社 总 机:010-62770175   邮   购:010-62786544
  投稿与读者服务:010-62776969,c-service@tup.tsinghua.edu.cn
  质量反馈:010-62772015,zhiliang@tup.tsinghua.edu.cn
印 装 者:大厂回族自治县彩虹印刷有限公司
经   销:全国新华书店
开   本:185mm×260mm   印 张:16.5   字   数:394 千字
版   次:2020 年 8 月第 1 版   印   次:2021 年 8 月第 2 次印刷
定   价:49.00 元

产品编号:087100-01

前　言

随着计算机网络技术的日益普及和不断发展，计算机网络课程已经成为计算机类专业的主干专业课之一。Linux 操作系统是计算机网络的一个重要组成部分，"网络服务器配置"课程是各大院校计算机专业的核心课程，具有很强的实践性。目前常用的网络操作系统主要是 Linux，为满足我国高等教育的需要，我们编写了这本"教、学、做一体化"的 Linux 网络操作系统教材。

本书分为两大部分：基础知识部分（第 1～6 章）和服务器配置与管理部分（第 7～12 章）。

第 1 章主要介绍 Linux 的发展历史、Linux 的特点和组成以及虚拟机和 Linux 的安装方法。

第 2 章主要介绍 Shell 的基本命令和文本编辑器的使用。

第 3 章主要讲解如何分别使用命令和用户管理器管理用户和组。

第 4 章主要讲解磁盘和文件系统管理常用命令以及挂载命令。

第 5 章主要讲解 YUM、RPM 软件包管理工具在安装、删除等方面的操作。

第 6 章主要讲解 Linux 网络的相关知识和网络管理的常用命令。

第 7 章主要讲解 Samba 服务器的配置与管理以及配套实验。

第 8 章主要讲解 NFS 服务器的配置与管理以及配套实验。

第 9 章主要讲解 DHCP 服务器的配置与管理以及配套实验。

第 10 章主要讲解 DNS 服务器的配置与管理以及配套实验。

第 11 章主要讲解 Apache 服务器的配置与管理以及配套实验。

第 12 章主要讲解 FTP 服务器的配置与管理以及配套实验。

本书是一本"项目导向、任务驱动"的"教、学、做一体化"的工学结合教材。每章的实验以具体案例为载体，配以案例分析，最终提出完整解决方案，让读者从实例中掌握服务器的配置与管理，从而达到知识的融会贯通。"常见的故障及排除"对服务器配置的常见错误进行分析，找出解决方法，培养读者对服务器常见故障的维护技能。

本书内容全面，涉及实际工作中 Linux 各种命令及服务器的配置和应用，信息量大。读者通过对本书的学习，可以掌握各种命令及常用服务器的配置和使用方法。所有实验项目都源于实际工作经验，实验内容强调工学结合，专业技能培养实战化，重在培养读者分析和解决实际问题的能力。

本课程是一门实践性很强的课程,建议在讲授 Linux 网络操作系统时,注重培养学生的动手能力,尽量提供配置完备的网络实验环境,让学生充分地利用网络资源,最大限度地在模拟环境中理解实际的应用。

本书编者张庆玲、张建军、赵金考、刘素芬均来自包头轻工职业技术学院,蒙晓燕来自内蒙古机电职业技术学院,王素坤来自内蒙古师范大学,张淑媛来自内蒙古电子信息职业技术学院。全书由张庆玲、蒙晓燕、张建军任主编,王素坤、赵金考、刘素芬、张淑媛任副主编。其中,张庆玲编写了第 1、2、3、12 章,蒙晓燕编写了第 4、5 章,张建军编写了第 6、7 章,王素坤编写了第 8 章,赵金考编写了第 9 章,刘素芬编写了第 10 章,张淑媛编写了第 11 章,刘泽宇、韩耀坤、赵红伟、温立霞、王慧敏也参与了本书的编写工作。

限于编者的水平,书中若有不足和疏漏之处,恳请提出宝贵意见。

编　者

2020 年 5 月

目 录

第1篇 基 础 知 识

第 2 篇 服务器配置与管理

第1篇 基础知识

第 1 章

Linux网络操作系统概述

Linux 是一套免费使用和自由传播的类 UNIX 操作系统,是一个基于 POSIX 和 UNIX 的多用户、多任务、支持多线程和多 CPU 的操作系统。它能运行主要的 UNIX 工具软件、应用程序和网络协议。它支持 32 位和 64 位硬件。Linux 继承了 UNIX 以网络为核心的设计思想,是一个性能稳定的多用户网络操作系统。

教学目标

- 了解 Linux 的基本概念。
- 掌握安装 Linux 的不同方法。
- 能够简单配置 Linux。

1.1 Linux 简介

1.1.1 Linux 系统的产生

Linux 是一种自由和开放源码的类 UNIX 操作系统。Linux 系统最大的特色是源代码完全公开,在符合 GNU/GPL(通用公共许可证)的原则下,任何人都可以自由取得、发布甚至修改源代码。

Linux 最初是由芬兰赫尔辛基技术大学计算机系学生 Linus Torvalds 开发出来的。在从 1990 年年底到 1991 年的几个月中,Linus 利用 Tanenbaum 教授自行设计的微型 UNIX 操作系统 MINIX 作为开发平台,在 Intel 386 PC 上进行他的操作系统课程实验。Linus 说,刚开始时他根本没有想到要编写一个操作系统的内核,更是绝对没有想到这一举动会在计算机界产生如此重大的影响。最开始他只是编写一个进程切换器,然后是为自己上网需要而自行编写的终端仿真程序,再后来是为了他从网上下载文件的需要而自行编写的硬盘驱动程序和文件系统,这时他发现自己已经实现了一个几乎完整的操作系统内核。出于对这个内核的信心和美好的奉献精神与发展希望,Linus 希望这个内核能够免费扩散使用,但出于谨慎,他并没有在 MINIX 新闻组中公布它,而只是于 1991 年年底在赫尔辛基技术大学的一台 FTP 服务器上发了一则消息,说用户可以下载 Linux 的公开版本(基于 Intel 386 体系结构)和源代码。从此以后,奇迹开始发生了。

Linux 操作系统刚开始时并没有被称作 Linux,Linus 给他的操作系统取名为 FREAX,其英文含义是怪诞、怪物、异想天开的意思。在他将新的操作系统上传到 FTP 服务器上时,管理员 AriLemke 很不喜欢这个名称。他认为既然是 Linus 的操作系统就取其谐音 Linux 作为该操作系统的名字,于是 Linux 这个名称就开始流传下来。

Linux 的兴起可以说是 Internet 创造的一个奇迹。到 1992 年 1 月为止,全世界大约只有 100 个人在使用 Linux,但由于它是在 Internet 上发布的,网上的任何人在任何地方都可以得到 Linux 的基本文件,并可以通过电子邮件发表评论或者提供修正代码。这些对 Linux 热心的人有将它作为学习和研究对象的大专院校的学生,有科研机构的科研人员,也有网络黑客等,他们所提供的所有初期上传代码和评论,后来证明对 Linux 的发展都至关重要。正是在众多热心者的努力下,Linux 在不到 3 年的时间里成为一个功能完善、稳定可靠的操作系统。

1.1.2 Linux 系统的发展历程

1991 年的 10 月 5 日,林纳斯·托瓦兹在 comp. os. minix 新闻组上发布消息,正式向外宣布 Linux 内核的诞生(Freeminix-like kernel sources for 386-AT)。

1994 年 3 月,Linux 1.0 版发布,代码量 17 万行,当时是按照完全自由免费的协议发布,随后正式采用 GPL 协议。

1996 年 6 月,Linux 2.0 版内核发布,此内核有大约 40 万行代码,并可以支持多个处理器。此时的 Linux 已经进入了实用阶段,全球大约有 350 万人使用。

2001 年 1 月,Linux 2.4 版发布,它进一步地提升了 SMP 系统的扩展性,同时它也集成了很多用于支持桌面系统的特性,如 USB、PC 卡(PCMCIA)的支持、内置的即插即用等功能。

2003 年 12 月,Linux 2.6 版内核发布,相对于 2.4 版内核,2.6 版内核在对系统的支持上有了很大的变化。

2006 年开始发售的 SONY PlayStation 3 也可使用 Linux 的操作系统,它有一个能使其成为一个桌面系统的 Yellow Dog Linux。之前,SONY 也曾为他们的 PlayStation 2 推出过一套名为 PS2 Linux 的 DIY 组件。Ubuntu 自 9.04 版本恢复了 PPC 支持(包括 PlayStation 3)。2013 年发售的 SONY PlayStation 4 运行的操作系统是 Orbis OS,这是一款修改版的 FreeBSD 9.0。

1998 年,风靡全球的电影《泰坦尼克号》在制作特效中使用的 160 台 Alpha 图形工作站中,有 105 台采用了 Linux 操作系统。《指环王 2》使用了 Linux 创建的数字演员。

美国国家航空航天局 Ames 研究中心日前制造出了一种采用 Linux 操作系统和奔腾Ⅲ微处理器的个人卫星辅助设备(Personal Satellite Assistant),即一种机器人装置,未来将用来帮助航空器和在国际空间站上执行任务的宇航员。

Linux 存在着许多不同的版本,但它们都使用了 Linux 内核。Linux 可安装在各种计算机硬件设备中,比如手机、平板电脑、路由器、视频游戏控制台、台式计算机、大型机和超级计算机。严格来讲,Linux 这个词本身只表示 Linux 内核,但实际上人们已经习惯了用 Linux 来形容整个基于 Linux 内核,并且使用 GNU 工程各种工具和数据库的操作系统。

1.2　Linux 的特点和组成

1.2.1　Linux 的特点

Linux 操作系统在短短的几年之内得到了迅猛的发展,这样的成绩与其良好的特性是密不可分的,Linux 系统具有 UNIX 系统很多功能和特点,主要包括以下 8 个方面。

1. 抢占式多任务

多任务(Multitasking)是现代操作系统的一个主要特点,它允许计算机同时执行多道程序,各个程序的运行互相独立,Linux 系统有效地调度各个程序,使它们平等地访问处理器(CPU)。虽然在物理上是各个程序顺序地获得 CPU 运行周期,但由于 CPU 的处理速度非常快且切换程序运行的时间很短,因此感觉应用程序好像是在并行运行。

2. 多用户

多用户(Multiuser)是指计算机系统资源可以同时被不同用户使用。Linux 的多用户特性使许多用户能够同时使用同一系统进行各种操作。例如,系统或者网络上的所有用户可以共享打印机或磁带驱动器这样的共享设备,也可以对个别的用户或者用户组进行资源限制,以保护临界系统资源不被滥用。

3. 设备无关性

设备无关性是指操作系统将所有外设统一视作文件来处理,只要安装了相应的驱动程序,任何用户都可以像使用文件一样,操纵和使用这些设备,而不必知道它们的具体存在形式。设备无关性的关键在于内核的适应能力。其他操作系统只允许一定数量或一定种类的外围设备连接,而设备无关性的操作系统能够容纳任意种类及任意数量的设备,因为每一个设备都是通过其与内核的驱动程序独立进行访问的。Linux 是具有设备无关性的操作系统,它的核心具有高度适应能力,随着越来越多的程序员加入 Linux 编程,会有更多硬件设备加入到各种 Linux 核心和发行版本中。另外,由于用户可以免费得到 Linux 的核心源码,因此,用户可以修改内核源码,以便适应新增加的外围设备。

4. 开放性

开放性是指系统遵循世界标准规范,特别是符合业界标准的强大的 TCP/IP 网络协议,这意味着 Linux 主机可以很容易地和其他操作系统互相访问,同时还可以作为企业的服务器,提供重要的网络服务功能,如 NFS(远程文件访问)、E-mail 服务、WWW、FTP、路由和防火墙(安全)服务。

5. 可扩展性、可维护性与开放源代码

可扩展性是指开发人员可以通过修改源代码来对标准的 Linux 实用程序进行功能扩展。可维护性是指由于 Linux 的用户界面与各个商业版本的 UNIX 非常相近,很多 IT 技

术人员都了解其操作界面,此外,由于 Linux 可以在各种硬件平台上运行,熟悉 Linux 的技术人员可以很容易地管理多种硬件平台上的应用。目前很多版本的 Linux(如 Red Hat 的用户界面)都在模仿 Windows 进行开发,以方便非 IT 技术人员使用。开放源代码则使得 Linux 系统与其他操作系统相比更具优势。由于全世界无数的技术人员都可以帮助 Linux 修改系统错误,提升性能,因此到目前为止,Linux 已经成为一个相对健壮的操作系统,并且也越来越多地应用于各种关键业务当中。

6. 完善的网络功能

完善的内置网络功能是 Linux 的一大特点(也是 UNIX 的)。Linux 在通信和网络功能方面的表现明显优于其他操作系统。Linux 通过免费提供大量 Internet 网络软件为用户提供完善而强大的网络功能,对 Internet 的支持是 Linux 操作系统的组成部分。

7. 可靠的系统安全

Linux 采取了许多安全技术措施,包括对读/写进行许可权控制、带保护的子系统、审计跟踪、核心授权等,这就为网络多用户环境中的用户提供了必要的安全保障。

8. 良好的可移植性

可移植性是指将操作系统从一个平台转移到另一个平台,使它仍然能正常运行的能力。Linux 是一种可移植的操作系统,从微型机到巨型机的许多硬件平台上都可以看到 Linux 的身影。由于以往 PC 服务器大多使用 Windows 操作系统,小型机、中型机和大型机往往使用厂商提供的专用系统(商业版的 UNIX),所以在不同平台之间的软件移植,可能会发生中间软件的版本更换,应用软件的重新编译,甚至是应用软件源代码的修改,因此可能需要较多的人力、物力投入,而如果各平台采用了 Linux 操作系统,不同平台之间的软件移植就会容易得多。

1.2.2 Linux 系统的组成

Linux 系统一般由 4 个主要部分构成:内核、Shell、文件系统和应用程序。内核、Shell 和文件系统一起形成了基本的操作系统结构,它们使得用户可以运行程序,管理文件并使用系统。

(1) 内核是系统的"心脏",是运行程序和管理磁盘及打印机等硬件设备的核心程序。

(2) Shell 是系统的用户界面,提供了用户与内核进行交互操作的一种接口,它接收用户输入的命令并把它送入内核去执行。实际上 Shell 是一个命令解释器,它解释由用户输入的命令并且把它们送入内核。另外,Shell 编程语言具有普通编程语言的很多特点,用这种编程语言编写的 Shell 程序与其他应用程序具有同样的效果。

(3) 文件系统是文件存放在磁盘等存储设备上的组织方法。Linux 能支持目前多种流行的文件系统,如 ext2、ext3、ext4、XFS、VFAT、ISO 9660、NFS、SMB 等。

(4) 标准的 Linux 系统都有一套称为应用程序的程序集,包括文本编辑器、编程语言、X-Window、办公套件、Internet 工具、数据库等。

1.3　实验：安装 Linux 操作系统

1.3.1　实验目的

本实验的目的是在虚拟机中安装 Linux,其合法域名为 www.btqy.com,并配置正确的 IP 地址 172.16.101.5。

1.3.2　实验内容

中小型企业在选择网络操作系统时,首先推荐企业版 Linux 网络操作系统。一是由于其开源的优势;二是由于其安全性。

要想成功安装 Linux,首先必须要对硬件的基本要求、硬件的兼容性、多重引导、磁盘分区和安装方式等进行充分准备,获取发行版本,查看硬件是否兼容,选择适合的安装方式。做好这些准备工作,Linux 安装之旅才会一帆风顺。

1. 硬件的基本要求

CPU:需要 Pentium 以上处理器。

内存:对于 x86、AMD 64/Intel 64 和 Itanium 2 架构的主机,最少需要 512MB 的内存,如果主机是 IBM Power 系列,则至少需要 1GB 的内存(推荐 2GB)。

硬盘:必须保证有大于 1GB 的空间。

显卡:需要 VGA 兼容显卡。

光驱:CD-ROM 或者 DVD。

其他:兼容声卡、网卡等。

2. 多重引导

Linux 和 Windows 的多系统共存有多种实现方式,最常用的有以下 3 种。

(1) 先安装 Windows,再安装 Linux,最后用 Linux 内置的 GRUB 或者 LILO 来实现多系统引导。这种方式实现起来最简单。

(2) 无所谓先安装 Windows 还是 Linux,最后经过特殊的操作,使用 Windows 内置的 OS Loader 来实现多系统引导。这种方式实现起来稍显复杂。

(3) 同样无所谓先安装 Windows 还是 Linux,最后使用第三方软件来实现 Windows 和 Linux 的多系统引导。这种实现方式最为灵活,操作也不算复杂。

在以上 3 种实现方式中,目前用户使用最多的是通过 Linux 的 GRUB 或者 LILO 实现 Windows、Linux 多系统引导。

3. 安装方式

任何硬盘在使用前都要进行分区。硬盘的分区有两种类型:主分区和扩展分区。一个

CentOS 提供了多达 3 种安装方式支持。

（1）从 CD-ROM/DVD 安装。

（2）从硬盘安装。

（3）从网络服务器（NFS 服务器或 FTP/HTTP 服务器）安装。

4. 磁盘分区

硬盘上最多只能有四个主分区，其中一个主分区可以用一个扩展分区来替换。也就是说主分区可以有 1～4 个，扩展分区可以有 0～1 个，而扩展分区中可以划分出若干个逻辑分区。目前常用的硬盘主要有两大类：SATA 接口硬盘和 SCSI 接口硬盘。

Linux 的所有设备均在表示为/dev 目录中的一个文件中。

1.3.3　实验步骤

下面讲解在虚拟机中安装 CentOS 系统的步骤。

（1）选择"文件"→"新建虚拟机"→"自定义"选项，如图 1-1 所示。

图 1-1　"欢迎使用新建虚拟机向导"对话框

（2）硬盘兼容性设为默认值，如图 1-2 所示。

（3）选择"稍后安装操作系统"（由于需要在虚拟机安装完成之后删除不需要的硬件，所以稍后安装操作系统），如图 1-3 所示。

（4）选择客户机操作系统为 Linux。版本为 CentOS 64 位（注意：版本一定要对应镜像文件的版本，其中，CentOS 64 位就是 64 位，Windows 系统应安装 64 位版本），如图 1-4 所示。

图 1-2　"选择虚拟机硬件兼容性"对话框

图 1-3　"安装客户机操作系统"对话框

图 1-4　"选择客户机操作系统"对话框

（5）命名虚拟机（简略表示出该虚拟机的类型、版本。例如 CentOS 7），如图 1-5 所示。

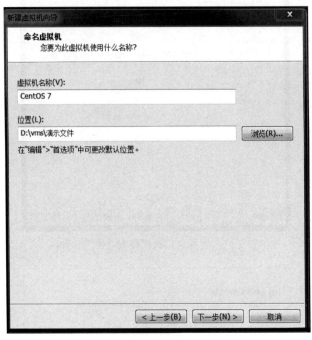

图 1-5　"命名虚拟机"对话框

（6）对处理器进行配置（CPU），总处理器核心数一般为 4，如图 1-6 所示。虚拟机总核心数不能超过主机核心数。若超出，则会警告提醒，如图 1-7 所示。

（7）"此虚拟机内存"一般设置为 2GB，如图 1-8 所示。

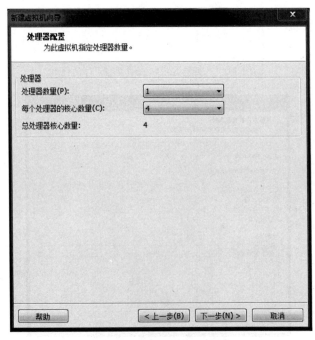

图 1-6　"处理器配置"对话框

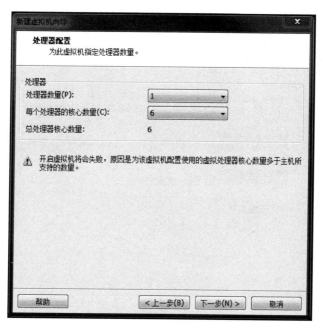

图 1-7 "处理器配置-总处理器核心数量"对话框

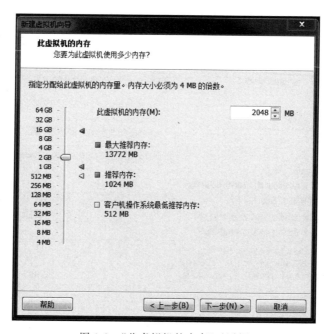

图 1-8 "此虚拟机的内存"对话框

（8）网络类型选择为"使用桥接网络"（可以使虚拟机与主机使用同一网络），如图 1-9 所示。

注意：VMnet1 网口对应的是"仅主机模式"；VMnet8 网口对应的是"NAT 模式"；VMnet0 网口对应的是"桥接模式"。查看以上对应是在 VMware Workstation 中的"编辑"菜单→"虚拟网络编辑器"选项，如图 1-10 所示。

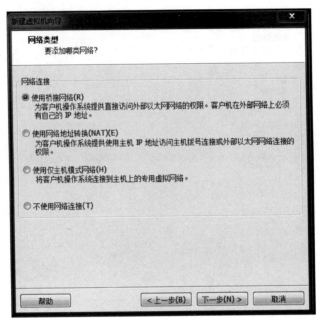

图 1-9 "网络类型"对话框

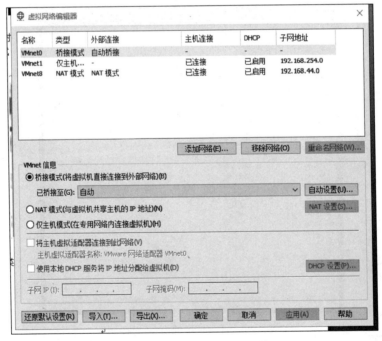

图 1-10 "虚拟机编辑器"对话框

（9）选择 I/O 控制器类型（相对于硬盘）为"默认"。从硬盘到内存是 I(Input)，从内存到硬盘是 O(Output)，如图 1-11 所示。

（10）选择磁盘类型为"默认"（硬盘接口，家庭个人常用 SATA 类型，服务器常用 SCSI 类型），如图 1-12 所示。

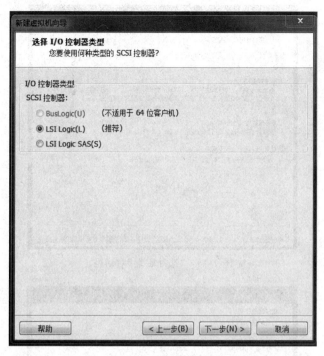

图 1-11 "选择 I/O 控制器类型"对话框

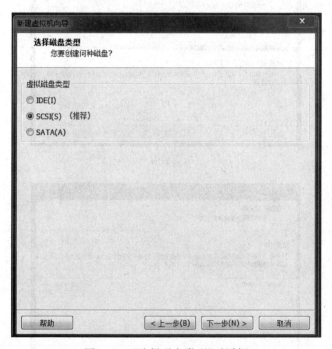

图 1-12 "选择磁盘类型"对话框

(11) 选择"磁盘"→"创建新虚拟磁盘"选项(其他两个不常用),如图 1-13 所示。

(12) 指定磁盘容量为 200GB(是假的虚拟,不占主机内存),如图 1-14 所示。

(13) 指定磁盘文件(.vmdk),如图 1-15 所示。

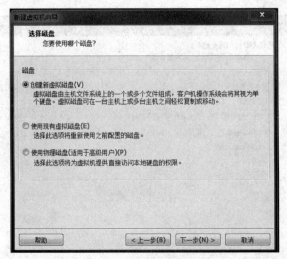

图 1-13 "选择磁盘"对话框

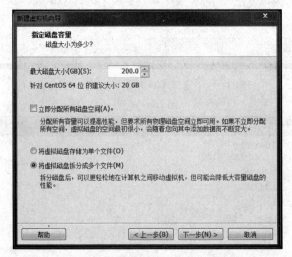

图 1-14 "指定磁盘容量"对话框

图 1-15 "指定磁盘文件"对话框

（14）完成安装，如图 1-16 所示。

　　删除不需要的硬件：选择"编辑虚拟机设置"→"硬件"→删除 USB 控制器、声卡、打印机，可以使虚拟器启动得快一点，如图 1-17 所示。

图 1-16　"已准备好创建虚拟机"对话框

图 1-17　"硬件"对话框

也可以手动添加硬件,比如,一个网口不够,再添加一个,如图1-18所示。网络连接仍然选择桥接模式,如图1-19所示。

此时可以看到添加了两个网络适配器,如图1-20所示。

图1-18 "硬件类型"对话框

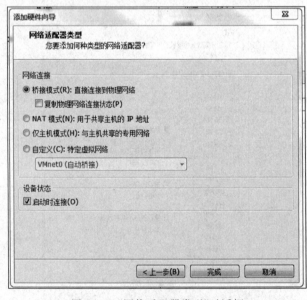

图1-19 "网络适配器类型"对话框

图1-20 "编辑虚拟机设置"对话框

(15)此时虚拟机中的硬件已经搭建完成,如图1-21所示。

(16)继续添加镜像文件,选择设备中的CD/DVD(IDE),在连接处选择"使用ISO镜像文件",单击"确定"按钮,如图1-22所示。

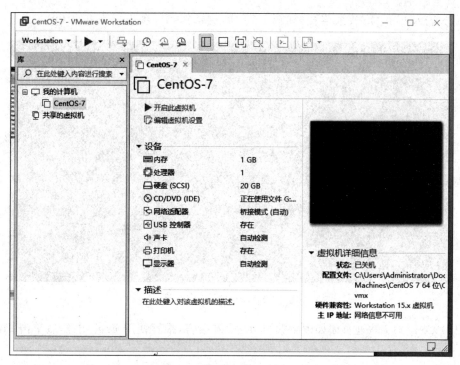

图 1-21　"CentOS-7"对话框

图 1-22　"虚拟机设置"→"使用 ISO 镜像文件"对话框

（17）进入 CentOS 安装界面，如图 1-23 所示，选择第一项 Install CentOS 7。

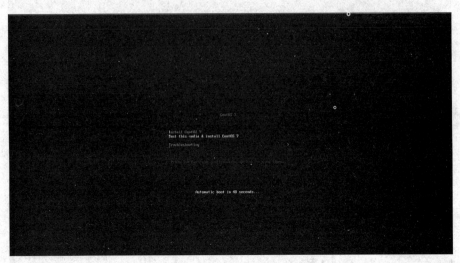

图 1-23　CentOS 安装界面

（18）CentOS 7 欢迎页面如图 1-24 所示，设置语言，推荐使用 English，然后单击 Continue 按钮。

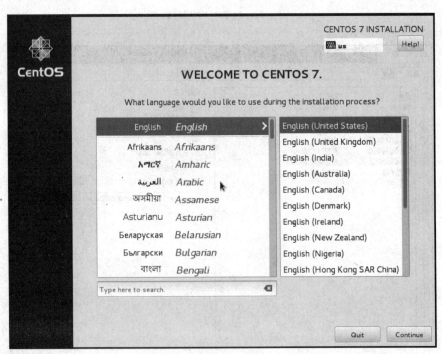

图 1-24　WELCOME TO CENTOS 7 对话框

（19）INSTALLATION SUMMARY 安装总览（这里可以完成 CentOS 7 版本 Linux 的全部设置）。

① DATE & TIME（设置时区），如图 1-25 所示。找到 Asia→Shanghai 并单击左上角的 Done 按钮。

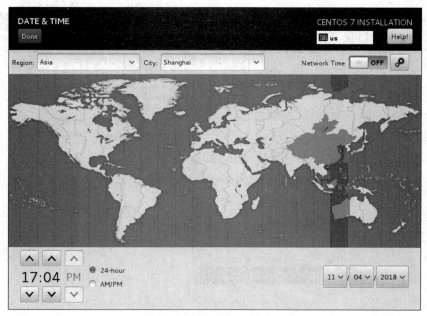

图 1-25　DATE & TIME 对话框

② KEYBOARD 键盘默认是 English(US)，如图 1-26 所示。

图 1-26　键盘设置

③ LANGUAGE SUPPORT 语言支持，默认是 English，也可以自行添加 Chinese 简体中文的支持，如图 1-27 和图 1-28 所示。

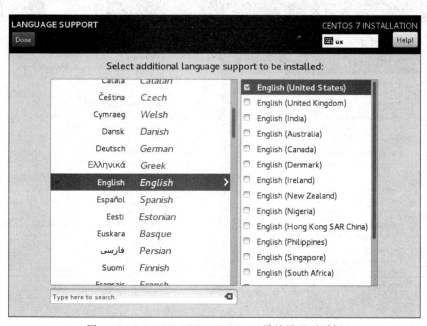

图 1-27　LANGUAGE SUPPORT 默认设置对话框

图 1-28　LANGUAGE SUPPORT 对话框

④ INSTALLATION SOURCE 安装资源，默认选择 Local media 本地媒体文件。

⑤ SOFTWARE SELECTION 软件安装选择，字符界面安装 Minimal Install，如图 1-29 所示。单击左上角的 Done 按钮进入下一页，选择 Basic Web Server 选项，如图 1-30 所示。

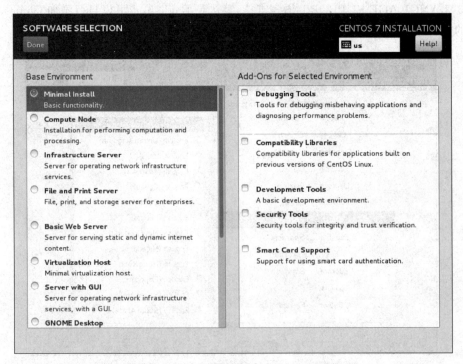

图 1-29　SOFTWARE SELECTION 对话框

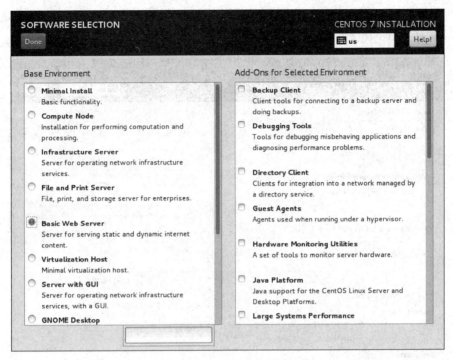

图 1-30　Basic Web Server 选项

字符界面与图形界面安装过程相同，只在这一步有区分。单击 Done 按钮进入下一步。

（20）进入 INSTALLATION DESTINATION 安装位置，即进行系统分区。

① 首先选中我们在创建虚拟机时的 200GB 虚拟硬盘，如图 1-31 所示。

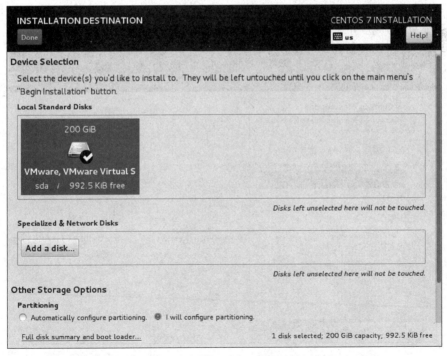

图 1-31　INSTALLATION DESTINATION 对话框

② 下滑菜单找到 Other Storage Options 选项,将 I will configure partitioning 选中,单击 Done 按钮,如图 1-32 所示。

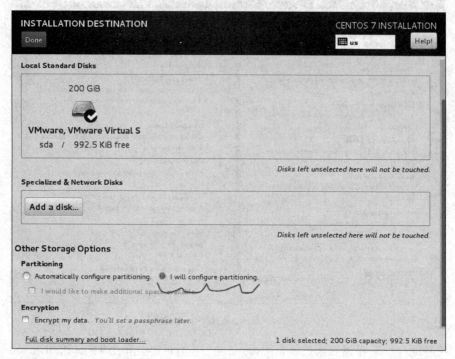

图 1-32　Other Storage Options 选项

③ 选择 Standard Partition 标准分区,单击左下角"+"按钮添加分区,如图 1-33 所示。

④ 分区 Create→Standard Partition→Create→Mount Point(挂载点)和 File System Type(系统文件类型)分别创建/boot 区、swap 交换分区、/根分区。

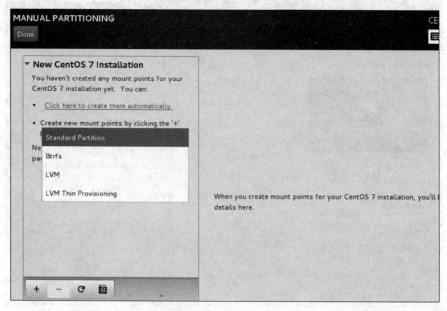

图 1-33　MANUAL PARTITIONING→Standard Partition 选项

注意：Linux 系统最简单的分区方案：①分/boot 区，给 1GB,/boot 放启动文件，如图 1-34 所示。②分 swap 交换分区（交换空间），看内存总大小，如果内存足够大，这个空间就要设置得足够大。如果内存小于 2GB,那么这个空间设置成内存的 2 倍大小，如图 1-35 所示。③所有空间给/根分区，如图 1-36 所示。

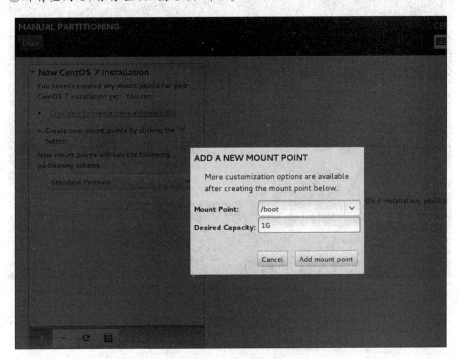

图 1-34 /boot 分区

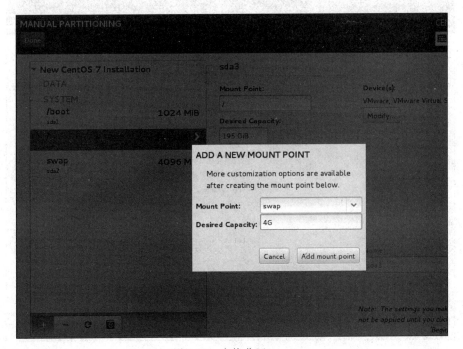

图 1-35 交换分区 swap

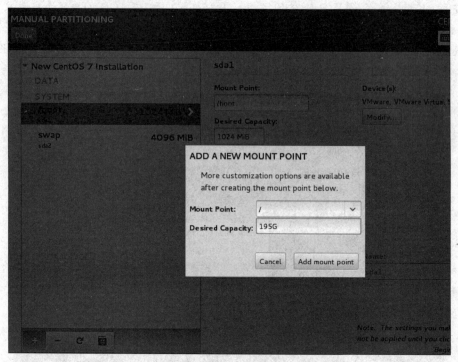

图 1-36 /根分区

⑤ 分区完成，如图 1-37 所示，单击 Done 按钮，弹出 SUMMARY OF CHANGES 对话框，单击 Accept Changes 按钮，如图 1-38 所示。

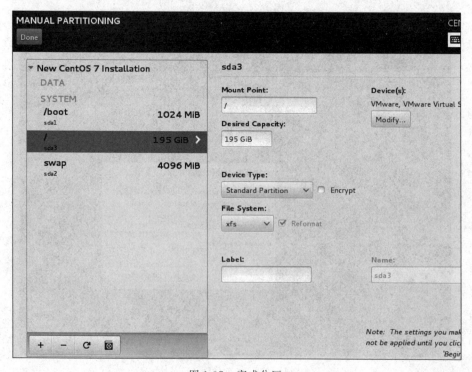

图 1-37 完成分区

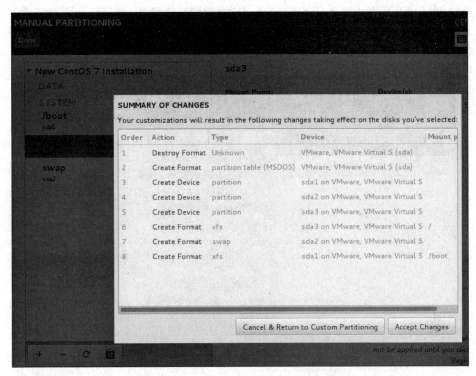

图 1-38 SUMMARY OF CHANGES 对话框

（21）回到 INSTALLTION SUMMARY 对话框中，如图 1-39 所示，KDUMP 默认选择。

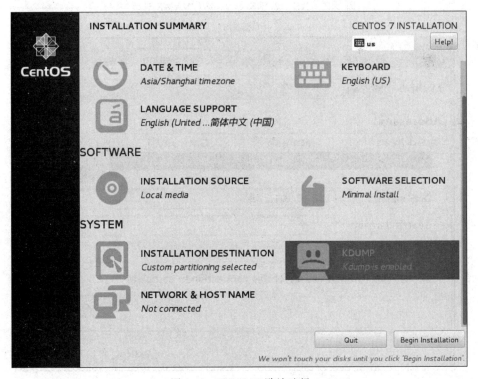

图 1-39 KDUMP 默认选择

（22）单击 NETWORK & HOST NAME 设置网络连接和主机名，如图 1-40 所示。在 Host name 处设置主机名，例如 centos 7。单击 Configure...按钮，进行 IPv4 设置，如图 1-41 所示。

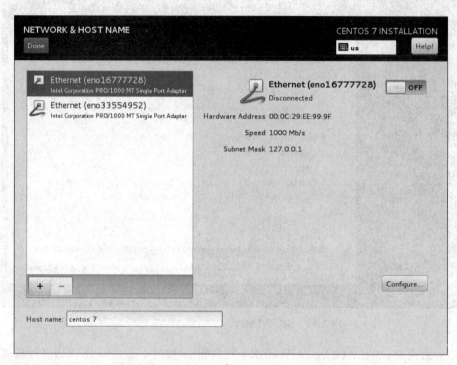

图 1-40　NETWORK & HOST NAME 对话框

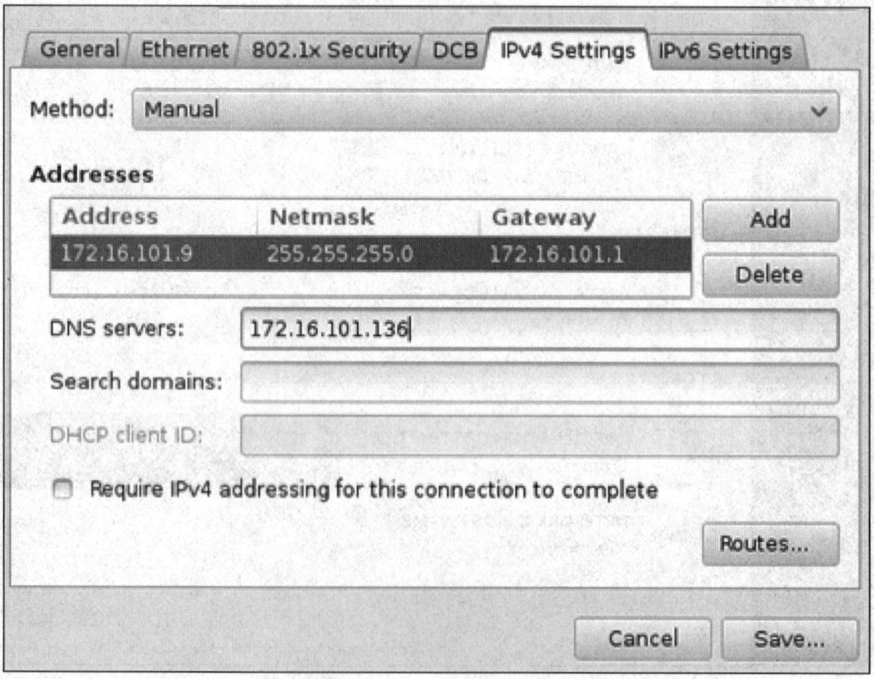

图 1-41　IPv4 Settings 对话框

（23）这时已完成所有设置，开始安装 CentOS 系统，如图 1-42 所示。单击 ROOT PASSWORD 按钮设置管理员密码（务必记住密码），如图 1-43 所示。密码设置完成后，单击 Done 按钮。

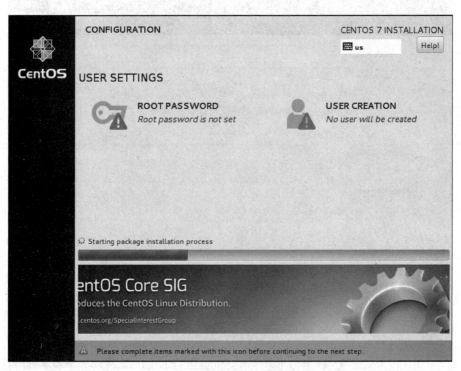

图 1-42　CONFIGURATION 对话框

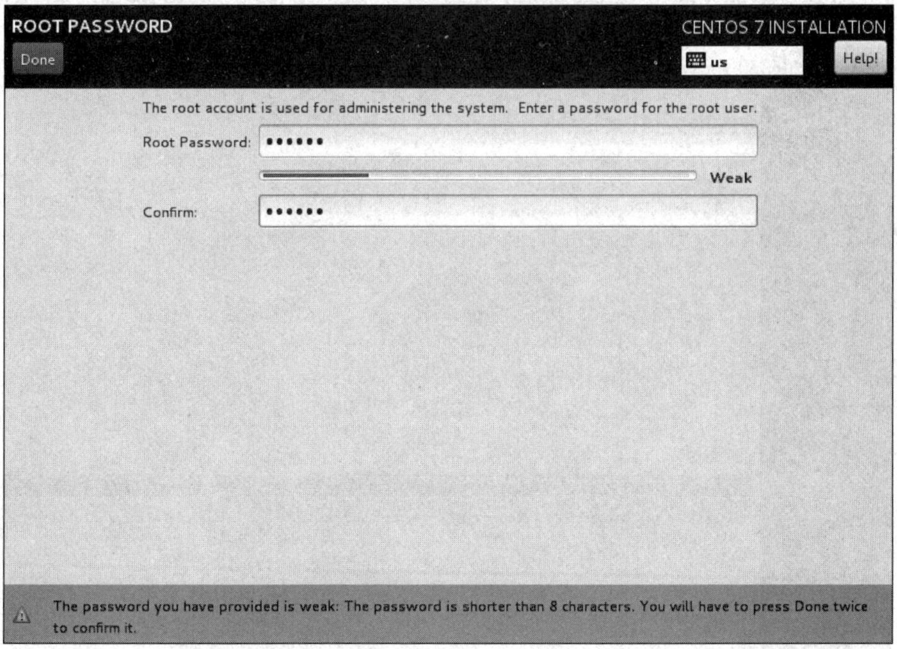

图 1-43　ROOT PASSWORD 对话框

接下来可以创建用户（此处可以不进行创建，安装完成后进入 root 可以重新创建），如图 1-44 所示。

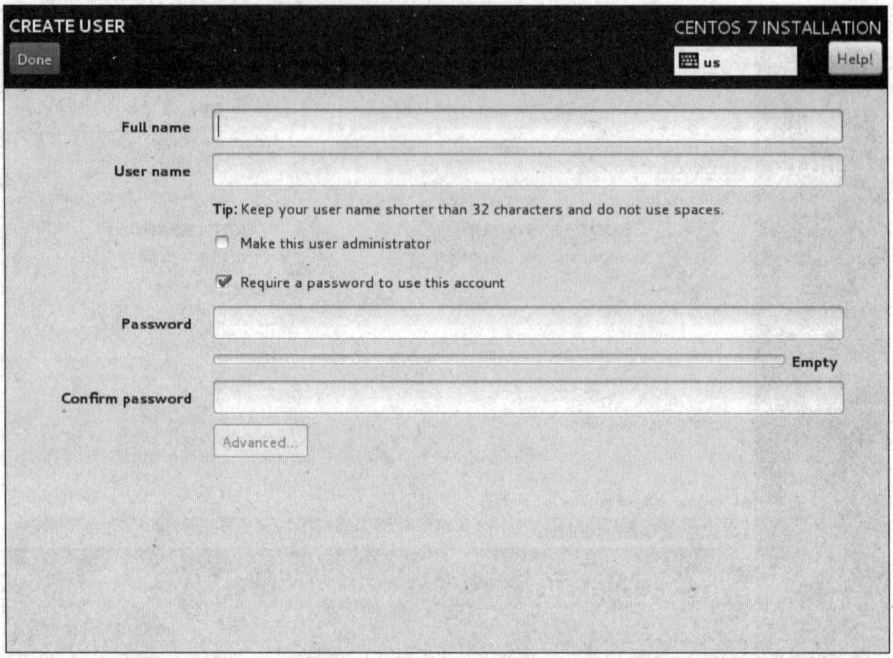

图 1-44　CREATE USER 对话框

（24）CentOS 7 安装完成，单击 Reboot 按钮重启，如图 1-45 所示。字符界面如图 1-46 所示。

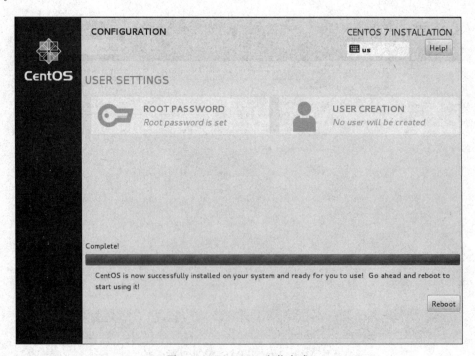

图 1-45　CentOS 7 安装完成

图 1-46　字符界面

　　图形界面如图 1-47 所示，单击用户名 root，如图 1-48 所示，输入密码，打开如图 1-49 所示界面。

　　注意：调出 Terminal 终端后，使用 su root 命令可以将用户切换到 root 管理员，然后进行管理员操作，如图 1-50 所示。

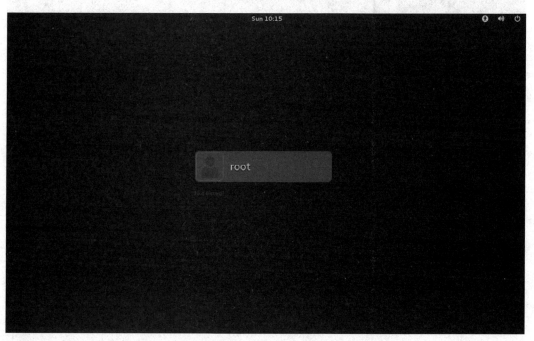

图 1-47　图形界面（用户名）

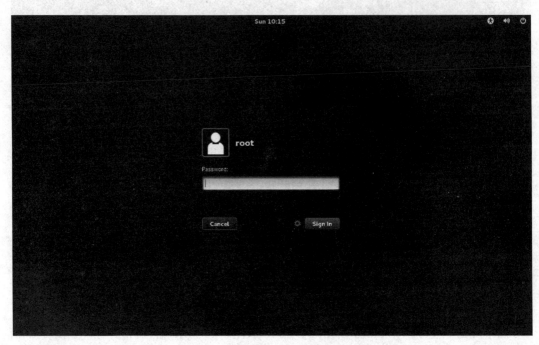

图 1-48　输入密码

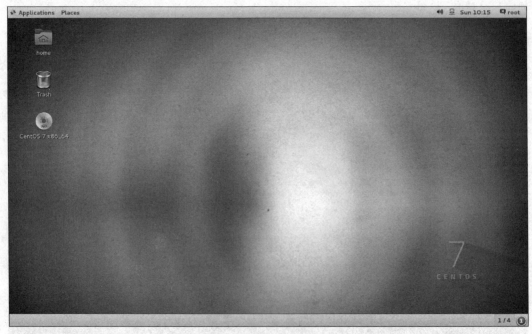

图 1-49　图形界面

图 1-50　切换到 root 管理员

1.3.4　常见故障及排除

网卡是 Linux 服务器中最重要的网络设备。据统计，Linux 网络故障有 35％在物理层、25％在数据链路层、10％在网络层、10％在传输层、10％在对话层、7％在表示层、3％在应用层。由此可以看出，网络故障通常发生在网络七层模型的下三层，即物理层、数据链路层和网络层，对应于实际网络也就是使用的网络线缆、网卡、交换机、路由器等设备故障。Linux 的网络实现是模仿 Freebsd 的，它支持 Freebsd 的带有扩展的 Sockets（套接字）和 TCP/IP 协议。它支持两个主机间的网络连接和 Sockets 通信模型，实现了两种类型的 Sockets：bsd sockets 和 inet sockets。它为不同的通信模型和服务质量提供了两种传输协议，即不可靠的、基于消息的 UPD 传输协议和可靠的、基于流的传输协议 TCP，并且都是在 IP 网络协议上实现的。

由于交换机、路由器通常独立于 Linux 或者其他操作系统，因此网卡设置故障是造成 Linux 服务器故障的最主要原因。故障可能因为硬件的质量或性能、磨损老化、人为误操作、不正确的网络设置、管理问题、Linux 软件的 Bug、系统受到黑客攻击和 Linux 病毒等原因造成。

Linux 服务器网卡故障排除的思路是：应当遵循先硬件后软件的方法。因为硬件如果出现物理损坏，那么不管如何设定网卡都不能解决故障。解决问题的方法可以从自身 Linux 计算机的网卡查起，如果确定硬件没有问题了，再考虑软件的设定。

1.4　习题

1. 填空题

(1) GUN 的含义是_____。

(2) Linux 一般有 3 个主要部分：_____、_____、_____。

（3）目前被称为纯种的 UNIX 指的就是_____以及_____这两套操作系统。

（4）Linux 是基于_____的软件模式进行发布的,它是 GNU 项目制定的通用公共许可证,英文是_____。

（5）史托曼成立了自由软件基金会,它的英文是_____。

（6）POSIX 是_____的缩写,重点是规范核心与应用程序之间的接口,这是由美国电气与电子工程师学会(IEEE)所发布的一项标准。

（7）当前的 Linux 常见的应用可分为_____与_____两个方面。

（8）Linux 的版本分为_____和_____两种。

（9）安装 Linux 最少需要两个分区,分别是_____和_____。

（10）Linux 默认的系统管理员账号是_____。

（11）X-Window System 由三部分构成:_____、_____、_____。

（12）如果想在安装好 CentOS 之后重新设置根用户口令,就需要在命令行控制台下输入_____指令。

2. 选择题

（1）Linux 最早是由计算机爱好者(   )开发的。
  A. Richard Petersen   B. Linus Torvalds
  C. Rob Pick   D. Linux Sarwar

（2）下列(   )是自由软件。
  A. Windows XP   B. UNIX   C. Linux   D. Windows 2008

（3）下列(   )不是 Linux 的特点。
  A. 多任务   B. 单用户   C. 设备独立性   D. 开放性

（4）Linux 的内核版本 2.3.20 是(   )的版本。
  A. 不稳定   B. 稳定的   C. 第三次修订   D. 第二次修订

（5）Linux 安装过程中的硬盘分区工具是(   )。
  A. PQmagic   B. FDISK   C. FIPS   D. Disk Druid

（6）Linux 的根分区系统类型是(   )。
  A. FAT16   B. FAT32   C. ext3   D. NTFS

3. 简答题

（1）简述 Linux 的体系结构。

（2）Linux 有哪些安装方式?

（3）安装 CentOS 系统要做哪些准备工作?

（4）安装 CentOS 系统的基本磁盘分区有哪些?

（5）CentOS 系统支持的文件类型有哪些?

（6）丢失 root 口令如何解决?

（7）简述 Linux 安装过程的故障,并剖析错误原因,找出解决方法。

第 2 章

Shell的基本应用

系统管理员的一项重要工作就是要修改与设定某些重要软件,因此至少要学会一种以上的文字接口的文本编辑器。所有的 Linux 发行版都内置有 Vi 文本编辑器,很多软件也默认使用 Vi 作为编辑的接口。Vim 是进阶版的 Vi,Vim 不但可以用不同颜色显示文本内容,还能够进行诸如 Shell Script、CProgram 等程序的编辑,因此,可以将 Vim 视为一种程序编辑器。

教学目标
- 学会使用 Vim 编辑器。
- 了解 Shell 的强大功能和 Shell 的命令解释过程。
- 学会使用重定向和管道。

2.1 Shell 命令概述

2.1.1 Shell 简介

Shell 是 Linux 的一个特殊程序,是内核与用户的接口,是命令语言、命令解释程序及程序设计语言的统称。Shell 是一个命令语言解释器,它拥有自己内建的 Shell 命令集,Shell 也能被系统中其他应用程序所调用。

当用户成功登录 Linux 系统后,即开始了与 Shell 的对话交互过程,此时,不论何时输入一个命令,都将被 Shell 解释执行。有一些命令,比如改变工作目录命令 cd,是包含在 Shell 内部的,只要处在 Shell 命令行下就可以执行。还有一些命令,例如复制命令 cp 和移动命令 mv,是独立的应用程序,必须存在于文件系统中某个目录下才能执行。对用户而言,不必关心一个命令是建立在 Shell 内部还是一个单独的程序。

当用户输入并执行命令时,Shell 首先检查命令是否是内部命令,若不是再检查是否是一个应用程序,如 Linux 本身的实用程序 ls 和 rm 或者是购买的商业程序,如 xv;还可以是自由软件,如 Emacs。然后 Shell 在一个能找到可执行程序的目录列表中寻找这些应用程序,这个列表称为搜索路径。如果输入的命令不是一个内部命令并且在路径中没有找到这个可执行文件,将会显示一条错误信息。如果能够成功找到命令,该内部命令或应用程序将被分解为系统调用并传给 Linux 内核执行。

例如:

```
[root@localhost Desktop]#hello
bash: hello:command not found...
```

可以看到,用户得到了一条没有找到该命令的错误信息。用户敲错命令后,系统一般会给出这样的错误信息。

Shell 的另一个重要特性是它自身就是一个解释型的程序设计语言,Shell 程序设计语言支持绝大多数在高级语言中能见到的程序元素,如函数、变量、数组和程序控制结构。Shell 编程语言简单易学,任何在提示符下能输入的命令都能放到一个可执行的 Shell 程序中,以非交互的方式执行,这意味着用 Shell 语言能简单地重复执行某一任务。例如,可以把一些要执行的命令预先存放在文本文件中(称作 Shell 脚本),然后执行该文件。这一做法类似于 DOS 的批处理文件,但其功能要比批处理文件强大得多。

Linux 中的 Shell 有多种类型,其中最常用的几种是 Bourne Shell(BSH)和 C Shell (CSH),两种 Shell 各有优缺点。Bourne Shell 是 UNIX 最初使用的 Shell,并且在每种 UNIX 上都可以使用。Bourne Shell 在 Shell 编程方面相当优秀,但在处理与用户的交互方面做得不如其他几种 Shell。Linux 操作系统默认的 Shell 是 Bourne Again Shell,它是 Bourne Shell 的扩展,简称 BASH,与 Bourne Shell 完全向后兼容,并且在 Bourne Shell 的基础上增加了很多特性。

BASH 放在/bin/bash 中,它有许多特色,可以提供命令补全、命令编辑和命令历史表等功能,还包含了很多 C Shell 中的优点,有灵活和强大的编程接口,同时又有很友好的用户界面。

C Shell 是一种比 Bourne Shell 更适于编程的 Shell,它的语法与 C 语言很相似。Linux 为喜欢使用 C Shell 的人提供了 TCSH。TCSH 是 C Shell 的一个扩展版本,包括命令行编辑、可编程单词补全、拼写校正、历史命令替换、作业控制和类似 C 语言的语法,它不仅和 Bash Shell 提示符兼容,而且还提供比 Bash Shell 更多的提示符参数。

检查系统当前运行的 Shell 版本,可以运行以下命令:

```
[root@localhost Desktop]#echo $ SHELL
/bin/bash
```

显示/bin/bash 表示当前系统默认的 Shell 是 BASH。在命令中,echo 是屏幕显示命令,$ 表示扩展 SHELL 环境变量。如果系统中安装有其他类型的 Shell 如 TCSH,用户也可以通过以下命令将其启动:

```
[root@localhost ~]#tcsh
```

在 TCSH 下运行 exit 命令返回原来的 Shell。

```
[root@localhost ~]#exit
```

用户可以将任何版本的 Shell 设置为系统登录后默认的 Shell,方法是修改在文件/etc/passwd 中该用户文本行中的最后一个字段,将其内容替换为用户所需的 Shell 版本。

2.1.2　Shell 的启动

1. 终端的切换

Linux 的字符界面也被称作虚拟终端(Virtual Terminal)或者虚拟控制台(Virtual Console)。操作 Windows 计算机时,用户使用的是真实的终端,而 Linux 具有虚拟终端的功能,可为用户提供多个互不干扰、独立工作的界面。操作 Linux 计算机时,用户虽然面对的是一套物理终端设备,但却仿佛在操作多个终端。

CentOS 的虚拟终端默认有 6 个,其中从第 2 个到第 6 个虚拟终端总是字符界面,而第 1 个虚拟终端默认是图形化用户界面。每个虚拟终端相互独立,用户可以使用相同或不同的账户登录各个虚拟终端,同时使用计算机。虚拟终端之间可以通过以下方法进行相互切换。

按 Ctrl+Alt+F1 快捷键可以从字符界面的虚拟终端切换到图形化用户界面。

按 Ctrl+Alt+F2～Ctrl+Alt+F6 快捷键可以从图形化用户界面切换到对应的字符界面的虚拟终端。

默认情况下,CentOS 在安装时设置为启动后进入图形化的用户登录界面,用户输入正确的用户名和密码后,会直接进入图形操作环境 GNOME。可以通过上述切换方式切换为字符界面。

2. 终端的启动

在字符终端中,输入正确的用户名和密码,用户即可成功登录。需要注意的是,在 Linux 字符界面下输入密码,将不进行任何显示,这种方法进一步提高了系统的安全性。用户登录后,系统将执行一个称为 Shell 的程序,正是 Shell 进程提供了命令行提示符。默认情况下,对普通用户用"$"作为提示符,对超级用户用"♯"作为提示符。一旦出现了 Shell 提示符,就可以输入命令名称及命令所需要的参数来执行命令。如果一条命令花费了很长的时间来运行或者在屏幕上产生了大量的输出,可以按 Ctrl+C 快捷键发出中断信号来中断此命令的运行。

3. 系统的注销

已经登录的用户如果不再需要使用系统,则应该注销,退出登录状态。在字符界面下,可以输入 logout 命令、exit 命令或使用 Ctrl+D 快捷键。

4. 系统的重启

当需要重新启动系统时,输入 reboot 或 shutdown、-r now 命令即可。

5. 关机

在当前的终端输入 halt 或者 shutdown、-h now 命令,将立即关闭计算机。

2.1.3　Shell 命令格式

1．Shell 命令提示符

成功登录 Linux 后将出现 Shell 命令提示符，例如：

```
[root@localhost ~]#          超级用户的命令提示符
[instructor@localhost ~]$    普通用户 instructor 的命令提示符
```

其具体含义分别如下。

（1）［ ］以内@之前为已登录的用户名（如 root、instructor），［ ］以内@之后为计算机的主机名（如 localhost），如果没有设置过主机名，则默认为 localhost。其次为当前目录名（如"～"表示是用户的主目录）。

（2）［ ］外为 Shell 命令的提示符号，"♯"是超级用户的提示符，"＄"是普通用户的提示符。

2．Shell 命令格式

在 Shell 命令提示符后，用户可输入相关的 Shell 命令。Shell 命令可由命令名、选项和参数三部分组成，其中方括号部分表示可选部分，其基本格式如下：

```
命令名 [选项] [参数]
```

说明：

（1）命令名是描述该命令功能的英文单词或缩写，如查看时间的 date 命令，切换目录的 cd 命令等。在 Shell 命令中，命令名必不可少，并且总是放在整个命令行的起始位置。

（2）选项是执行该命令的限定参数或者功能参数。同一命令采用不同的选项，其功能各不相同。选项可以有一个，也可以有多个，甚至还可能没有。选项通常以"-"开头，当有多个选项时，可以只使用一个"-"符号，如"ls -l -a"命令与"ls -la"命令功能完全相同。另外，部分选项以"--"开头，这些选项通常是一个单词，还有少数命令的选项不需要"-"符号。

（3）参数是执行该命令所必需的对象，如文件、目录等。根据命令的不同，参数可以有一个，也可以有多个，甚至还可能没有。

在 Shell 中，一行中可以输入多条命令，用"；"分隔。在一行命令后加"\"表示另起一行继续输入，使用 Tab 键可以自动补齐。

2.1.4　常用 Shell 命令

1．目录的创建与删除命令

（1）mkdir 命令

格式：

```
mkdir [选项] 目录
```

功能：创建目录。

常用选项说明：

-m　创建目录的同时设置目录的访问权限。

-p　一次性创建多级目录。

（2）rmdir 命令

格式：

```
rmdir [选项] 目录
```

功能：从一个目录中删除一个或多个子目录项，要求目录删除之前必须为空。

常用选项说明：

-p　递归删除目录，当子目录删除后其父目录为空时，也一同被删除。

2．改变工作目录命令 cd

格式：

```
cd [目录]
```

功能：将当前目录改变为指定的目录。若没有指定目录，则回到用户的主目录，也可以使用 cd..返回到系统的上一级目录。该命令可以使用通配符。

3．显示路径的命令 pwd

格式：

```
pwd
```

功能：显示当前目录的绝对路径。

4．显示目录内容命令 ls

格式：

```
ls [选项] [文件|目录]
```

功能：显示指定目录中的文件和子目录信息。当不指定目录时，显示当前目录下的文件和子目录信息。

常用选项说明：

-a　显示所有文件和子目录，包括隐藏文件和隐藏子目录。Linux 中的隐藏文件和隐藏子目录以"."开头。

-l　显示文件和子目录的详细信息，包括文件类型、权限、所有者和所属组群、文件大小、最后修改时间、文件名等。

-d　如果参数是目录，则只显示目录的信息，而不显示其中所包含的文件的信息。

-t　按照时间顺序显示。

-R　不仅显示指定目录下的文件和子目录信息，而且还递归地显示各子目录中的文件和子目录信息。

5. 显示文件内容命令

用户要查看一个文件的内容时,可以根据不同的显示要求选用以下命令。

(1) cat 命令

格式:

```
cat [选项] 文件名
```

功能:依次读取其后所指文件的内容并将其输出到标准输出设备上。另外,该命令还能用来连接两个或多个文件,形成新的文件。

(2) more 命令

格式:

```
more [选项] 文件名
```

功能:分屏显示文件的内容。在查看文件过程中,因为有的文本过于庞大,文本在屏幕上迅速闪过,用户来不及看清其内容,而该命令可以一次显示一屏文本,显示满之后,停下来,并在终端底部打印出---more---。同时,系统还将显示出已显示文本占全部文本的百分比,若要继续显示,按 Enter 键或空格键即可,按 b 键可以向前翻页,按 q 键退出该命令。

常用选项说明:

-p   显示下一屏之前先清屏。

-s   文件中连续的空白行压缩成一个空白行显示。

(3) less 命令

less 命令与 more 命令非常相似,也能分屏显示文本文件的内容,不同之处在于 more 命令可以查看二进制文件,而 less 命令只能查看 ASCII 码文件。输入命令后,首先显示的是第一屏文本,并在屏幕的底部显示文件名。用户可使用上下方向键、Enter 键、空格键、PageDown 键或 PageUp 键前后翻阅文本内容,使用 q 键可退出 less 命令。

(4) head 命令

格式:

```
head [选项] 文件名
```

功能:显示文件的前几行内容。

常用选项说明:

-n   指定显示文件的前 n 行,如果没有给出 n 值,默认设置为10。

(5) tail 命令

格式:

```
tail [选项] 文件名
```

功能:与 head 命令的功能相对应,如果想查看文件的尾部,可以使用 tail 命令。该命令显示一个文件的指定内容,它将指定文件和指定显示范围内的内容显示在标准输出上。

常用选项说明：

+*n*　从第 *n* 行以后开始显示。

-*n*　从距文件尾 *n* 行处开始显示。如果省略 *n* 参数，系统默认值为 10。

6. 文件内容查询命令 grep

格式：

grep [选项] [查找模式] [文件名 1, 文件名 2, …]

功能：以指定的查找模式搜索文件，通知用户在什么文件中搜索到与指定模式匹配的字符串，并且打印出所有包含该字符串的文本行，该文本行的最前面是该行所在的文件名。

常用选项说明：

c　只显示匹配行的数量。

-c　反向查找，只显示不匹配的行。

-I　比较时不区分大小写。

-h　在查找多个文件时，不显示文件名。

7. 文件查找命令 find

格式：

find [选项] 文件名

功能：从指定的目录开始，递归搜索其各个子目录，查找满足寻找条件的文件并对之采取相关操作。此命令提供了相当多的查找条件，功能非常强大。

常用选项说明：

-name '字符串'　查找文件名与所给字符串匹配的所有文件，字符串内可用通配符 * 、?、[ ]。

-group '字符串'　查找属主用户组名为所给字符串的所有文件。

-user '字符串'　查找属主用户名为所给字符串的所有文件。

-type '字符串'　根据文件的类型进行查找，这里的类型包括普通文件 * (f)、目录文件(d)、块设备文件(b)、字符设备文件(c)等。其中，块设备是指成块读取数据的设备(如硬盘、内存等)，而字符设备是指按单个字符读取数据的设备(如键盘、鼠标等)。

find　命令提供的查询条件可以是一个用逻辑运算符 not、and、or 组成的复合条件。

-a　逻辑与，是系统默认的选项，表示只有当所有的条件都满足时，查询条件才满足。

-o　逻辑或，只要所给的条件中有一个满足时，查询条件就满足。

!　逻辑非，该运算符表示查找不满足所给条件的文件。

8. 文件内容统计命令 wc

格式：

wc [选项] 文件名

功能：统计给定文件中的字节数、字数、行数。

常用选项说明：

-c　统计字节数。

-l　统计行数。

-w　统计字数。

9．文件的复制、移动和删除命令

（1）cp命令

格式：

> cp［选项］源文件或源目录　目标文件或目标目录

功能：将给出的文件或目录复制到另一个文件或目录中。

常用选项说明：

-b　若存在同名文件，覆盖前备份原来的文件。

-f　强制覆盖同名文件。

-r或-R　按递归方式保留原目录结构，复制文件。

（2）mv命令

格式：

> mv［选项］源文件或源目录　目标文件或目标目录

功能：移动或重命名文件或目录。

常用选项说明：

-b　若存在同名文件，覆盖前备份原来的文件。

-f　强制覆盖同名文件。

（3）rm命令

格式：

> rm[选项]文件或目录

功能：删除文件或目录。

常用选项说明：

-f　强制删除，不出现确认信息。

-r或R　按递归方式删除目录，默认只删除文件。

10．查看手册命令 man

格式：

> man命令名

功能：显示指定命令的手册页帮助信息。

11．清屏命令 clear

格式：

```
clear
```

功能：清除当前终端屏幕的内容。

2.2 BASH 的应用

2.2.1 命令补齐

Linux 的 BASH 提供了一个很方便的功能：自动补齐。当用户输入命令时，不需要输入完整的命令，只需要输入前几个字符，利用 Tab 键，系统能自动找出匹配的命令或文件。

1. 自动补齐命令

用户在输入命令时，只需要输入命令的开头字母。然后连续按两次 Tab 键，系统会列出符合条件的所有命令以供参考。

【例 2-1】 自动补齐以 mk 开头的命令。

在命令提示符下输入字母 mk，然后连续按两次 Tab 键，屏幕就会显示所有以 mk 开头的 Shell 命令。用户输入命令的剩余部分后就可以执行相关的命令。

2. 自动补齐文件或目录名

假定当前工作目录中包含以下个人建立的文件和子目录：

```
f1    f2    mytest    test
```

如果要进入 test 子目录，只要输入：

```
[root@localhost ~]#cd  t
```

在输入字母 t 后按下 Tab 键，系统将帮助用户补齐命令并显示在屏幕上，相当于输入了 cd test。在按 Enter 键之前命令并没有执行，系统会让用户检验补齐的命令是否是真正需要的。在输入像这样短的命令时也许看不出命令补齐的价值所在，甚至在命令很短时还会减慢输入速度，但是当要输入的命令较长时，命令补齐将十分有用。

如果目录中以字母 t 开头的目录不止一个，系统将不知用户到底想进入哪个子目录，这时需要在原来的基础上再按下两次 Tab 键，就会将以字母 t 开头的目录全部显示出来。

2.2.2 命令历史记录

BASH 支持命令历史记录，这意味着 BASH 保留了一定数目的、先前在 BASH 中输入过的命令。这个数目取决于一个名为 histsize 的变量。

BASH 将输入的命令文本保存在一个历史列表中。当用户登录后，历史列表将根据一个历史文件进行初始化。历史文件的文件名由名为 histfile 的 BASH 变量指定，历史文件的默认名字是. bash_ history。这个文件通常在用户目录中（注意该文件的文件名以".'开头,这意味着它是隐含的,仅当用-a或-A参数的ls命令列目录时才可见)。

BASH提供了几种方法来调用命令历史记录。使用历史记录列表最简单的方法是用上方向键。按一下上方向键后,最后输入的命令将出现在命令行上,再按一下则倒数第二条命令会出现,以此类推。如果上翻多了,也可以用向下的方向键来下翻。

另一个使用命令历史记录的方法是用 Shell 的内部命令 history 来显示和编辑历史命令。history 命令有两种不同的使用方法。

(1) 格式一

```
history [n]
```

功能:查看 Shell 命令的历史记录。参数 n 的作用是仅列出最后 n 个历史命令。当不使用命令参数时,整个历史记录的内容都将显示出来。

【例 2-2】 显示最近执行过的 3 个历史命令。

```
[root@localhost ~]# history 3
[root@localhost ~]# ls - a
[root@localhost ~]# cd /home/user01
[root@localhost ~]# mkdir test
```

在每一个执行过的 Shell 命令行前均有一个编号,代表其在历史列表中的序号。如果想执行其中某一条命令,可以采用"!序号"的格式。

【例 2-3】 执行序号为 1 的命令。

```
[root@localhost ~]# !1
[root@localhost ~]# ls -
```

(2) 格式二:

```
history [ - r|w|a|n] [文件名]
```

功能:修改命令历史列表文件的内容。

常用选项说明:

-r   读出命令历史列表文件的内容,并且将它们当作当前的命令历史列表。

-w   将当前的命令历史记录写入文件,并覆盖文件原来的内容。

-a   将当前的命令历史记录追加到文件尾部。

-n[文件名]   读取文件中的内容,并加入到当前历史命令列表中。如果没有指定文件名,history 命令将用变量 histfile 的值来代替。

2.2.3　别名命令

别名命令通常是命令的缩写,对于用户经常使用的命令,如果设置为别名命令,将大大提高工作效率。

格式:

```
alias [别名 = '标准 Shell 命令行']
```

功能：查看和设置别名。

1. 查看别名

无参数的 alias 命令可查看用户可使用的所有别名命令，以及其对应的标准 Shell 命令。

【例 2-4】 查看当前用户可使用的别名命令。

```
[root@localhost ~]#alias
```

执行结果如下。

```
alias cp = 'cp - i'
alias l. = 'ls - d . * -- color = tty'
alias ls = 'ls - color = tty'
alias vi = 'vim'
```

2. 设置别名

使用带参数的 alias 命令，可设定用户的别名命令。在设置别名时，"＝"的两边不能有空格，并在标准 Shell 命令行的两端使用单引号。

【例 2-5】 设置别名命令 pd，其功能是打开 etc/passwd 文件。

```
[root@localhost ~]#alias pd = 'vim /etc/passwd'
[root@localhost ~]#pd
```

设置此别名命令后，只要输入 pd 命令，就将启动 Vim 文本编辑器，并打开/etc/passwd 文件。不过，利用 alias 命令设定的用户别名命令，其有效期限仅持续到用户退出登录为止，当用户下一次登录到系统时，该别名命令已经无效。如果希望别名命令在每次登录时都有效，就应该将命令写入用户主目录下的.bashrc 文件中。

2.2.4 通配符

Shell 命令中可以使用通配符来同时引用多个文件以方便操作。Linux 系统中的通配符主要有"＊""?"和"[...]"3 种。

1. "＊"通配符

"＊"通配符可以匹配任意数目的字符。

【例 2-6】 显示当前目录下以 f 开头的所有文件。

```
[root@localhost ~]#ls  f＊
```

需要注意的是，"＊"不能与"."开头的文件相匹配。例如，"＊"不能与任何以"."开头的文件匹配，必须表示为".＊"才可以。

2. "?"通配符

"?"通配符的功能是在相应位置上匹配任意单个字符。

【例 2-7】 显示当前目录下以 f 开头的、文件名为两个字符的所有文件。

```
[root@localhost ~]#ls f?
```

3."[…]"通配符

"[…]"通配符可以匹配括号中给出的字符或字符范围。"[…]"中的字符范围可以是几个字符的列表,也可以使用"-"给定一个取值范围,还可以用"!"表示不在指定字符范围内的其他字符。

【例 2-8】 显示当前目录下以 a、m 和 f 开头的文件名为 3 个字符的所有文件。

```
[root@localhost ~]#ls [amf]??
```

【例 2-9】 显示当前目录下以 a、b 和 c 开头的所有文件。

```
[root@localhost ~]#ls [a-c]*
```

【例 2-10】 显示当前目录下不是以 f、h 和 i 开头的所有文件。

```
[root@localhost ~]#ls [!fhi]*
```

2.3 正则表达式、管道与重定向

2.3.1 正则表达式

正则表达式(Regular Expression)就是用一个"字符串"来描述一个特征,然后去验证另一个"字符串"是否符合这个特征。比如,表达式"ab+"描述的特征是:一个 a 和任意多个 b,那么 ab、abb、abbbbbbbbb 都符合这个特征。

表达式有以下作用。

(1)验证字符串是否符合指定特征,比如验证是否是合法的邮件地址。

(2)用来查找字符串,从一个长的文本中查找符合指定特征的字符串,比查找固定字符串更加灵活、方便。

(3)用来替换,比普通的替换更强大。

表达式学习起来其实是很简单的,少数几个较为抽象的概念也很容易理解。下面是几种正则表达式的规则。

1.普通字符

字母、数字、汉字、下画线以及没有特殊定义的标点符号都是"普通字符"。表达式中的普通字符在匹配一个字符串时,匹配与之相同的一个字符。

【例 2-11】 表达式 c 在匹配字符串 abcde 时,匹配结果是:成功;匹配到的内容是:c;匹配到的位置是:开始于 2,结束于 3(注:下标从 0 开始还是从 1 开始,因当前编程语言的不同而可能不同)。

【例 2-12】　表达式 bcd 在匹配字符串 abcde 时,匹配结果是:成功;匹配到的内容是:bcd;匹配到的位置是:开始于 1,结束于 4。

2. 简单的转义字符

一些不便书写的字符采用在前面加"\"的方法。

还有其他一些在后续章节中有特殊用处的标点符号,在前面加"\"后,就代表该符号本身。比如,^、＄都有特殊意义,如果要想匹配字符串中"^"和"＄"字符,则表达式就需要写成"\^"和"\＄",如表 2-1 和表 2-2 所示。

表 2-1　匹配不便书写的字符

表 达 式	可　匹　配
\r、\n	代表 Enter 和换行符
\t	制表符
\\	代表"\"本身

表 2-2　匹配特殊的标点符号

表 达 式	可　匹　配
\^	匹配"^"符号本身
\＄	匹配"＄"符号本身
\.	匹配小数点"."本身

这些转义字符的匹配方法与"普通字符"是类似的,也是匹配与之相同的一个字符。

【例 2-13】　表达式"\＄d"在匹配字符串 abc＄de 时,匹配的结果是:成功;匹配到的内容是:＄d;匹配到的位置是:开始于 3,结束于 5。

3. 能够与"多种字符"匹配的表达式

正则表达式中的一些表示方法可以匹配"多种字符"中的任意一个字符,如表 2-3 所示。比如,表达式"\d"可以匹配任意一个数字,它虽然可以匹配其中任意字符,但是只能是一个,不是多个。这就好比玩扑克牌时,大小王可以代替任意一张牌,但是只能代替一张牌。

表 2-3　匹配任意字符

表 达 式	可　匹　配
\d	任意一个数字,0~9 中的任意一个
\w	任意一个字母或数字或下画线,也就是 A~Z、a~z、0~9、_中任意一个
\s	包括空格、制表符、换页符等空白字符中任意一个

【例 2-14】　表达式"\d\d"在匹配 abc123 时,匹配的结果是:成功;匹配到的内容是:12;匹配到的位置是:开始于 3,结束于 5。

【例 2-15】　表达式"a.\d"在匹配 aaa100 时,匹配的结果是:成功;匹配到的内容是:aa1;匹配到的位置是:开始于 1,结束于 4。

4. 自定义能够匹配"多种字符"的表达式

使用方括号[ ]包含一系列字符,能够匹配其中任意一个字符。使用[^]包含一系列字符,则能够匹配其中字符之外的任意一个字符。同样的道理,虽然可以匹配其中任意一个,但是只能是一个,不是多个,如表 2-4 所示。

表 2-4　匹配多种字符

表　达　式	可　匹　配
[ab5@]	匹配 a 或 b 或 5 或@
[^abc]	匹配 a、b、c 之外的任意一个字符
[f-k]	匹配 f~k 之间的任意一个字母
[^A-F0-3]	匹配 A~F、0~3 之外的任意一个字符

【例 2-16】 表达式"[bcd][bcd]"匹配 abc123 时,匹配的结果是:成功;匹配到的内容是:bc;匹配到的位置是:始于 1,结束于 3。

【例 2-17】 表达式"[^abc]"匹配 abc123 时,匹配的结果是:成功;匹配到的内容是:1;匹配到的位置是:开始于 3,结束于 4。

5. 修饰匹配次数的特殊符号

前面讲到的表达式无论是只能匹配一种字符的表达式,还是可以匹配多种字符中任意一个的表达式,都只能匹配一次。如果使用表达式再加上修饰匹配次数的特殊符号,那么不用重复书写表达式就可以重复匹配,如表 2-5 所示。

表 2-5　重复匹配的特殊符合

表达式	作　用
{n}	表达式重复 n 次,比如,"\w{2}"相当于"\w\w";"a{5}"相当于 aaaaa
{m,n}	表达式至少重复 m 次,最多重复 n 次,比如,"ba{1,3}"可以匹配 ba 或 baa 或 baaa
{m,}	表达式至少重复 m 次,比如,"\w\d{2,}"可以匹配 a12、_456、M12344……
?	匹配表达式 0 次或者 1 次,相当于{0,1},比如,"a[cd]?"可以匹配 a、ac、ad
+	表达式至少出现 1 次,相当于{1,},比如,"a+b"可以匹配 ab、aab、aaab……
*	表达式不出现或出现任意次,相当于{0,},比如,"\^ * b"可以匹配 b 和"^^^b"……

使用方法是:"次数修饰"放在"被修饰的表达式"后边。比如,"[bcd][bcd]"可以写成"[bcd]{2}"。

【例 2-18】 表达式"\d+\.? \d * "在匹配 It costs $12.5 时,匹配的结果是:成功;匹配到的内容是:12.5;匹配到的位置是:开始于 10,结束于 14。

【例 2-19】 表达式"go{2,8} gle"在匹配 Ads by goooooogle 时,匹配的结果是:成功;匹配到的内容是:goooooogle;匹配到的位置是:开始于 7,结束于 17。

6. 其他一些代表抽象意义的特殊符号

一些符号在表达式中代表抽象的特殊意义,如表 2-6 所示。

表 2-6　匹配抽象意义的特殊符号

表达式	作　用
^	与字符串开始的地方匹配,不匹配任何字符
$	与字符串结束的地方匹配,不匹配任何字符
\b	匹配一个单词边界,也就是单词和空格之间的位置,不匹配任何字符

【例 2-20】 表达式"^aaa"在匹配 xxx aaa xxx 时,匹配的结果是:失败。因为"^"要求与字符串开始的地方匹配,因此,只有当 aaa 位于字符串的开头时,"^aaa"才能匹配,比如,

aaa xxx xxx。

【例 2-21】 表达式"aaa $"在匹配 xxx aaa xxx 时,匹配的结果是:失败。因为"$"要求与字符串结束的地方匹配,因此,只有当 aaa 位于字符串的结尾时,"aaa $"才能匹配,比如,xxx xxx aaa。

2.3.2　管道与重定向

Linux 系统中标准的输入设备为键盘,输出设备为屏幕,但在某些情况下,希望能从键盘以外的其他设备读取数据,或者将数据送到屏幕外的其他设备,这种情况称为重定向。Shell 中输入/输出重定向主要依靠重定向符号来实现,通常重定向到一个文件。

1. 输入重定向

输入重定向用于改变一个命令的输入源,这个输入源通常指文件,用"<"符号实现。

【例 2-22】 利用 wc 命令统计当前目录中 f1 文件的相关信息。

```
[root@localhost ~]#wc <f1
```

该命令中将 f1 文件的信息作为 wc 命令的输入,从而实现文件信息的统计。

输入重定向并不经常使用,因为大多数命令都以参数的形式在命令行上指定输入文件的文件名。尽管如此,当使用一个不能接收的文件名为输入参数的命令,而需要的输入又是在一个已存在的文件中时,就可以用输入重定向解决问题。

2. 输出重定向

输出重定向比输入重定向更常用。输出重定向是将一个命令的输出重定向到一个文件中,而不是显示在屏幕上。

在很多情况下都可以使用这种功能。例如,某个命令的输出很多,在屏幕上不能完全显示,可以将其重定向到一个文件中,命令执行完毕再用文本编辑器打开这个文件。当想保存一个命令的输出时也可以使用这种方法,输出重定向甚至可以将一个命令的输出当作另一个命令的输入。

输出重定向的使用方法与输入重定向的使用方法很相似,但是输出重定向的符号是">",需要注意的是,如果输出重定向的目标是一个文件,则每次使用重定向时应首先清除该文件的内容。如果想保留该文件的原内容,将新的重定向信息追加在一个文件的尾部,则使用">>"作为输出重定向符号。

【例 2-23】 将当前目录中的所有文件夹和文件信息保存到 info 文件中。

```
[root@localhost ~]#ls -a >info
[root@localhost ~]#cat info
```

ls -a 命令是在屏幕上显示当前目录中的所有文件夹和文件信息,但由于使用了输出重定向,这些内容将直接输出到文件 info 中,屏幕上不显示任何信息,通过 cat info 命令可以查看 info 文件中的信息。

重定向符号">"或">>"和 cat 命令结合还可以实现以下功能。

（1）创建文本文件

格式：

```
cat >文件名
```

功能：创建一个新的文本文件。输入这些命令后，用户可以直接从屏幕输入文本内容。按 Ctrl＋D 快捷键结束文本输入。

（2）合并文本文件

格式：

```
cat 文件列表 > 文件名
```

功能：将文件列表中的所有文件内容合并到指定的新文件中。

【例 2-24】 在当前目录下创建文件 file1 和 file2，并将两个文件合并为新文件 newfile。

```
[root@localhost ~]# cat >file1
```

this is file1.

按 Ctrl＋D 快捷键结束文本输入。

```
[root@localhost ~]# cat >file2
```

this is file2.

按 Ctrl＋D 快捷键结束文本输入。

```
[root@localhost ~]# cat file1 file2 >newfile
[root@localhost ~]# cat newfile
```

this is file1.
this is file2.

（3）向文本文件追加信息

格式：

```
cat >>文件名
```

功能：向已有文件中追加文本信息。

【例 2-25】 向文件 newfile 添加内容。

```
[root@localhost ~]# cat >> newfile
```

```
[root@localhost ~]# cat >>newfile
append to newfile
```

```
[root@localhost ~]# cat newfile
```

3. 错误信息重定向

程序的输出设备分为标准输出设备和错误信息输出设备，当程序输出错误信息时，使用的设备是错误信息输出设备。前面介绍的输出重定向方法只能重定向程序的标准输出,错误信息的重定向使用下面的方法。

"2>":程序的执行结果显示在屏幕上,而错误信息重定向到指定文件。

【例 2-26】 当/test 不存在时,查看/test 目录中的文件夹和文件信息,如有错误,保存在 error 文件中。

```
[root@localhost ~]#ls /test 2 > error
[root@localhost ~]#cat error
```

ls /test:没有那个文件或目录。

4. 管道

管道可以将第 1 个命令的输出通过管道传给第 2 个命令,作为第 2 个命令的输入,第 2 个命令的输出通过管道传给第 3 个命令,作为第 3 个命令的输入,以此类推,最后一个命令的输出才会显示在屏幕上。管道所使用的符号是"|"。

【例 2-27】 假设当前目录下有文件 f1,且其内容为 this is file f1,统计文件中含有 file 单词的行数。

```
[root@localhost ~]#cat f1 |grep"file"|wc-l
```

命令 cat f1 将文件 f1 的内容送给 grep 命令,grep 命令在 f1 中查找单词 file,其输出为所有包含单词 file 的行,带-l 选项的 wc 命令将统计输入的行数,最后将结果显示在屏幕上,总共一行。

2.4 文本编辑器 Vim

2.4.1 Vim 简介

Linux 中的文本编辑器有很多,比如图形模式的 Gedit、Kwrite、Openoffice 等,文本模式下的编辑器有 Vi、Vim 等。Vi 和 Vim 在 Linux 中是最常用的编辑器。Vi 或 Vim 虽然没有图形界面编辑器那样单击鼠标的简单操作,但 Vim 编辑器在系统管理、服务器管理方面的功能远比图形界面的编辑器强大。

Vim(Visual Interface Improved)是 Linux 系统上第一个全屏幕交互式编辑程序。它可以执行输出、删除、查找、替换、块操作等众多文本操作,而且用户可以根据自己的需要对其进行定制,这是其他编辑程序所没有的特性。Vim 不是一个排版程序,它不像 MS Word 或 WPS 那样可以对字体、格式、段落等其他属性进行编排,它只是一个文本编辑程序。

Vim 没有菜单,只有较多的命令,且其命令简短、使用方便。Vim 是 Linux 系统中最常用的编辑器,本小节将介绍 Vim 编辑器的使用和其常用的命令。

2.4.2 Vim 的 3 种模式

Vim 有 3 种基本工作模式,分别是命令模式(Command Mode)、插入模式(Insert Mode)和末行模式(Last Line Mode)。

1．命令模式

在系统提示符下输入 Vim 和想要的编辑名后便可进入 Vim。进入 Vim 之后,处于命令模式,如图 2-1 所示。在该模式下,用户可以输入各种 Vim 命令来管理自己的文档,例如控制屏幕光标的移动,字符、字或行的删除,移动、复制某区段等,此时从键盘上输入的任何字符都被看作编辑命令来解释。若输入的字符是合法的 Vim 命令,则 Vim 在接收用户命令之后完成相应的动作。需要注意的是,所输入的命令并不在屏幕上显示出来,若输入的字符不是 Vim 的合法命令,Vim 会响铃报警。不管用户处于何种模式,只要按一下 Esc 键,即可进入 Vim 命令行模式。

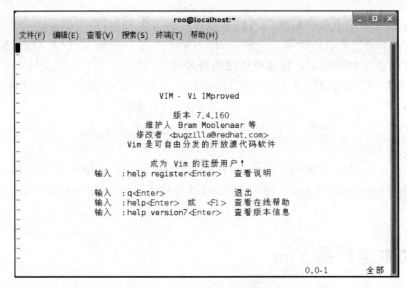

图 2-1　Vim 命令模式界面

2．插入模式

在命令模式下,按下 i、o、a 或 Insert 键可以切换到插入模式。插入模式下屏幕的最底端会提示"--插入--"字样,如图 2-2 所示。只有在插入模式下,用户才可以进行文字和数据的输入。按 Esc 键可回到命令模式。

3．末行模式

在命令模式下,用户按";"键即可进入末行模式,此时 Vim 会在显示窗口的最后一行(通常也是屏幕的最后一行)显示一个":"作为末行模式的提示符,等待用户输入命令,如图 2-3 所示。多数文件管理命令都是在此模式下执行的,保存文档或退出 Vim、设置编辑环境、寻找字符串、列出行号、把编辑缓冲区的内容写入文件中等。末行命令执行完后,Vim 自动回到命令模式,也可按 Esc 键回到命令模式。

图 2-4 中列出了 Vim 3 种工作模式的转换过程。但一般在使用时把 Vim 简化成两个模式,即命令模式和插入模式,就是将末行模式也当作命令模式。

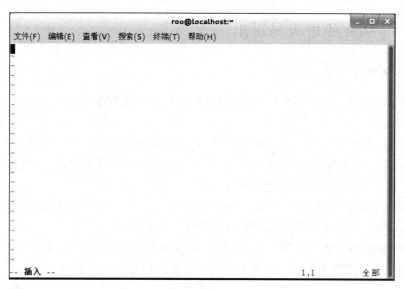

图 2-2 Vim 插入模式界面

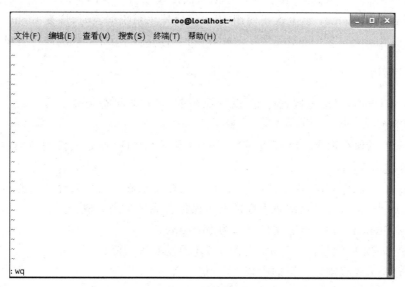

图 2-3 Vim 末行模式界面

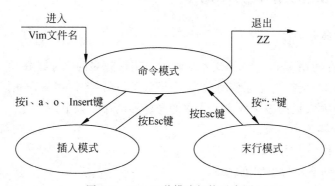

图 2-4 Vim 3 种模式切换示意图

2.4.3 Vim 的进入与退出

1. 进入 Vim

输入 Vim 命令后,便进入全屏幕编辑环境,此时的状态为命令模式。进入 Vim 有以下 7 种命令方式。

(1) Vim:进入 Vim 的一个临时缓冲区,光标定位在该缓冲区第 1 行第 1 列的位置上。

(2) vim file1:如果 file1 文件不存在,将建立此文件;如该文件存在,则将其复制到一个临时缓冲区。光标定位在该缓冲区第 1 行第 1 列的位置上。

(3) vim+file1:如果 file1 文件不存在,将建立此文件;如该文件存在,则将其复制到一个临时缓冲区。光标定位在文件最后 1 行第 1 列的位置上。

(4) vim+♯filed(♯ 为数字):如果 file1 文件不存在,将建立此文件;如该文件存在,则将其复制到一个临时缓冲区。光标定位在文件第 1 行第 1 列的位置上。

(5) vim+/string file:如果 file1 文件不存在,将建立此文件;如该文件存在,则将其复制到一个临时缓冲区。光标定位在文件中第一次出现字符串 string 的行首位置。

(6) vim -r filename:在上次正使用 Vim 编辑发生系统崩溃时,恢复 filename 文件。

(7) vim filename 1 filename 2… filename n:打开多个文件,依次进行编辑。

2. 退出 Vim

在退出 Vim 前,可以先按 Ese 键,以确保当前 Vim 的状态为命令方式,然后再输入下列命令,退出 Vim。

(1) :w 表示保存命令。将编辑缓冲区的内容写入文件,原始文件被新的内容所替代。这时并没有退出 Vim。

(2) :q 表示退出 Vim,若文件被修改过,则会被要求确认是否放弃修改内容。

(3) :wq 表示存盘退出,即将上面的两步操作合成一步来完成,先执行 w,后执行 q。

(4) :w filename 表示指定文件另存为 filename。

(5) :x 和 ZZ 功能与 :wq 等价,注意,ZZ 前面没有":",要大写。

(6) :q!表示放弃刚才编辑的内容,强行退出 Vim。

2.4.4 Vim 的基本操作命令

1. 移动光标命令

移动光标是在使用 Vim 全屏幕文本编辑器时用得较多的操作。在插入模式下,可以使用键盘上的 4 个方向键控制光标移动,在命令模式下,提供了许多移动光标的命令。熟练掌握这些命令,可以大大提高编辑效率。常用的光标移动命令如下。

h　将光标左移一个字符。

l　将光标右移一个字符。

j　将光标移到下一行当前列。

k　将光标移到上一行当前列。

w 将光标移到下一个字的开始。

b 将光标移到前一个字的开始。

e 将光标移到下一个字的末尾。

fc 把光标移到同一行的下一个字符 c 处(c 可以是任一个字符)。

Fc 把光标移到同一行的前一个字符 c 处。

tc 把光标移到同一行的下一个字符 c 的前一格。

Tc 把光标移到同一行的前一个字符 c 的后一格。

$ 移动到光标所在行的行尾。

^ 移动到光标所在行的行首。

♯| 把光标移到第 ♯ 列上(代表一个整数)。

♯l 把光标向右移动 ♯ 个字符。

♯h 把光标向左移动 ♯ 个字符。

♯k 把光标向上移动 ♯ 行。

♯＋ 向上移 ♯ 行,光标在该行的起始位置。

♯－ 向下移 ♯ 行,光标在该行的起始位置。

H 把光标移到屏幕最顶端一行的开始字符处。

L 把光标移到屏幕最底端一行的开始位置。

M 把光标移到屏幕中间一行的开始位置。

－ 把光标移至上一行第一个非空白字符。

0 把光标移到当前行的第一个字符处。

＋ 把光标移至下一行第一个非空白字符,等同于按下 Enter 键。

Ctrl＋b 屏幕往后移动一屏。

Ctrl＋f 屏幕往前移动一屏。

Ctrl＋u 屏幕往后移动半屏。

Ctrl＋d 屏幕往前移动半屏。

♯G 移到文件的第 ♯ 行,等同于 ♯。

♯w 右移 ♯ 个字组,标点符号属于字组。

♯W 右移 ♯ 个字组,标点符号不属于字组。

♯b 左移 ♯ 个字组,标点符号属于字组。

♯B 左移 ♯ 个字组,标点符号不属于字组。

2．添加文本命令

如果要对文档正文添加文本数据等内容,只能在插入模式下进行。从命令模式切换到
插入模式的常用命令如下。

i 在光标当前位置插入文本。

a 在光标当前位置前面开始添加文本。

I 在光标所在行的行首插入文本。

A 在光标所在行的行末添加文本。

o 在光标所在行的下面插入一个空行。

O　在光标所在行的上面插入一个空行。

s　删除光标后的一个字符，然后进入插入模式。

S　删除光标所在的行，然后进入插入模式。

3．删除文本命令

利用 Vim 提供的删除命令，用户可以删除一个或多个字符，可以删除一个字或一行的部分或全部内容。常用的删除命令如下。

x　删除光标所在位置的字符。

X　删除光标前的一个字符。

♯x　删除♯个字符，♯表示数字，例如 4x 表示删除从当前光标开始的第 4 个字符。

d＄　删除从当前光标位置至行尾的内容。

do　删除从当前光标位置至行首的内容。

dd　删除光标所在的当前一行。

♯dd　删除♯行，例如 4dd 表示删除光标所在行，以及光标下面的 3 行。

dw　删除一个字。

♯dw　删除♯个单词。比如 3dw 表示删除包含光标所在字的 3 个连续字，不包含空格。

Ctrl＋u　删除输入方式下所输入的文本。

J　清除光标所处的行与上一行之间的空格，把光标行和上一行接在一起。

4．文本替换命令

替换文本是用新输入的内容替换原文档中的内容。在命令模式下和末行模式下都可以执行文本替换操作。

在命令模式下的 Vim 中，文本替换命令又可以分为取代命令、替换命令和字替换命令。

（1）取代命令

r　用即将输入的一个字符代替当前光标处的字符。

♯r　用即将输入的字符取代从当前光标处开始的♯个字符。例如，3rS 是将当前光标处的字符及其后的两个字符都取代为 S。

R　用即将输入的文本取代当前光标处及其后面的若干字符，每输入一个字符就取代原有的一个字符，直到按 Esc 键结束这次取代。若新输入的字符数超过原有对应的字符数，则多出部分就附加在后面。

♯R　新输入的文本重复出现♯次。例如，3RAB 将当前光标位置开始的 6 个字符用 ABABAB 代替。在使用 R 命令时，新输入的文本可以占多行，取代时只有光标所在行的对应字符被覆盖。

cc　用即将输入的内容替换光标所在行。

C　用即将输入的内容替换从光标处到光标所在行末尾的所有字符，等同于 c＄命令。

cb　用即将输入的内容替换当前字中从开始到光标处的所有字符。

（2）替换命令

s　用即将输入的文本替换当前光标所在处的字符。如果只输入一个新字符，s 命令与 r 命令功能类似，但 r 命令仅完成替换，s 命令在完成替换的同时，工作模式从命令方式转为插入输入方式。

♯s 用即将输入的文本替换从光标所在字符开始的♯个字符。例如,3sA命令将从当前光标开始的3个字符替换为一个字符A。

S 用即将输入的文本替换光标当前所在行。

♯S 用即将输入的文本替换包含光标所在行内的♯行。例如,3S表示有3行(包括光标当前行及其下面两行)要被S命令之后输入的正文所替换。

(3) 字替换命令

cw 替换当前光标所在的字。例如,在命令模式下输入cw,接着再输入hello,则原先光标所在处的字被hello替换掉,等同于ce命令。

使用末行模式下的替换命令时,要先输入":",确保切换到末行模式。末行模式下的替换命令格式如下:

```
[range] s /pattern/string/ [选项]
```

其中,range用于指定文本中需要替换的范围,默认代表当前全部文本。例如,"3,6"表示对3~6行的内容进行替换;"3,$"表示对第3行到最后一行的内容进行替换。pattern指定需要被替换的内容,可以是正则表达式。string用来替换pattern的字符串。

常用选项如下:

c 每次替换前都要进行询问,要求用户确认。

e 不显示错误。

g 对指定范围内的字符完成替换,替换时不进行询问。

i 替换时不区分大小写。

例如:

:s/a/b 将当前行中所有a均用b替换。

:12,23s/a/b/c 将第12~23行中所有a均用b替换,替换前要求用户确认。

:s/a/b/g 将文件中所有a均用b替换。

5. 复制和粘贴命令

复制和粘贴是文本编辑中常用的操作。在Vim中为用户提供了缓冲区,当用户执行复制命令时,所选择的文本会被存入缓冲区中,当下一个复制命令被执行后,缓冲区的内容将被刷新。

使用粘贴命令可以将缓冲区的内容添加到文档中的光标所在处。常用的复制和粘贴命令如下。

yw 将当前字从光标所在处到字尾的内容复制到缓冲区。

♯yw 复制从当前字开始的♯个字到缓冲区。

yy 复制光标所在行到缓冲区。

♯yy 复制包含光标所在行的♯行数据到缓冲区。例如,3yy表示将从光标所在的该行及下面的两行文字复制到缓冲区,等同于♯Y命令。

y$ 将光标所在处到本行末尾的内容复制到缓冲区,等同于Y命令。

yw 复制光标所在的字到缓冲区。

yG　复制当前光标所在行至文件尾的内容到缓冲区。

lyG　复制当前光标所在行至文件首的内容到缓冲区。

p　将缓冲区的内容粘贴到当前光标右侧,如果缓冲区内容为一行,则复制到光标下面一行。

P　将缓冲区的内容粘贴到当前光标左侧,如果缓冲区内容为一行,则复制到光标上面一行。

所有与 y 有关的复制命令都需要与 p 或 P 命令组合使用才能完成复制与粘贴功能。

6. 查找和替换命令

如同在 Windows 中提供的"查找"及"替换"命令菜单一样,在 Vim 中也提供了查找和替换命令。查找是在末行模式下进行的,用户首先输入"/"或"?",就会切换到末行模式,在文本编辑框的最下面显示"/"或"?",在其后输入要查找的字符模式即可。利用查找命令可以实现向前或向后搜索指定关键字的功能,并且可以按原搜索方向或反方向继续查找。下面对这些命令进行介绍。

/patter　光标开始处向文件尾搜索 pattern,若遇到文件尾,则从头再开始。

?pattern　从光标开始处向文件首搜索 pattern,若遇到文件头,则从文件尾再开始。

/pattern/＋♯　将光标停在包含 pattern 的行后面第♯行上。

/pattern/－♯　将光标停在包含 pattern 的行前面第♯行上。

n　按原搜索方向重复上一次搜索命令。

N　在相反方向重复上一次搜索命令。

7. 重复命令

重复命令也是一个经常用到的命令。在文本编辑中经常会碰到需要重复一些操作,这时就需要用到重复命令,它可以让用户方便地再执行一次前面的命令。重复命令只能在 Vim 的命令模式下使用,在该模式下按"."键即可。执行一个重复命令时,其操作结果是针对光标当前位置进行的。

8. 取消命令

取消命令用于取消前一次的误操作,使之恢复到这种误操作被执行之前的状态。

取消上一个命令有两种形式,在命令模式下输入字符 u 和 U,它们的功能都是取消刚才输入的命令,恢复到原来的情况。大写 U 命令的功能是恢复到误操作命令前的状态,即如果插入命令后使用 U 命令,就删除刚刚插入的内容,如果删除命令后使用 U 命令,就相当于在光标处又插入刚刚删除的内容。

2.4.5　Vim 的高级命令

1. 多文件编辑命令

如果要对多文件进行编辑,一种方法是进入 Vim 时,在 Vim 命令后的参数是多个文件名;另一种方法是进入 Vim 后,使用命令打开多个文档。下面列出了对多文件进行编辑及在当前文件和另外一个文件间切换的命令。

:n　编辑下一个文件。

:2n　编辑下两个文件。

:N　编辑前一个文件。

:ls　列出目前 Vim 中打开的所有文件。

:f　显示当前正在编辑文件的文件名,是否被修改过以及光标目前的位置,等同于 Ctrl+G 快捷键。

:e filename　在 Vim 中打开当前目录下的另一个文件 filename。

e!　重新装入当前文件,若当前文件有改动,则放弃以前的改动。

:e♯　编辑前一个文件(此处是一个字符),等同于 N 或 Ctrl-^ 命令。

:e+filename　使用 filename 激活 Vim,并从文件尾部开始编辑。

:e+number filename　使用 filename 激活 Vim,并在第 number 行开始编辑。

:r filename　读取 filename 文件,并将其内容添加到当前文件后。

:r ! command　执行 command 文件,并将其输出添加到当前文件后。

:f filename　将当前文件重命名为 filename。

2. 在 Vim 中运行 Shell 命令

在使用 Vim 的过程中,可以在不退出 Vim 的同时执行其他 Shell 命令,这时需要在末行模式下操作。

:sh　启动 Shell,从 sh 中返回可按 Exit 键或按 Ctrl+D 快捷键。

:!Command　执行命令 Command。

!!　重新执行上次的:! Command 命令。

在:!Command 命令中,可以使用%来引用当前文件名,用♯引用上一个编辑的文件,用!引用最近运行的一次命令。

3. 块标记命令

在命令模式下可以标记文本的某个区域,再使用 d、y、P 等命令对标记的内容进行删除、复制或粘贴等操作。常用标记命令如下。

v　按下 v 键后移动光标,光标所经过的地方就会被标记,再按一次 v 键,结束标记。

V　按下 V 键后标记整行,移动上下方向键,可标记多行,再按一次 V 键,结束标记。

Ctrl+V　此快捷键作为块标记命令,可纵向标记矩形区域,再按一次 Ctrl+V 快捷键结束块标记。

4. Vim 环境设置命令

这里的 Vim 环境是指 Vim 运行时的运行方式。在末行模式下,可以通过命令 set 进行设置。set 后面加选项名进行该功能选项的设置,如果选项名前输入 no,则表示关闭该选项。

常用的环境设置命令如下。

:set all　列出所有选项设置的情况。

:set number　在编辑文件时显示每行的行号,等同于 set nu 命令。

:set nonnumber　不显示文件的行号。

:setautoindent　自动缩进,是指与上一行相同,一般在程序编写时使用。

:set noautoindent　取消缩进。

:sewarn　显示未保存警告。

:set nowarn　不显示未保存警告。

:setruler　在屏幕底部显示光标所在的行、列位置。

:set noruler　不显示光标所在的行、列位置。

2.5　实验: Shell 的基本应用

2.5.1　实验目的

(1) 学会使用 Vim 编辑器。

(2) 掌握 Vim 的工作模式。

(3) 掌握 Vim 命令。

(4) 熟练掌握 Shell。

2.5.2　实验内容

本实验的目的是学习启动与退出 Vim；使用 Shell 命令。

2.5.3　实验步骤

1. 启动与退出 Vim

在系统提示符后输入 vim 和想要编辑(或建立)的文件名,便可进入 Vim,例如:

```
$ vim myfile
```

如果只输入,而不带文件名,也可以进入 Vim。

在命令模式下输入:q、:q!、:wq 或:x(注意:号),就会退出 Vim。其中:wq 和:x 是存盘退出,而:q 是直接退出。如果文件已有新的变化,Vim 会提示用户保存文件而:q 命令也会失效,这时用户可以用:w 命令保存文件后再用:q 退出,或用:q 或:x 命令退出,如果用户不想保存改变后的文件,用户就需要用:q 命令,这个命令将不保存文件而直接退出 Vim,例如:

:w　保存。

:w filename　另存为 filename。

:wq　保存退出。

:wq filename　以 filename 为文件名保存后退出。

:q!　不保存退出。

:x　应该是保存并退出,功能和:wq!相同。

2．使用 Shell 命令

（1）创建名为 test 的目录，并在其下创建 file 目录。

```
[root@localhost ~]#mkdir -p test/file
[root@localhost ~]#ls test
```

（2）删除 test 的目录下的 file 目录。同时将 test 目录一并删除。

```
[root@localhost ~]#rmdir -p test/file
[root@localhost ~]#ls
```

这时，目录为空，表示原有目录被删除了。

（3）将用户目录切换到/home。

```
[root@localhost ~]#cd /home
```

运行后屏幕上显示的提示符变为如下形式，表明目录已经切换成功。

```
[root@localhost home]#
```

（4）显示当前工作路径。

```
[root@localhost ~]#pwd
/root
```

表示当前的工作目录为 root 用户的主目录/root。

（5）查看当前目录下的文件和子目录信息。

```
[root@localhost ~]#ls
```

（6）查看/etc 目录下的所有文件和子目录的详细信息。

```
[root@localhost ~]#ls -al /etc
```

（7）创建文本文件 f1，显示文件的内容。

```
[root@localhost ~]#cat >f1
```

按下 Ctrl+D 快捷键，在当前目录下保存文件 f1，之后输入如下命令查看文件内容。

```
[root@localhost ~]#cat f1
```

（8）分屏显示/etc 目录下的 passwd 文件的内容。

```
[root@localhost ~]#more /etc/passwd
```

（9）显示 etc/passwd 文件的前两行内容。

```
[root@localhost ~]#head -2 /etc/passwd
```

屏幕显示：

```
root:x: 0: 0: root: /root: /bin/bash
bin: x: 1: 1: bin: /bin: /sbin/nologin
```

（10）显示/etc/passwd 文件的最后 4 行内容。

```
[root@localhost ~]#tail -4 /etc/passwd
```

（11）在文件/etc/passwd 中查找 root 字符串。

```
[root@localhost ~]#grep root /etc/passwd
```

（12）搜索出当前目录下所有文件中含有 data 字符串的行。

```
[root@localhost ~]#grep data *
```

（13）在根目录下查找文件名为'temp'或是匹配'install'的所有文件。

```
[root@localhost ~]#find / -name'temp' -o-name'install *'
```

（14）在根目录下查找文件名不是'temp'的所有文件。

```
[root@localhost ~]#find / ! -name'temp'
```

（15）统计文件 f1 的字节数、行数和字数。

```
[root@localhost ~]#wc-clw f1
```

屏幕显示：

```
1       1    3    f1
```

表示 f1 文件有 1 行，由 1 个单词、3 个字符组成。

（16）将 f1 文件复制为 f2，若 f2 文件已存在，则备份原来的 f2 文件。

```
[root@localhost ~]#cat > f2
  [root@localhost ~]#cp-b f1 f2
  cp: 是否覆盖'f2'? y
  [root@localhost ~]#ls
  f1   f2   f2~
```

备份文件名是在原文件名基础上加"～"构成的。

（17）将当前工作目录下的 f1 文件移动到/ root/test 目录下。

```
[root@localhost ~]#mkdir test
[root@localhost ~]#mv f1 test
[root@localhost ~]#ls test
```

屏幕显示：

```
f1
```

（18）将 test 目录改名为 mytest。

```
[root@localhost ~]# mv test mytest
[root@localhost ~]# ls
```

（19）删除当前目录下的 f2 文件。

```
[root@localhost ~]# rm - f f2
```

（20）删除 mytest 目录，连同其下子目录。

```
[root@localhost ~]# rm - r mytest
```

（21）显示 mkdir 命令的帮助信息。

```
[root@localhost ~]# man mkdir
```

屏幕显示该命令在 Shell 手册页的第一屏信息，用户可以使用上下方向键、PageDown键、PageUp 键前后翻阅帮助信息，按 q 键退出该命令。

2.6　习题

1. 填空题

（1）_____可以使企业内部局域网与 Internet 之间或者与其他外部网络间互相隔离、限制网络互访，以此来保护_____。

（2）由于核心在内存中是受保护的区块，因此我们必须通过_____将输入的命令与 Kernel 沟通，以便让 Kernel 可以控制硬件正确无误地工作。

（3）系统合法的 Shell 均写在_____文件中。

（4）用户默认登录取得的 Shell 记录于_____的最后一个字段。

（5）BASH 的功能主要有 _____；_____；_____；_____；_____；_____等。

（6）Shell 变量有其规定的作用范围，可以分为_____与_____。

（7）_____可以观察目前 BASH 环境下的所有变量。

（8）通配符主要有_____、_____、_____等。

2. 简述题

（1）Vim 的 3 种运行模式是什么？如何切换？

（2）什么是重定向？什么是管道？什么是命令替换？

（3）Shell 变量有哪两种？分别如何定义？

（4）如何设置用户自己的工作环境？

第 3 章

用户和组管理

由于 Linux 支持多用户使用，当多个用户登录使用同一个 Linux 系统时，需要对各个用户进行管理，以保证用户文件的安全存取。

本章主要介绍如何对 Linux 中的用户和用户组进行管理，包括用户和组的重要配置文件、使用命令行方式和使用用户管理器 3 种方法进行用户和用户组的管理。

教学目标

- 了解用户和组群配置文件。
- 熟练掌握 Linux 下用户和组的创建与维护管理。
- 熟悉用户账户管理器的使用方法。

3.1 什么是用户

在 Linux 系统中，每个用户都拥有一个唯一的标识符，称为用户 ID(UID)。Linux 系统中的用户至少属于一个组，称为用户分组。用户分组是由系统管理员建立的，一个用户分组内包含若干个用户，一个用户也可以归属于不同的分组。用户分组也有一个唯一的标识符，称为分组 ID(GID)。对某个文件的访问都是以文件的用户 ID 和分组 ID 为基础的。同时根据用户和分组信息可以控制如何授权用户访问系统，以及允许访问后用户可以进行的操作权限。

用户的权限可以被定义为普通用户或超级用户，超级用户也被称为 root 用户。普通用户只能访问自己的文件和其他有权限访问的文件，而超级用户权限最大，可以访问系统的全部文件并执行任何操作。一般系统管理员使用的是超级用户 root，有了这个账号，管理员可以突破系统的一切限制，方便地维护系统。普通用户也可以用 su 命令使自己转变为超级用户。

系统的这种安全机制有效地防止了普通用户对系统的破坏。例如，存放于 /dev 目录下的设备文件分别对应于硬盘驱动器、打印机、光盘驱动器等硬件设备，系统通过对这些文件设置用户访问权限，使普通用户无法通过覆盖硬盘面破坏整个系统，从而保护了系统。

　　在 Linux 中可以利用用户配置文件以及用户查询和管理的控制工具来进行用户管理，用户管理主要通过修改用户配置文件完成。用户管理控制工具最终也是为了修改用户配置文件，所以在进行用户管理时，直接修改用户配置文件一样可以达到用户管理的目的。

　　与用户相关的系统配置文件主要有/etc/passwd 和/etc/shadow，其中/etc/shadow 是用户信息的加密文件，比如用户的密码、口令的加密保存等；/etc/passwd 和/etc/shadow文件是互补的，下面对这两个文件进行介绍。

3.1.1　用户账号文件/etc/passwd

　　/etc/passwd 是系统识别用户的一个文件，用来保存用户的账号数据等信息，又被称为密码文件或口令文件。系统所有用户都在此文件中有记载。例如，当用户以 student 这个账号登录时，系统首先会查阅/etc/passwd 文件，看是否有 student 这个账号，然后确定student 的 UID，通过 UID 来确认用户和身份。如果存在，则读取 /etc/shadow 影子文件中所对应的 student 的密码；如果密码核实无误，则登录系统，读取用户的配置文件。

　　用户登录进入系统后都有一个属于自己的操作环境，可以执行 cat 命令查看完整的系统账号文件。假设当前用户以超级用户身份登录，执行下列命令：

```
[root@localhost ~]#cat /etc/passwd
```

可得到/etc/passwd 文件的内容，如图 3-1 所示。

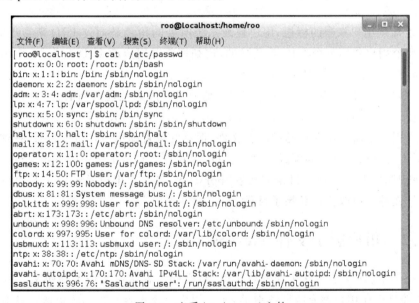

图 3-1　查看/etc/passwd 文件

　　在/etc/passwd 中，每一行表示的是一个用户的信息，一行有 7 个域，每个域用冒号（:）分隔。下面是一个实际用户的例子。

```
student: x: 1000: 1000: student:/home/student:/bin/bash
```

　　该用户各项基本信息的含义如下。

第1字段：用户名（也被称为登录名）。在上面的例子中，用户的用户名是 student。

第2字段：口令。在例子中看到的是一个 x，密码已被映射到/etc/shadow 文件中。

第3字段：UID。用户的 ID。0 是 root 用户，1～999 为系统用户，1000＋为普通用户。

第4字段：GID。用户所属组 ID 为 1000 的组的名字。

第5字段：用户名全称。这是可选的，可以不设置，在此用户中，用户的全称是 student。

第6字段：用户的登录目录所在位置。student 这个用户是/home/student。

第7字段：用户所用 Shell 的类型。此例为/bin/bash。如果是系统用户不允许登录，需要设置 Shell 为/sbin/nologin。

在以上字段中，用户的登录名是用户自己选定的，主要是方便记忆，可以由一串具有特定含义的字符串组成。

用户的口令在此文件不会显示，因为用户的口令是加密存放的，一般采用的是不可逆加密算法。当用户登录输入口令后，系统会对用户输入的口令进行加密，再把加密的口令与机器中存放的用户口令进行比对。如果这两个加密数据匹配，则允许用户进入系统。

在/etc/passwd 文件中，UID 字段信息也非常重要。UID 是用户的 ID 值，在系统中每个用户的 UID 的值是唯一的，更确切地说，每个用户都要对应一个唯一的 UID，系统管理员应该确保这一规则。系统用户的 UID 值从 0 开始，是一个正整数。UID 的最大值可以在文件/etc/login.defs 中查到，RHEL7 规定为 60000。在 Linux 中，root 的 UID 是 0，拥有系统最高权限。

UID 是确认用户权限的标识，用户登录系统所处的角色是通过 UID 来实现的，而非用户名。让几个用户共用一个 UID 是危险的，比如把普通用户的 UID 改为 0，和 root 共用一个 UID，这就造成了系统管理权限的混乱。Linux 预留了一定的 UID 和 GID 给系统虚拟用户占用，虚拟用户一般是系统安装时就有的，是为了完成系统任务所必需的用户，但虚拟用户是不能登录系统的，比如 ftp、nobody、adm、rpm、bin、shutdown 等。

每一个用户都需要保存自己的配置文件，保存的位置即用户登录子目录，在这个子目录中，用户不仅可以保存自己的配置文件，还可以保存自己日常工作中的各种文件。出于一致性考虑，一般都把用户登录子目录安排在/home 下，名称为用户登录使用的用户名。用户可以在账号文件中更改用户登录子目录。

3.1.2　用户影子文件/etc/shadow

Linux 使用了不可逆算法来加密登录口令，所以黑客从密文得不到明文。但由于/etc/passwd 文件是任何用户都有权限读取的，所以用户口令很容易被黑客盗取。针对这种安全问题，Linux 使用影子文件/etc/shadow 来提高口令的安全性。

使用影子文件是将用户的加密口令从/etc/passwd 中移出，保存在只有超级用户 root 才有权限读取的/etc/shadow 中，/etc/passwd 中的口令域显示一个"x"。

/etc/shadow 文件是/etc/passwd 的影子文件，这个文件并不是由/etc/passwd 产生的，这两个文件是对应互补的。/etc/shadow 文件的内容包括用户、被加密的密码，以及其他/etc/passwd 不能包括的信息，比如用户的有效期限等，如图 3-2 所示。

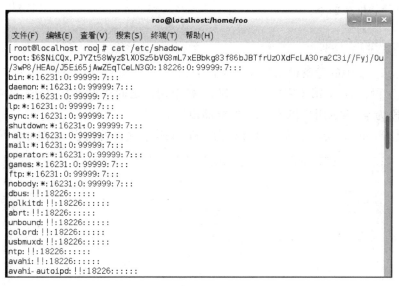

图 3-2　查看 /etc/shadow 文件

/etc/shadow 文件的内容包括 9 个字段。

①name ②password ③lastchange ④minage ⑤maxage ⑥warning ⑦inactive ⑧expire ⑨blank

说明如下。

① name：登录名称。

② password：已被加密的用户口令，密码字段开头为感叹号时，表示该密码锁定。

③ lastchange：最近一次修改口令的时间。以距离 1970 年 01 月 01 日的天数表示。

④ minage：两次修改口令间隔最少的天数。如果设置为 0，表示无最短期限要求。

⑤ maxage：必须更改密码的最多天数。

⑥ warning：密码到期警告。以天数表示，0 表示不警告。

⑦ inactive：在口令过期之后多少天禁用此用户。此字段表示用户口令作废多少天后，系统会禁用此用户，也就是说系统不能再让此用户登录，也不会提示用户过期，是完全禁用。

⑧ expire：用户过期日期。从 1970 年 1 月 1 日开始的天数，字段为空，则账号永久可用。

⑨ blank：保留字段。未使用。

3.1.3　组账号文件 /etc/group

具有某种共同特征的用户集合起来就是用户组（Group）。用户组的设置主要是为了方便检查，设置文件或目录的访问权限。每个用户组都有唯一的用户组号 GID。

/etc/group 文件是用户组的配置文件，内容包括用户和用户组，并且能显示出用户归属哪个用户组或哪几个用户组。同一用户组的用户之间具有相似的特征，比如，把某一用户加入到 info 用户组，那么这个用户就可以浏览 info 用户登录目录的文件。如果 info 用户把某个文件的读/写执行权限开放，info 用户组的所有用户都可以修改此文件，如果是可执行的文件（比如脚本），info 用户组的用户也是可以执行的。

/etc/group 的内容包括用户组名、用户组口令、GID 及该用户组所包含的用户，每个用户组一条记录。格式如下：

```
Group_ name:passwd:GID:user_list
```

在/etc/group 中的每条记录分 4 个字段。第 1 字段：用户组名称；第 2 字段：用户组密码；第 3 字段：GID；第 4 字段：用户列表，每个用户之间用逗号","分隔，本字段可以为空，如果字段为空，表示用户组为 GID 的全部用户。

通过执行 cat/etc/group 命令，可以得到/etc/group 文件的内容，如图 3-3 所示。

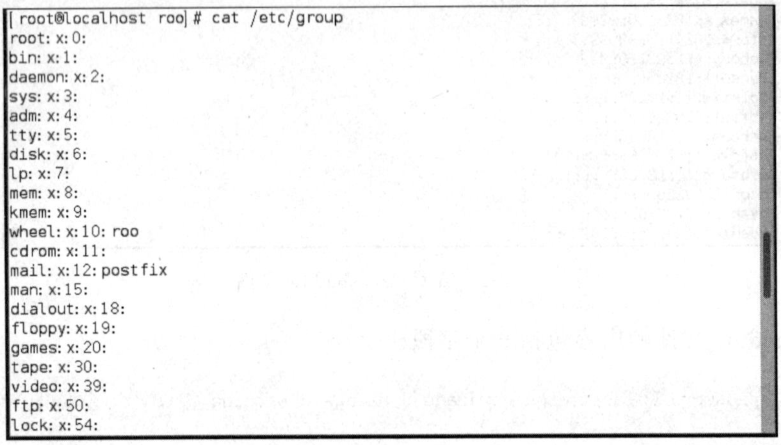

```
[ root@localhost roo] # cat /etc/group
root: x: 0:
bin: x: 1:
daemon: x: 2:
sys: x: 3:
adm: x: 4:
tty: x: 5:
disk: x: 6:
lp: x: 7:
mem: x: 8:
kmem: x: 9:
wheel: x: 10: roo
cdrom: x: 11:
mail: x: 12: postfix
man: x: 15:
dialout: x: 18:
floppy: x: 19:
games: x: 20:
tape: x: 30:
video: x: 39:
ftp: x: 50:
lock: x: 54:
```

图 3-3　查看/etc/group 文件

下面举例说明/etc/group 的内容。

root:x:0:root 表示用户组名为 root；x 是已加密的密码段；GID 是 0；root 用户组下包括 root 用户。

GID 和 UID 类似，是一个从 0 开始的正整数。root 用户组的 GID 为 0，系统会预留一些较靠前的 GID 给系统虚拟用户使用。

对照/etc/passwd 和/etc/group 两个文件，会发现在/etc/passwd 中的每条用户记录有用户默认的 GID。在/etc/group 中，也会发现每个用户组下有多少个用户。在创建目录和文件时，会使用默认的用户组。

需要注意的是，判断用户的访问权限时，默认的 GID 并不是最重要的，只要一个目录让同组用户具有可以访问的权限，那么同组用户就可以拥有该目录的访问权。

3.1.4　用户组影子文件/etc/gshadow

与/etc/shadow 文件一样，考虑到组信息文件中口令的安全性，引入相应的组口令影子文件/etc/gshadow。

/etc/gshadow 是/etc/group 的加密文件，比如用户组管理密码就存放在这个文件中。/etc/gshadow 和/etc/group 是互补的两个文件。对于大型服务器，针对很多用户和组，定制一些关系结构比较复杂的权限模型，设置用户组密码是极有必要的。例如，如果不想让一些非用户组成员永久拥有用户组的权限和特性，可以通过密码验证的方式让某些用户临时拥有一些用户组特性，这时就要用到用户组密码。

/etc/gshadow 格式如下，每个用户组独占一行。

```
groupname:password:admin,admin,...:member,member,...
```

第 1 字段：用户组；第 2 字段：用户组密码，这个字段可以是空的或"!"，如果是空的或有"!"，表示没有密码；第 3 字段：用户组管理者，这个字段也可为空，如果有多个用户组管理，用逗号"，"分隔；第 4 字段：组成员，如果有多个成员，用逗号"，"分隔。

执行 cat /etc/gshadow 命令，可以查看用户组影子文件的内容，如图 3-4 所示。

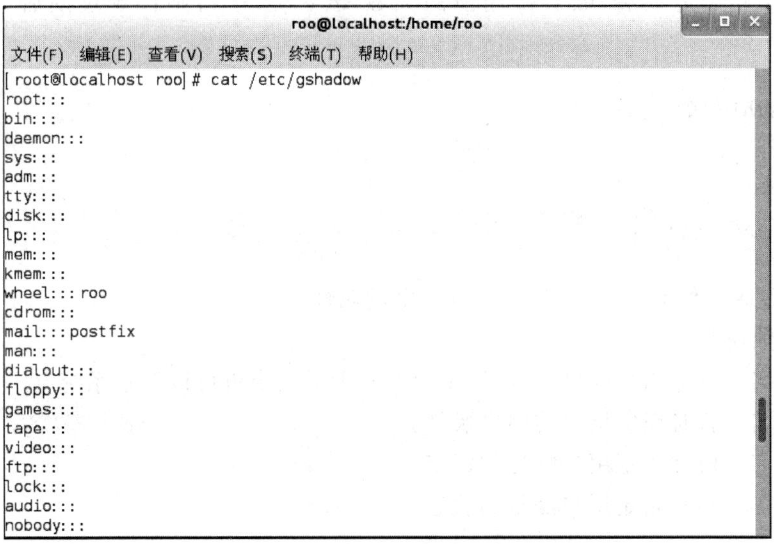

图 3-4　查看/etc/gshadow 文件

下面举例说明/etc/gshadow 的内容。

例如，student:!::，其用户组名为 student，没有设置密码，该用户没有用户组管理者，没有组成员。

3.2　用户管理

Linux 提供了 useradd、passwd、userdel 和 usermod 等 Shell 命令来管理用户，下面分别进行介绍。

3.2.1　添加用户

1. useradd 命令

格式：

```
useradd [选项] 用户名
```

功能：添加用户账号或更新创建用户的默认信息。

常用选项说明：

-n 用于禁止系统建立与用户名同名的用户组。

-s 设置用户的登录 Shell,默认为/bin/bash。

-g 组群名 定义用户默认的组名或组号码(初始组),该组在指定前必须存在。

-G 组群列表 设置新用户到其他组中(附属组),该组在指定前必须存在。

-u UID 指定用户 ID,不使用系统默认的设置方式。

-d 路径 用于取代默认的/home/username 主目录。

-e 日期 禁用账号的日期,格式为 YYYY-MM-DD。

-f 天数 口令过期后,账号禁用前的天数,若指定为 1,则口令过期后,账号将不会禁用。

2. passwd 命令

格式:

```
passwd[选项][用户名]
```

功能:设置或修改用户的口令,以及口令的属性。

常用选项说明:

-d 用户名 删除用户的口令,则该用户账号无需口令就可以登录系统。

-1 用户名 暂时锁定指定的用户账号。

-u 用户名 解除指定用户账号的锁定。

-S 用户名 显示指定用户账号的状态。

3.2.2 删除用户

格式:

```
userdel[选项]用户名
```

功能:删除指定的用户账号,只有超级用户才可以使用该命令。

常用选项说明:

-r 删除用户时删除用户的主目录及其中的所有内容,如果不加此选项,则仅删除此用户账号。

一般情况下,用户只有对自己主目录有写权限,主目录被删除后,其相关的文件也被删除。但有时系统对用户开放了其他目录的写权限,删除用户时非用户主目录下的用户文件并不会被删除,这时必须使用 find 命令来搜索删除这些文件。

利用 find 命令中的-user 和-uid 选项可以很方便地找到属于某个用户的文件。命令如下:

```
[root@localhost ~]# find / -user user1
```

或

```
[root@localhost ~]# find / -uid user1
```

上述命令是从根目录开始查找系统中所有属于用户 user1 的文件。

3.2.3　修改用户信息

格式：

usermod[选项]用户名

功能：修改用户账号信息。可以修改的信息与 useradd 命令所添加的信息一致，包括用户主目录、私有组、登录 Shell 等内容。只有超级用户才可以使用该命令。

该命令使用的参数和 useradd 命令使用的参数一致，这里不再一一描述。下面举例说明 usermod 命令的使用。

3.3　组管理

3.3.1　创建用户组

格式：

groupadd[选项]组群名

功能：创建用户组群，只有超级用户才可以使用该命令。

常用选项说明：

-g GID　组 ID 值。除非使用-o 参数，否则该值必须唯一，预设为不小于 1000 的正整数，而且逐次增加。数值 0～999 是保留给系统账号使用的。

-o　配合-g 选项使用，可以设定不唯一的组 ID 值。

-r　此参数用来建立系统账号。

-f　新增加一个已经存在的组账号时，系统会出现错误信息然后结束命令。如果新增组的 GID 已经存在，可以结合使用-o 选项成功创建。

用户组的密码可以通过 passwd 命令来实现。passwd 的用法如下：

passwd用户组名

例如，执行下列命令：

[root@localhost ～]# gpasswd mylinux

按下 Enter 键后，根据提示输入两次密码即可。

3.3.2　删除用户组

格式：

groupdel 组群名

功能：删除指定的组群，只有超级用户才可以使用该命令。

使用 groupdel 命令时，首先要确认被删除的用户组存在。另外，如果有一个属于待删除组的用户正在使用系统，则不能删除该组，必须先删除其中的用户后再执行组的删除操作。

3.3.3 修改用户组信息

格式：

```
groupmod[选项]组群名
```

功能：修改指定组群的属性，只有超级用户才可以使用该命令。

常用选项说明：

-g GID 组 ID 值。该值必须唯一，除非使用-o 参数。

-o 配合-g 选项使用，可以设定不唯一的组 ID 值。

-n 组群名 更改组名。

3.4 使用用户管理器管理用户和组

在 Linux 中除了可以利用命令行对用户和组进行管理外，还可以使用具有图形用户界面的用户管理器来查看、修改、添加和删除用户和组。与命令行管理方式相比，图形界面具有简单、直观的特点。下面介绍 Linux 的用户管理器。

3.4.1 启动用户管理器

要使用用户管理器，必须安装 system-config-users-1.3.5-2.el7.noarch rpm 软件包。执行下列命令即可安装，如图 3-5 所示。

```
[root@localhost ~]# yum install - y system - config - users - 1.3.5 - 2.el7.noarch rpm
```

```
[root@localhost ~]# yum install - y system- config-users-1.3.5-2.el7.noarch rpm
已加载插件: fastestmirror, langpacks
dvd                                              | 3.6 kB     00:00
Loading mirror speeds from cached hostfile
软件包 rpm-4.11.1-16.el7.x86_64 已安装并且是最新版本
正在解决依赖关系
--> 正在检查事务
---> 软件包 system-config-users.noarch.0.1.3.5-2.el7 将被 安装
--> 正在处理依赖关系 system-config-users-docs, 它被软件包 system-config-users-1.
3.5-2.el7.noarch 需要
--> 正在检查事务
---> 软件包 system-config-users-docs.noarch.0.1.0.9-6.el7 将被 安装
--> 正在处理依赖关系 rarian-compat, 它被软件包 system-config-users-docs-1.0.9-6.
el7.noarch 需要
--> 正在检查事务
---> 软件包 rarian-compat.x86_64.0.0.8.1-11.el7 将被 安装
--> 正在处理依赖关系 rarian = 0.8.1-11.el7, 它被软件包 rarian-compat-0.8.1-11.el
7.x86_64 需要
--> 正在处理依赖关系 rarian, 它被软件包 rarian-compat-0.8.1-11.el7.x86_64 需要
--> 正在处理依赖关系 librarian.so.0()(64bit), 它被软件包 rarian-compat-0.8.1-11.
el7.x86_64 需要
--> 正在检查事务
---> 软件包 rarian.x86_64.0.0.8.1-11.el7 将被 安装
--> 解决依赖关系完成
```

图 3-5 安装界面

依赖关系解决

Package	架构	版本	源	大小
正在安装：				
system-config-users	noarch	1.3.5-2.el7	dvd	337 k
为依赖而安装：				
rarian	x86_64	0.8.1-11.el7	dvd	98 k
rarian-compat	x86_64	0.8.1-11.el7	dvd	66 k
system-config-users-docs	noarch	1.0.9-6.el7	dvd	308 k

事务概要

安装　1 软件包 (+3 依赖软件包)

总下载量：809 k
安装大小：3.9 M
Downloading packages:

```
-----------------------------------------------------------------
总计                                         510 kB/s | 809 kB  00:01
Running transaction check
Running transaction test
Transaction test succeeded
Running transaction
  正在安装    : rarian-0.8.1-11.el7.x86_64                       1/4
  正在安装    : rarian-compat-0.8.1-11.el7.x86_64                2/4
  正在安装    : system-config-users-1.3.5-2.el7.noarch           3/4
  正在安装    : system-config-users-docs-1.0.9-6.el7.noarch      4/4
  验证中      : rarian-compat-0.8.1-11.el7.x86_64                1/4
  验证中      : system-config-users-1.3.5-2.el7.noarch           2/4
  验证中      : rarian-0.8.1-11.el7.x86_64                       3/4
  验证中      : system-config-users-docs-1.0.9-6.el7.noarch      4/4

已安装：
  system-config-users.noarch 0:1.3.5-2.el7

作为依赖被安装：
  rarian.x86_64 0:0.8.1-11.el7
  rarian-compat.x86_64 0:0.8.1-11.el7
  system-config-users-docs.noarch 0:1.0.9-6.el7

完毕！
```

图　3-5（续）

　　有两种方法可以启动用户管理器。一种方法是在桌面环境下选择"应用程序"→"杂项"→"用户和组群"菜单命令来显示用户管理器界面，如图 3-6 所示。另一种方法是以超级用户 root 登录，执行以下命令：

```
[root@localhost ~]# system-config-users
```

图 3-6　启动用户管理器

启动用户管理器后可以看到图 3-7 所示的界面。单击"用户"选项卡可以看到全部本地用户列表,单击"组群"选项卡可以看到全部本地组列表。

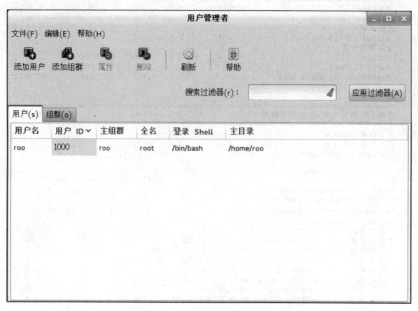

图 3-7　用户管理器界面

单击"添加用户"按钮,打开如图 3-8 所示的对话框。填写用户名、全称、密码等信息。

图 3-8　"添加新用户"对话框

如果需要寻找指定的用户或组,可以在"搜索过滤器"中输入要搜索的用户或组的名称的前几个字符,按 Enter 键或单击"应用过滤器"按钮,符合条件的信息就会被显示。单击列名,用户或组就会按照该列的信息进行排序。

3.4.2　添加用户

在用户管理器中单击工具栏中的"添加用户"按钮,会弹出"添加新用户"对话框,如图 3-8 所示。

在弹出的对话框中填写新建用户的信息,包括用户名及全称、用户 ID、用户登录口令、登录 Shell 和主目录。信息填写完毕后,单击"确定"按钮,添加用户的操作成功。新添加的用户 newuser 的信息出现在用户列表中。用户名的第一个字符必须是英文字母,并且名称不能与已有的用户名重复;口令和确认口令要一致,注意密码要求至少 6 个字符以上,而且为了安全考虑,口令应具有一定的复杂性;根据用户的需要选择合适的登录 Shell、用户主目录等内容。在图 3-8 所示的窗口中,各项信息输入完成后单击"确定"按钮。

3.4.3　修改用户属性

如果要修改某个用户的属性,可在用户列表中选中该用户,单击工具栏中的"属性"按钮或直接双击该用户都可以得到"用户属性"对话框,如图 3-9 所示。

在"用户数据"选项卡中修改用户的基本信息,如用户名、全称、密码、主目录和登录等。"用户属性"窗口包括"用户数据""账号信息""密码信息"和"组群"4 个选项卡,默认显示"用户数据"选项卡。

用户数据:修改用户的基本信息。

账号信息:设置用户账户被定的具体日期。格式为 YYYY-MM-DD(年-月-日)。

密码信息:设置与用户口令有关的时限设置。

组群:设置用户所属组群。

要删除现有用户账户,只需选择该用户账户,单击工具栏中的"删除"按钮即可。

在图 3-10 所示的"账号信息"选项卡中可以设定是否启用用户账号的过期选项。如果想让账号在某一固定日期后不能使用,可以勾选"启用账号过期"选项,并输入日期。当选择"本地密码被锁"后,用户无法在系统登录。

图 3-9　"用户属性"对话框　　　　　　　图 3-10　"账号信息"选项卡

在图 3-11 所示的"密码信息"选项卡中可以设定是否启用密码过期功能。如果启用,可以设置密码允许更换前的天数、需要更换的天数、更换前警告的天数,以及账号被取消激活前的天数。

在图 3-12 所示的"组群"选项卡中可以选择用户将加入的组群以及用户的主组群。

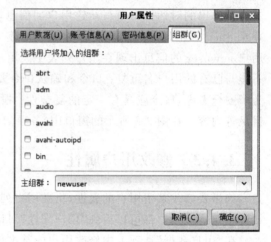

图 3-11　"密码信息"选项卡　　　　　图 3-12　"组群"选项卡

3.4.4　添加用户组

使用用户管理器也可以方便地进行用户组的操作。

在图 3-13 所示的"组群"选项卡中,列出了现有组群名、组群 ID 和组群成员信息。如果要添加新的群组,可单击工具栏中的"添加组群"按钮。在弹出的如图 3-14 所示对话框中输入用户组的名称,选择是否手动指定组群 ID。如果选择手动指定组群 ID,需要输入 GID。单击"确定"按钮后,新的用户组即被创建。新添加的用户组出现在组群列表中。

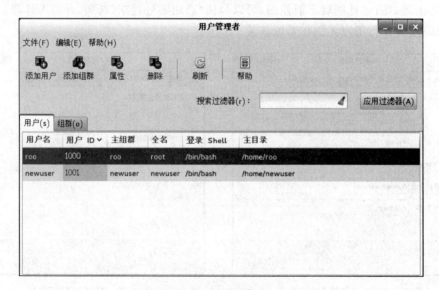

图 3-13　当前组群

图 3-14　"添加新组群"对话框

3.4.5　修改用户组属性

修改用户组属性的操作与修改用户属性的操作基本相同。

首先在组群列表中选定要修改的用户组,双击该用户组或单击"属性"按钮,都可以得到图 3-15 所示的"组群属性"对话框。在"组群数据"选项卡中可以修改用户组群名。在图 3-16 所示的"组群用户"选项卡中可以选择系统中存在的用户加入到该用户组中。完成修改后可以看到组群列表中组的信息发生变化。

图 3-15　"组群属性"对话框

图 3-16　"组群用户"选项卡

3.5　实验：管理用户和组

3.5.1　实验目的

(1) 学会新建用户。
(2) 学会设置用户账户口令。
(3) 学会新建组。
(4) 掌握为组添加用户的方法。

3.5.2　实验内容

本实验的目的是学习使用命令新建用户并设置用户账户口令以及维护用户账户;新建组并为组添加用户;使用用户管理器新建用户、修改用户属性;创建组。

3.5.3 实验步骤

1. 使用命令新建用户并设置用户账户口令

（1）按照默认值新建用户 user1。

```
[root@localhost ~]# useradd user1
```

使用 useradd 命令建立新账号时会用到一系列预先定义好的默认设置，包括用户组名、用户 ID 编号、登录子目录以及登录 Shell 等。系统将在/home 目录下新建与用户同名的子目录作为该用户的主目录。用户默认的登录 Shell 为/bin/bash。

（2）增加用户 user1，附属组设置为 root 组。

```
[root@localhost ~]# useradd - G root user1
```

以上 useradd 命令完成了如下操作：向/etc/passwd、/etc/shadow、/etc/group 中写入用户信息；建立用户主目录/home/user1，添加到 root 组中作为附属组成员。

（3）新建用户 user1，UID 为 510，指定其所属的私有组为 group1（group1 组的标识符为 500），用户的主目录为/home/user1，用户的 Shell 为/bin/bash，用户的密码为 123456，账户永不过期。

```
[root@Server ~]# useradd - u 510 - g 500 - d/home/user1 - s /bin/bash - p 123456 - f - l user1
[root@Server ~]# tail - l /etc/passwd
User1:x:510:500::/home/user1:/bin/bash
```

如果新建用户已经存在，那么在执行 useradd 命令时，系统会提示该用户已经存在。

```
[root@Server ~]# useradd user1
useradd: user user1 exists
```

（4）假设当前用户为 root，则下面的两个命令分别为 root 用户修改自己的口令和 root 用户修改 user1 用户的口令。

```
//root 用户修改自己的口令,直接用 passwd 命令按 Enter 键即可
[root@Server ~]# passwd
Changing password for user root.
New UNIX password:
Retype new UNIX password:
passwd: all authentication tokens updated successfully.

//root 用户修改 user1 用户的口令
[root@Server ~]# passwd user1
Changing password for user user1
New UNIX password:
Retype new UNIX password:
passwd: all authentication tokens updated successfully.
```

需要注意的是，普通用户修改口令时，passwd 命令会首先询问原来的口令，只有验证通过才可以修改。而 root 用户为用户指定口令时，不需要知道原来的口令。为了系统安全，

用户应选择包含字母、数字和特殊符号相组合的复杂口令,且口令长度应至少为 6 个字符。

（5）在系统中添加用户 user1 后,为了让该用户使用系统,需为用户设置口令。

```
[root@localhost ~]# passwd use
```

系统会提示用户输入密码,并提示输入确认。当两次密码一致时,密码设置成功。输入密码时,为了提高安全性,密码不显示在屏幕上。用户使用这个密码登录后可以修改登录密码,执行 passwd 命令即可,不过系统会要求用户首先输入原先的密码,输入正确后才能进行密码的修改。

（6）删除用户 user1 的口令。

```
[root@localhost ~]# passwd - d user1
```

如果要删除用户的口令,也可以编辑/etc/passwd 文件,清除指定用户账号口令字段的内容即可。

（7）锁定用户 user1 的口令。

```
[root@localhost ~]# passwd - l user1
```

锁定用户口令后,用户登录时,即使输入正确的口令仍将出现 Login incorrect 的提示信息。

（8）解除用户账号 user1 的锁定。命令如下:

```
[root@localhost ~]# passwd - u user1
```

同样,超级用户可以直接编辑/etc/passwd 文件,在指定用户账号所在行前加上"♯"或"＊"符号使其成为注释行,该用户账号即被锁定。去除"♯"或"＊"符号后,用户账号就可以恢复使用。

（9）删除用户账号 user1 及其主目录。

```
[root@localhost ~]# userdel - r user1
```

（10）改变用户账号名,将 user1 改为 user2。

```
[root@localhost ~]# usermod - l user2 user1
```

（11）将用户 student 的属组改为 work,并把 student 的 ID 改为 5500。

```
[root@localhost ~]# usermod - g work - u 5500 student
```

注意：在使用 usermod 命令过程中,不允许改变已登录用户的账号信息。

（12）将组 mylinux1 的名称改为 mylinux2。

```
[root@localhost ~]# groupmod - n mylinux2 mylinux1
```

（13）将组 mylinux1 的 GID 改为 566,同时把组名改为 mylinux2。

```
[root@localhost ~]# groupmod - g 566 - n mylinux2 mylinux1
```

2．使用命令为新建的组添加用户

（1）添加组账号，GID 从 1000 开始。

```
[root@localhost ~]#groupadd mygroup
```

（2）建立组的同时指定组的 GID 为 5600。

```
[root@localhost ~]#groupadd -g 5600 test
```

（3）删除 mygroup 组群。

```
[root@localhost ~]#groupdel mygroup
```

（4）把 user1 用户加入 testgroup 组，并指派 user1 为管理员，可以执行下列命令：

```
[root@Server ~]#gpasswd -a user1 testgroup
Adding user user1 to group testgroup
[root@Server ~]#gpasswd -A user1 testgroup
```

3．使用用户管理器新建用户和组

启动用户管理器后单击图 3-7 中的"添加用户"按钮，弹出"添加新用户"窗口，如图 3-8 所示。

4．修改用户属性

要对系统中已经存在的用户进行修改，可以在"用户管理者"对话框中单击选中用户账户，然后单击工具栏中的"属性"按钮，打开"用户属性"对话框进行设置，如图 3-9 所示。

3.6 习题

1．填空题

（1）Linux 操作系统是_____的操作系统，它允许多个用户同时登录到系统，使用系统资源。

（2）Linux 系统下的用户账户分为两种：_____和_____。

（3）root 用户的 UID 为_____，普通用户的 UID 可以在创建时由管理员指定，如果不指定，用户的 UID 默认从_____开始顺序编号。

（4）在 Linux 系统中，创建用户账户的同时也会创建一个与用户同名的组群，该组群是用户的_____。普通组群的 GID 默认也从_____开始编号。

（5）一个用户账户可以同时是多个组群的成员，其中某个组群是该用户的_____（私有组群），其他组群为该用户的_____（标准组群）。

（6）在 Linux 系统中，所创建的用户账户及其相关信息（密码除外）均放在_____配置文件中。

(7) 由于所有用户对/etc/passwd 文件均有_____权限,为了增强系统的安全性,用户经过加密之后的口令都存放在文件中。

(8) 组群账户的信息存放在文件中,而关于组群管理的信息(组群口令、组群管理员等)则存放在_____文件中。

2. 选择题

(1) 存放用户密码信息的目录是(　　)。

    A. /etc　　　　　　　B. /var　　　　　　　C. /dev　　　　　　　D. /boot

(2) 创建用户 ID 是 200、组 ID 是 1000、用户主目录为/home/user01 的正确命令为(　　)。

    A. useradd -u:200 -g:1000 -h:/home/user01 user01

    B. useradd -u＝200 -g＝1000 -d＝/home/user01 user01

    C. useradd -u 200 -g 1000 -d /home/user01 user01

    D. useradd -u 200 -g 1000 -h /home/user01 user01

(3) 用户登录系统后首先进入的目录是(　　)。

    A. /home　　　　　　　　　　　　　B. /root 的主目录

    C. /usr　　　　　　　　　　　　　　D. 用户自己的家目录

(4) 在使用了 shadow 口令的系统中,/etc/passwd 和/etc/shadow 两个文件的权限正确的是(　　)。

    A. -rw-r-----,-r----------　　　　　　　B. -rw-r--r--,-r--r--r--

    C. -rw-r--r--,-r------　　　　　　　　D. -rw-r--rw-,-r-----r---

(5) 下面参数中可以删除一个用户并同时删除用户的主目录的是(　　)。

    A. rmuser -r　　　　B. deluser -r　　　　C. userdel -r　　　　D. usermgr -r

(6) 系统管理员应该采用的安全措施是(　　)。

    A. 把 root 密码告诉每一位用户

    B. 设置 telnet 服务来提供远程系统维护

    C. 经常检测账户数量、内存信息和磁盘信息

    D. 当员工辞职后,立即删除该用户账户

(7) 在/etc/group 中有一行 students::600:z3,14,w5 有(　　)用户在 student 组中。

    A. 3　　　　　　　　B. 4　　　　　　　　C. 5　　　　　　　　D. 不知道

(8) 下列命令中可以用来检测用户 lisa 的信息的是(　　)。

    A. finger lisa　　　　　　　　　　　B. grep lisa /etc/passwd

    C. find lisa /etc/passwd　　　　　　D. who lisa

3. 实践题

(1) 在 Linux 系统下利用命令方式实现用户和组的管理。

(2) 利用图形配置界面进行用户和组的管理。

## 第 4 章

磁盘与文件系统管理

Linux 中可能有成千上万的文件必须要存储在磁盘中。对系统管理员而言,如何管理好磁盘与文件系统是一门必备的学问。

教学目标

- 了解 Linux 系统的文件权限管理。
- 掌握磁盘和文件系统管理工具的使用方法。
- 掌握 Linux 下 LVM 逻辑卷管理器的使用方法。

4.1 磁盘的识别与分区

4.1.1 磁盘的分类

Linux 用来存储数据的设备主要包含内存与磁盘两种:内存的成本高,但访问速度快,通常用来存储短暂性的数据;而磁盘虽然访问速度慢,但成本低,所以磁盘通常用来存储需永久保存的数据。

目前常见的磁盘包括硬盘(Hard Disk,HD)、软盘(Floppy Disk,FD)、光盘(Compact Disk,CD)、磁带(Tape)与闪存(Flash Memory)。

依照连接的接口种类,可以把 Linux 支持的磁盘设备分成以下 4 类。

- IDE 磁盘。
- SCSI 磁盘。
- 软盘。
- 移动磁盘。

与其他硬件设备一样,Linux 也会为不同的磁盘提供一个设备文件,当调用某一个设备文件时,Linux 就可以知道需要调用哪个磁盘设备。

以下是 4 种磁盘的详细说明及其对应的设备文件的详细介绍。

1. IDE 磁盘

IDE 磁盘是个人计算机中最常见的磁盘类型，Linux 当然也支持 IDE 磁盘。Linux 目前支持包含 ATA 与 SATA 两种接口的 IDE 磁盘。

目前，Linux 为 ATA 与 SATA 两种规格的 IDE 磁盘提供不同的设备文件。

(1) /dev/hdxx

在 Linux 中，ATA 接口的 IDE 磁盘设备识别名称为 hd，也就是说在/dev/目录下，文件名是以 hd 开头的，它就是 ATA 接口的 IDE 磁盘。

一台计算机中可以安装多个 ATA IDE 硬盘，为了区分这些 ATA IDE 硬盘，Linux 会为每一个硬盘提供一个英文字母代号，作为每个不同的 ATA IDE 磁盘的识别名称，例如，第一个 ATA IDE 硬盘的设备文件是/dev/hda；而 /dev/hdb 是第二个 ATA 的 IDE 硬盘，以此类推。

(2) /dev/sdxx

SATA 接口的 IDE 硬盘在 Linux 中以 sd 作为其设备文件识别名称。与 ATA IDE 硬盘一样，Linux 也会为每一个 SATA IDE 硬盘提供一个独一无二的识别英文字母，因此，第一台 SATA IDE 硬盘就是/dev/sda；而/dev/sdb 就是第二个 SATA IDE 硬盘，以此类推。

在 Linux 内核 2.4 版(含)前，SATA 硬盘的设备文件使用 hd 的识别名称；而 2.6 版内核后，则使用 sd 的识别名称。Linux 4 后开始使用 2.6 版内核，而在 Linux 4 以前，则使用 2.4 版或者更早版本的内核。

至于计算机中的哪一台硬盘使用/dev/hda 或/dev/sda，哪一台硬盘使用 /dev/hdb 或 /dev/sdb，Linux 依照下列方式来决定其设备文件。

(1) 启动系统时指定：可以在"启动加载器"程序的操作系统中启动参数设置，当启动 Linux 时，告知 Linux 内核要以哪一个硬盘作为/dev/sda，哪一个硬盘使用/dev/sdb。

(2) Linux 自行检测：如果在启动 Linux 时没有特别指定设备 IDE 磁盘的设备文件名，那么 Linux 内核就会以检测硬件设备时所得的结果作为依据，自动为 IDE 磁盘编排设备文件。此时，Linux 会根据 BIOS 中设置的硬盘顺序或是实际 IDE 数据线连接的位置决定。例如，以 IDE0 的 Master 磁盘使用/dev/hda、IDE1 的 Slave 磁盘就会使用/dev/hdd，以此类推。

2. SCSI 磁盘

SCSI 磁盘是使用 SCSI 接口连接到计算机的磁盘，通常应用于较高级的服务器系统上。由于 SCSI 磁盘会由 SCSI 控制卡上独立的处理器执行调用磁盘的动作，比起 IDE 是由主机板上的 CPU 处理的情况而言，使用 SCSI 磁盘可以获得较高的性能，然而 SCSI 硬盘的价格也较 IDE 磁盘的价格高很多。

Linux 的 SCSI 磁盘的识别名称为 sd，在/dev/目录中使用 sd 开头的设备文件都是提供给 SCSI 磁盘使用的设备文件。每一个 SCSI 磁盘与 IDE 磁盘一样，都会被赋予一个磁盘代号，然而与 IDE 磁盘代号的不同之处在于，IDE 磁盘代号只有一个字母，而 SCSI 磁盘代号有两个字母。一台计算机可以安装多个 SCSI 控制卡，而每一个 SCSI 控制卡中可以安装数个 SCSI 磁盘，一台个人计算机往往可以安装数十个甚至上百个 SCSI 磁盘，所以，/dev/sda 是第 1 个 SCSI 硬盘，/dev/sdad 则是第 30 个 SCSI 磁盘，以此类推。

至于哪一个 SCSI 磁盘使用/dev/sda,哪一个磁盘使用 dev/sdad,则是依照下面的顺序来决定的。

(1) 启动系统时指定:与 IDE 磁盘一样,可在启动 Linux 时通过 Linux 内核的启动参数指定 Linux 哪一个 SCSI 磁盘使用/dev/sda,哪一个磁盘使用/dev/sdad。

(2) SCSI 控制卡的顺序:一台计算机可以安装多块 SCSI 控制卡。Linux 会根据驱动的 SCSI 控制卡的顺序决定该 SCSI 控制卡上的 SCSI 磁盘的设备文件号。

(3) SCSI 磁盘设置的序号:每一个 SCSI 设备都可以设置序号,同一个 SCSI 控制卡中的设备序号都是独一无二的。

3. 软盘

软盘(Floppy Disk)是个人计算机世界中最廉价的一种磁盘设备,但由于软盘的速度太慢,再加上容纳的空间有限,目前已慢慢被市场淘汰。虽是如此,Linux 仍然支持这种古老的磁盘设备。

软盘以 Floppy 接口连接到计算机。Linux 所有的软盘都使用 fd 的识别名称,因此/dev/目录下以 fd 开头的设备文件都是提供给软盘使用的。由于我们不太可能在一台个人计算机中同时安装太多的软盘驱动器,所以,Linux 仅以/dev/fdN 作为软盘的设备文件,其中 N 是 0~7 中的一个数字,作为软盘设备文件的识别号码。例如,第 1 台软盘动器为/dev/fd0,第 3 台软盘驱动器为/dev/fd2,以此类推。

4. 移动磁盘

目前,还有一些可以在 Linux 执行期间安装、卸载的磁盘,而不需关闭 Linux。这些磁盘统称为可移动磁盘(Removable Disk)。

这些可以热插拔的移动磁盘通常使用以下 3 种接口连接到计算机系统上。

(1) USB:例如 USB 外接式硬盘、U 盘。

(2) IEEE 1394:例如支持 IEEE 1394 接口的数字相机。

(3) PCMCIA:某些通过 PCMCIA 接口连接到计算机的磁盘。

不同的移动磁盘在 Linux 中会使用不同的设备文件。这是因为 Linux 是以接口来区分磁盘的,不同接口的磁盘设备会使用不同的设备文件。

例如,目前 Linux 的 USB 接口,即使用/dev/sdX 的设备文件,代表是 USB 的磁盘;因此使用 USB 方式连接到计算机的移动式磁盘,不管是 USB 外接硬盘、U 盘,还是 USB 光驱或是其他移动磁盘,都使用/dev/sdX 的设备文件。

4.1.2 磁盘的组成

一块硬盘由若干张磁盘构成,每张磁盘的表面都会涂一层薄薄的磁粉。磁盘会提供一个或多个读写磁头。硬盘就由读写磁头来改变磁盘上磁性物质的方向,由此存储计算机中 0 或者 1 的数字数据。

实际上,一个硬盘是由以下组件所组成的。

(1) 磁头:每一张磁盘的表面称为磁头(Head)。

(2) 磁道:每一个磁面的空间会按逻辑切割出许多磁道(Track)。

（3）扇区：每一个磁道可以再切割出若干扇区（Sector），这些扇区也是调用磁盘的最小单位。现今磁盘中的扇区默认大小为 512B 和 4096B 两种。

（4）磁柱：一个磁盘会有多个磁面，每个磁面上同一编号的磁道就组成了磁柱（Cylinder）。

上述的每一个组件在磁盘中都会有一个编号。每一个扇区都会有一个编号，当然，磁道也会有自己的编号，磁柱也有，如果把每一个扇区依照其编号顺序排列起来，就可以变成一个线性的磁盘空间。

1．主引导记录（MBR）

整个磁盘的第 0 号磁柱的第 0 号磁面的第 1 个扇区，就是常说的"主引导记录"（Master Boot Record，MBR）。主引导记录扇区存储着下列信息。

（1）初始化程序加载器（Initial Program Loader，IPL）：占用 446B 的空间，用来存储操作系统的内核。

（2）分区表（Partition Table）：占用 64B 的空间，存储这个磁盘的分区信息。

（3）验证码：占用 2B 的空间，用来存放初始化程序加载器的检查码（Checksum）。

当计算机启动时，会加载存储在主引导记录扇区的前 446B，也就是初始化引导区的操作，这由计算机的操作系统来执行；另外，计算机也可以根据主引导记录中的分区数据表判断这个磁盘有多少个分区、某一个分区的大小，甚至分区是给哪个操作系统使用的等信息。

所以，主引导记录扇区可以说是磁盘中最重要的扇区。如果计算机无法读取主引导记录扇区，就会使计算机无法顺利启动操作系统或者无法取得分区的信息，当然也就无法使用这块磁盘了。

2．全局唯一标识分区表（GPT）

随着硬盘容量的提升，对于那些扇区为 512B 的磁盘，MBR 分区表不支持容量大于 $2.2\text{TB}(2.2\times10^{12}\text{B})$ 的分区，然而，一些硬盘制造商（如希捷和西部数据）注意到了这个局限性，并且将它们容量较大的磁盘升级到了 4KB 的扇区，这意味着 MBR 的有效容量上限提升到了 16TB。这个看似"正确"的解决方案，在临时降低了人们对改进磁盘分配表需求的同时，也给市场带来了在有较大块（Block）的设备上从 BIOS 启动时，如何划分出最佳磁盘分区的困惑。

为了解决以上困惑，GUID 全局唯一标识分区表（GUID Partition Table，GPT）应运而生。GPT 是一个实体硬盘的分区表的结构布局标准，它是可扩展固件接口（EFI）标准（被 Intel 用于替代个人计算机的 BIOS）的一部分，被用于替代 BIOS 系统中的 32bits 来存储逻辑块地址和大小信息的主引导记录（MBR）分区表。

3．分区

一台计算机允许同时安装多个操作系统，不同的操作系统可能会使用不同的文件系统来存储文件数据；可是每一个磁盘空间只能使用同一种文件系统，如此一来，便无法在同一个磁盘上安装多个操作系统。

为了让同一磁盘能安装多个操作系统，可以在硬盘中建立若干个分区。每一个分区在逻辑上都可以视为一个磁盘，因此，可以为不同的分区建立不同的文件系统。这样就能在同一块磁盘中安装多个操作系统了。

每一个磁盘都可以存储若干条分区信息,每一条分区信息代表磁盘中的某一个分区,每一条分区信息会占用16B的空间,以便记录以下3项信息。

(1) 开始磁柱编号(Start Cylinder):这个分区是从第几号的磁柱开始的。

(2) 所有磁柱数量(Cylinder Count):这个分区一共占用多少个磁柱。

(3) 分区系统标识符(Partition System ID):这个分区上的文件结构或者操作系统的标识符。

分区信息可以存储在主引导记录扇区中或者其他位置。存储在不同位置的分区信息代表不同类型的分区,目前共定义以下3种类型的分区。

1) 主分区

分区信息如果存储在主引导记录扇区的分区表中,就称为主分区(Primary Partition)。由于主引导记录扇区的分区数据表大小为64B,而每一个分区信息都会占用16B的空间,因此,一块磁盘最多只能拥有4个主分区。而对于全局唯一标识分区表而言,GPT对分区数量几乎没有限制。但实际上限制的分区数量为128个,GPT中分区项的保留空间大小会限制分区数量,因为主分区的数量足够使用,所以扩展分区或逻辑分区对于GPT来说意义不大。

GPT的缺点是需要操作系统支持,比如,只有 Windows XP 64 位、Windows Vista、Windows 7 和 Windows 8 和比较新的 Linux 发行版支持 GPT 分区的硬盘。而且,如果没有 EFI 的支持,以上系统也只能将 GPT 分区的磁盘当成数据盘,不能从 GPT 分区的硬盘启动系统。

2) 扩展分区

由于主引导记录扇区空间的限制,一块磁盘最多只能有 4 个主要分区;如果需要更多的分区,该怎么办? 有一种特殊的分区专门用来存储更多的分区,这种分区称为扩展分区(Extended Partition)。扩展分区具备下列特性。

(1) 扩展分区只能存储分区,无法存储文件的数据。

(2) 扩展分区的信息必须存储在主引导记录扇区的分区数据表中,换句话说,扩展分区可以视为一种特殊的主要分区。因此,可以把某一个主要分区修改为扩展分区,这样就可以在这个扩展分区中存储更多的分区信息,突破分区的限制。

一块磁盘只能有一个扩展分区,因此一个磁盘最多只能有 3 个主分区和 1 个扩展分区。

3) 逻辑分区

存储在扩展分区中的分区称为逻辑分区(Logic Partition)。每一个逻辑分区都可以存储一个文件系统。至于一个磁盘能够建立多少个逻辑分区,则视其扩展分区的种类而定。不同种类的扩展分区可建立的逻辑分区数量也不一样。

系统标识符为 5-Extended 的扩展分区:最多只能存储 12 个逻辑分区的信息。

系统标识符为 85-Linux Extended 的扩展分区:因磁盘种类的不同会有不同的数量。

• IDE 磁盘:最多 60 个逻辑分区。

• SCSI 磁盘:最多 12 个逻辑分区。

与硬盘一样,每一个分区都会有象征该分区的设备文件;指定硬盘的设备文件后,再根据分区的识别号码命名。

• 主要分区与扩展分区:使用 1～4 的识别号码。

• 逻辑分区:一律使用 5～63 的识别号码。

4.1.3　管理分区

1. 管理 MBR 分区

在 Linux 系统中,管理 MBR 分区使用最广泛的管理磁盘中的分区工具就是 fdisk。fdisk 使用交互式的方式来进行分区管理的工作。

格式:

```
fdisk [参数] 文件名
```

功能:fdisk 是 Linux 中最常用的分区工具,用于创建分区。

常用选项说明:

-l　获得机器中所有磁盘的个数,也能列出所有磁盘分区情况。

-c　禁用旧的 DOS 兼容模式。

-u　以扇区(而不是柱面)的格式显示输出。

1) 列出分区

执行下面的命令列出分区,如图 4-1 所示。

```
[root@localhost ~]# fdisk  -l /dev/sda
```

```
[root@localhost ~]# fdisk -l /dev/sda

磁盘 /dev/sda: 21.5 GB, 21474836480 字节, 41943040 个扇区
Units = 扇区 of 1 * 512 = 512 bytes
扇区大小(逻辑/物理): 512 字节 / 512 字节
I/O 大小(最小/最佳): 512 字节 / 512 字节
磁盘标签类型: dos
磁盘标识符: 0x000a4ccf

   设备 Boot      Start         End      Blocks   Id  System
/dev/sda1   *      2048     2050047     1024000   83  Linux
/dev/sda2        2050048    40970239    19460096   8e  Linux LVM
```

图 4-1　列出分区 1

在图 4-1 所示的信息中,Blocks 表示的是分区的大小,Blocks 的单位是 B;System 表示文件系统,比如/dev/sda1 是 Linux 格式的文件系统,/dev/sda2 是逻辑卷。

2) 创建主分区

如果现在要添加一个 100MB 的主分区,可以按照下面的步骤操作,如图 4-2 所示。

```
[root@localhost roo]# fdisk /dev/sda
```

其中:+100M(指定分区大小,用+100M 来指定大小为 100MB)。

分区创建完成,需要使用 w 命令保存并退出,如图 4-3 所示。如果不保存退出,则使用 q 命令。

3) 创建扩展分区和逻辑分区

如果现在要在系统所有空间创建扩展分区,并在扩展分区上创建 200MB 的逻辑分区,可以按照下面的步骤操作,如图 4-4 所示。

4) 删除分区

如果现在要删除逻辑分区 5,可以按照下面的步骤操作:使用 d 命令,如图 4-5 所示。

```
[root@localhost roo]# fdisk /dev/sda
欢迎使用 fdisk (util-linux 2.23.2)。

更改将停留在内存中，直到您决定将更改写入磁盘。
使用写入命令前请三思。
命令(输入 m 获取帮助)：p

磁盘 /dev/sda：21.5 GB, 21474836480 字节，41943040 个扇区
Units = 扇区 of 1 * 512 = 512 bytes
扇区大小(逻辑/物理)：512 字节 / 512 字节
I/O 大小(最小/最佳)：512 字节 / 512 字节
磁盘标签类型：dos
磁盘标识符：0x000a4ccf

   设备 Boot      Start         End      Blocks   Id  System
/dev/sda1   *      2048     2050047     1024000   83  Linux
/dev/sda2       2050048    40970239    19460096   8e  Linux LVM

命令(输入 m 获取帮助)：n
Partition type:
   p   primary (2 primary, 0 extended, 2 free)
   e   extended
Select (default p): p
分区号 (3,4，默认 3)：3
起始 扇区 (40970240-41943039，默认为 40970240)：
将使用默认值 40970240
Last 扇区, +扇区 or +size{K,M,G} (40970240-41943039，默认为 41943039)：+100M
分区 3 已设置为 Linux 类型，大小设为 100 MiB
```

图 4-2　创建主分区 1

```
命令(输入 m 获取帮助)：w
The partition table has been altered!

Calling ioctl() to re-read partition table.

WARNING: Re-reading the partition table failed with error 16: 设备或资源忙.
The kernel still uses the old table. The new table will be used at
the next reboot or after you run partprobe(8) or kpartx(8)
正在同步磁盘。
```

图 4-3　保存并退出

```
命令(输入 m 获取帮助)：n
Partition type:
   p   primary (2 primary, 0 extended, 2 free)
   e   extended
Select (default p): e
分区号 (3,4，默认 3)：3
起始 扇区 (40970240-41943039，默认为 40970240)：
将使用默认值 40970240
Last 扇区, +扇区 or +size{K,M,G} (40970240-41943039，默认为 41943039)：
将使用默认值 41943039
分区 3 已设置为 Extended 类型，大小设为 475 MiB

命令(输入 m 获取帮助)：n
Partition type:
   p   primary (2 primary, 1 extended, 1 free)
   l   logical (numbered from 5)
Select (default p): l
添加逻辑分区 5
起始 扇区 (40972288-41943039，默认为 40972288)：
将使用默认值 40972288
Last 扇区, +扇区 or +size{K,M,G} (40972288-41943039，默认为 41943039)：+200M
分区 5 已设置为 Linux 类型，大小设为 200 MiB

命令(输入 m 获取帮助)：p

磁盘 /dev/sda：21.5 GB, 21474836480 字节，41943040 个扇区
Units = 扇区 of 1 * 512 = 512 bytes
扇区大小(逻辑/物理)：512 字节 / 512 字节
I/O 大小(最小/最佳)：512 字节 / 512 字节
磁盘标签类型：dos
磁盘标识符：0x000a4ccf

   设备 Boot      Start         End      Blocks   Id  System
/dev/sda1   *      2048     2050047     1024000   83  Linux
/dev/sda2       2050048    40970239    19460096   8e  Linux LVM
/dev/sda3      40970240    41943039      486400    5  Extended
/dev/sda5      40972288    41381887      204800   83  Linux
```

图 4-4　创建扩展分区和逻辑分区

```
命令(输入 m 获取帮助)：d
分区号 (1-5，默认 5)：5
分区 5 已删除

命令(输入 m 获取帮助)：p

磁盘 /dev/sda：21.5 GB，21474836480 字节，41943040 个扇区
Units = 扇区 of 1 * 512 = 512 bytes
扇区大小(逻辑/物理)：512 字节 / 512 字节
I/O 大小(最小/最佳)：512 字节 / 512 字节
磁盘标签类型：dos
磁盘标识符：0x000a4ccf

   设备 Boot      Start         End      Blocks   Id  System
/dev/sda1    *      2048     2050047     1024000   83  Linux
/dev/sda2        2050048    40970239    19460096   8e  Linux LVM
/dev/sda3       40970240    41175039      102400   83  Linux
/dev/sda4       41175040    41943039      384000    5  Extended
```

图 4-5　删除分区 1

5）分区生效

在 CentOS 7 中，分区创建完成，不会立刻生效，需要系统重新启动才可以生效，如果不想启动系统，可以使用 partx -a /dev/sda 命令生效，如图 4-6 所示。

```
[root@localhost roo]# partx -a /dev/sda
partx: /dev/sda: error adding partitions 1-2
[root@localhost roo]# ls /dev/sda*
/dev/sda  /dev/sda1  /dev/sda2  /dev/sda3  /dev/sda5
```

图 4-6　分区生效

2. 管理 GPT 分区

在 Linux 系统中，管理 GPT 分区的工具和管理 MBR 分区的工具类似，管理 GPT 分区的工具是 gdisk。gdisk 同样使用交互式的方式来进行分区管理工作。

格式：

> gdisk[参数]文件名

功能：gdisk 是 Linux 中常用的分区工具，用于创建 GPT 分区。

常用选项说明：

-l　获得机器中所有某个磁盘的分区情况。

列出当前硬盘分区/dev/sda 的使用情况，如图 4-7 所示。

```
[root@localhost roo]# gdisk  /dev/sda
GPT fdisk (gdisk) version 0.8.6

Partition table scan:
  MBR: MBR only
  BSD: not present
  APM: not present
  GPT: not present

*******************************************************
Found invalid GPT and valid MBR; converting MBR to GPT format.
THIS OPERATION IS POTENTIALLY DESTRUCTIVE! Exit by typing 'q' if
you don't want to convert your MBR partitions to GPT format!
*******************************************************

Command (? for help): █
```

图 4-7　列出当前硬盘分区/dev/sda 的使用情况

在 Command(?for help)：提示后输入字符?、m 或 h，会输出 gdisk 命令的帮助。也可以在这里直接输入命令，命令列表如下。

b　备份 GPT 数据到一个文件。

c　改变一个分区的名字。

D　删除硬盘分区。

i　显示一个分区的详细信息。

l　列出已知分区的类型。

N　添加一个新的硬盘分区。

o　创建一个新的空 GUID 分区列表(GPT)。

P　列出硬盘分区表。

q　退出不保存修改的内容。

r　恢复和转换选项(仅专家)。

s　分类分区。

t　改变硬盘分区类型。

v　校验磁盘。

w　把分区表写入磁盘并退出(保存退出)。

x　额外的功能(仅专家)。

1) 列出分区

列出分区如图 4-8 所示。

```
[root@localhost roo]# gdisk -l /dev/sda
GPT fdisk (gdisk) version 0.8.6

Partition table scan:
  MBR: MBR only
  BSD: not present
  APM: not present
  GPT: not present


*********************************************************
Found invalid GPT and valid MBR; converting MBR to GPT format.
*********************************************************

Disk /dev/sda: 41943040 sectors, 20.0 GiB
Logical sector size: 512 bytes
Disk identifier (GUID): 95A7D3F1-C0A8-41E3-935F-E61291E811F0
Partition table holds up to 128 entries
First usable sector is 34, last usable sector is 41943006
Partitions will be aligned on 2048-sector boundaries
Total free space is 565181 sectors (276.0 MiB)

Number  Start (sector)    End (sector)  Size        Code  Name
   1            2048         2050047    1000.0 MiB  8300  Linux filesystem
   2         2050048        40970239    18.6 GiB    8E00  Linux LVM
   5        40972288        41381887    200.0 MiB   8300  Linux filesystem
```

图 4-8　列出分区 2

在图 4-8 所示的信息中，Number 表示分区编号，Start 表示起始扇区，End 表示结束扇区，Size 表示分区大小，单位是 MB、GB 等，Code 为十六进制分区编码(文件系统类型)，Name 为分区类型，说明该分区是 Linux 分区还是 Linux 逻辑卷等。

2) 创建主分区

如果现在要在 sda 空磁盘上添加一个 100MB 的 GPT 分区，可以按照下面的步骤操作，如图 4-9 所示。

```
[root@localhost roo]# gdisk  /dev/sda
GPT fdisk (gdisk) version 0.8.6

Partition table scan:
  MBR: MBR only
  BSD: not present
  APM: not present
  GPT: not present


*************************************************************
Found invalid GPT and valid MBR; converting MBR to GPT format.
THIS OPERATION IS POTENTIALLY DESTRUCTIVE! Exit by typing 'q' if
you don't want to convert your MBR partitions to GPT format!
*************************************************************

Command (? for help): n
Partition number (3-128, default 3): 3
First sector (34-41943006, default = 41381888) or {+}size{KMGTP}:
Last sector (41381888-41943006, default = 41943006) or {+}size{KMGTP}: +100M
Current type is 'Linux filesystem'
Hex code or GUID (L to show codes, Enter = 8300): l
```

图 4-9   创建主分区 2

过程说明如下。

n 表示创建一个分区。

Partition number 表示分区的编号,支持 128 个分区(主分区),默认从 1 开始。可以手动设置,范围为 1~128。

First sector 表示该分区第 1 个扇区,也就是这个分区在整个磁盘内的扇区起点。可以直接使用数字表示扇区,也可以+size 方式直接写大小。

Last sector 表示该分区结束扇区,也就是这个分区在整个磁盘内的扇区终点。可以直接使用数字表示扇区,也可以+size 方式直接写大小。

Current type is 'Linux filesystem'智能识别当前操作系统类型,赋予分区 8300 分区的文件系统类型。

Hex code or GUID 设置该分区的文件系统类型的十六进制代码。L 表示列出当前系统支持的文件系统类型,具体如图 4-10 所示。

```
Hex code or GUID (L to show codes, Enter = 8300): l
0700 Microsoft basic data  0c01 Microsoft reserved  2700 Windows RE
4200 Windows LDM data       4201 Windows LDM metadata 7501 IBM GPFS
7f00 ChromeOS kernel        7f01 ChromeOS root        7f02 ChromeOS reserved
8200 Linux swap             8300 Linux filesystem     8301 Linux reserved
8e00 Linux LVM              a500 FreeBSD disklabel     a501 FreeBSD boot
a502 FreeBSD swap           a503 FreeBSD UFS           a504 FreeBSD ZFS
a505 FreeBSD Vinum/RAID     a580 Midnight BSD data     a581 Midnight BSD boot
a582 Midnight BSD swap      a583 Midnight BSD UFS      a584 Midnight BSD ZFS
a585 Midnight BSD Vinum     a800 Apple UFS             a901 NetBSD swap
a902 NetBSD FFS             a903 NetBSD LFS            a904 NetBSD concatenated
a905 NetBSD encrypted       a906 NetBSD RAID           ab00 Apple boot
af00 Apple HFS/HFS+         af01 Apple RAID            af02 Apple RAID offline
af03 Apple label            af04 AppleTV recovery      af05 Apple Core Storage
be00 Solaris boot           bf00 Solaris root          bf01 Solaris /usr & Mac Z
bf02 Solaris swap           bf03 Solaris backup        bf04 Solaris /var
bf05 Solaris /home          bf06 Solaris alternate se  bf07 Solaris Reserved 1
bf08 Solaris Reserved 2     bf09 Solaris Reserved 3    bf0a Solaris Reserved 4
bf0b Solaris Reserved 5     c001 HP-UX data            c002 HP-UX service
ed00 Sony system partitio   ef00 EFI System            ef01 MBR partition scheme
ef02 BIOS boot partition    fb00 VMWare VMFS           fb01 VMWare reserved
fc00 VMWare kcore crash p   fd00 Linux RAID
```

图 4-10   文件系统类型

输入想要设置的分区文件系统类型代码,按 Enter 键即可,在这里使用默认 8300,如图 4-11 所示。

```
Hex code or GUID (L to show codes, Enter = 8300):
Changed type of partition to 'Linux filesystem'


Command (? for help): w

Final checks complete. About to write GPT data. THIS WILL OVERWRITE EXISTING
PARTITIONS!!


Do you want to proceed? (Y/N): y
OK; writing new GUID partition table (GPT) to /dev/sda.
Warning: The kernel is still using the old partition table.
The new table will be used at the next reboot.
The operation has completed successfully.
```

图 4-11 输入分区文件系统类型代码

过程说明如下。

使用了默认 8300 Linux filesystem 类型。

w 表示保存到分区表,提示输入 Y/N 来确认是否写入分区表,y 写入,n 不写入。

注意:即使 n 不写入分区表,在没有退出当前交互界面时,依然可以使用 p 命令看到分区列表,退出管理 GPT 分区交互界面时,未写入分区表的分区信息将自动删除,如图 4-12 所示。

```
[root@localhost roo]# gdisk -l /dev/sda
GPT fdisk (gdisk) version 0.8.6

Partition table scan:
  MBR: protective
  BSD: not present
  APM: not present
  GPT: present


Found valid GPT with protective MBR; using GPT.
Disk /dev/sda: 41943040 sectors, 20.0 GiB
Logical sector size: 512 bytes
Disk identifier (GUID): EFE8C342-A93D-42B0-AB16-1161A6B36C36
Partition table holds up to 128 entries
First usable sector is 34, last usable sector is 41943006
Partitions will be aligned on 2048-sector boundaries
Total free space is 360381 sectors (176.0 MiB)


Number  Start (sector)    End (sector)  Size        Code  Name
   1           2048         2050047      1000.0 MiB  8300  Linux filesystem
   2        2050048        40970239      18.6 GiB    8E00  Linux LVM
   3       41381888        41586687      100.0 MiB   8300  Linux filesystem
   5       40972288        41381887      200.0 MiB   8300  Linux filesystem
```

图 4-12 未写入分区表的分区信息自动删除

重新查看,发现新创建的 100MB 分区,即成功创建。和 fdisk 不同的是,gdisk 创建的分区即时生效。

3)删除分区

如果现在要删除 1 号分区 sdb1,可以按照下面的步骤操作:使用 d 命令,如图 4-13 所示。

保存 w 时,写入分区表即生效。

```
Command (? for help): d
Partition number (1-5): 1

Command (? for help): w

Final checks complete. About to write GPT data. THIS WILL OVERWRITE EXISTING
PARTITIONS!!

Do you want to proceed? (Y/N): y
OK; writing new GUID partition table (GPT) to /dev/sda.
Warning: The kernel is still using the old partition table.
The new table will be used at the next reboot.
The operation has completed successfully.

[root@localhost roo]# gdisk -l /dev/sda
GPT fdisk (gdisk) version 0.8.6

Partition table scan:
  MBR: protective
  BSD: not present
  APM: not present
  GPT: present

Found valid GPT with protective MBR; using GPT.
Disk /dev/sda: 41943040 sectors, 20.0 GiB
Logical sector size: 512 bytes
Disk identifier (GUID): EFE8C342-A93D-42B0-AB16-1161A6B36C36
Partition table holds up to 128 entries
First usable sector is 34, last usable sector is 41943006
Partitions will be aligned on 2048-sector boundaries
Total free space is 2408381 sectors (1.1 GiB)

Number  Start (sector)    End (sector)  Size        Code  Name
   2        2050048         40970239    18.6 GiB    8E00  Linux LVM
   3       41381888         41586687    100.0 MiB   8300  Linux filesystem
   5       40972288         41381887    200.0 MiB   8300  Linux filesystem
```

图 4-13　删除分区 2

4.2　建立和管理文件系统

4.2.1　管理文件系统

1. 什么是文件系统

　　文件系统主要的功能是存储文件的数据。当在磁盘中存储一个文件时,Linux 除了会在磁盘中存储文件的内容外,还会存储一些与文件相关的信息,例如,文件的权限模式、文件的拥有者等。如此,Linux 才能提供与文件相关的功能。为了让操作系统能够在磁盘中有效率地调用文件内容与文件信息,文件系统应运而生。操作系统通过文件系统来决定哪些扇区要存储文件的信息,哪些扇区要存储文件的内容。

　　目前计算机有多种文件系统,几乎每一种操作系统都有其专属的文件系统。例如,Microsoft 在 DOS 操作系统中提供一个名为 FAT 的文件系统,而在 Windows NT、Windows 2000、Windows XP 等产品中则提供了 NTFS 文件系统。

　　Linux 专属的文件系统是 ext(含 ext2、ext3 与 ext4)文件系统。虽然计算机有许多种不同的文件系统,但每一种文件系统的运行原理都大同小异。在设计文件系统时,为了能够更快速地调用文件信息,多半会为磁盘空间规划下列几项组件:块和索引节点,用于记录存放文件空间和文件的权限等信息。

2．Linux 常见的文件系统

目前的 Linux 内核支持了数十种的文件系统，通常分成下列 4 类。

（1）Linux 专用文件系统。

有些文件系统是针对 Linux 执行所需的环境量身打造的，可以把它们归类为"Linux 专用文件系统"。

常见的 Linux 专用文件系统有 ext、ext2、ext3、ext4、xfs、swapfs、ReiseRFS 等。

（2）支持其他平台的文件系统。

为了让 Linux 可以直接调用其他操作系统的文件，Linux 也提供了一些其他平台的文件系统，例如 MS DOS、VFAT、NTFS、UDF 等。

（3）系统运行类的文件系统。

还有一部分的文件系统是为了满足 Linux 的特殊功能而设计的，这一类文件系统被称为"系统运行类的文件系统"。其中比较常见的有 procfs、devfs、tmpfs 等。

（4）网络文件系统。

通过网络调用另外一台计算机磁盘空间的文件系统，统称为网络文件系统。这类文件系统常见的有 NFS、smbfs、AFS、GFS 等。不过，并不是每一种文件系统都可以在 Linux 中使用，例如目前的 Linux 默认就不支持 NTFS 文件系统。

3．创建文件系统

如果磁盘没有提供文件系统，则 Linux 就无法通过文件系统使用磁盘空间。因此，如果希望 Linux 能使用磁盘空间，就必须在该磁盘空间上建立文件系统。

下面介绍创建文件系统命令 mkfs。

格式：

```
mkfs -t 文件系统类型[选项]文件系统名 分配给文件系统的块数
```

功能：使用 fdisk 命令完成分区的创建后，可以使用 mkfs 命令在新的分区上创建一个文件系统。在 Linux 7 中，文件系统类型默认值为 xfs。

常用选项说明：

-V　具体显示模式。

-t　给定档案系统的形式。

-c　在制作档案系统前，检查该分区是否有坏轨。

-l bad blocks_file　将有坏轨的 block 资料加到 bad_ blocks_file 里面。

block　给定 block 的大小。

4．文件系统分类

Linux 系统核心支持十多种文件系统类型，如 BtrFS、CramFS、ext2、ext3、ext4、XFS、minix、MS DOS、FAT、VFAT 等。目前常用的文件系统为 ext4、VFAT、XFS，下面详细说明。

（1）ext4：第四代扩展文件系统（Fourth Extended Filesystem）。

（2）Linux 系统下的日志文件系统，它是 ext3 文件系统的后继版本。ext4 与 ext3 相兼容,ext3 目前所支持的最大文件系统为 16TB 和最大文件为 2TB,而 ext4 分别支持 1EB 的文件系统以及 16TB 的文件。ext3 目前只支持 32000 个子目录,而 ext4 支持无限数量的子目录。日志文件系统的日志是最常用的部分,也极易导致磁盘硬件故障,而从损坏的日志中恢复数据会导致更多的数据损坏。ext4 的日志校验功能可以很方便地判断日志数据是否损坏,在增加安全性的同时提高了性能。

(3) VFAT:虚拟文件分配表(Virtual File Allocation Table)。VFAT 是 Windows 95/98 之后的操作系统的重要组成部分,Linux 中也支持该文件系统,它主要用于处理长文件名。长文件名不能被 FAT 文件系统处理。文件分配表是保存文件在硬盘上保存位置的一张表。原来的 DOS 操作系统要求文件名不能多于 8 个字符,因此限制了用户的使用。VFAT 的功能类似于一个驱动程序,它运行于保护模式下,使用 VCACGHE 进行缓存。

(4) XFS:它是一种高性能的日志文件系统,是 Linux 系统中默认使用的文件系统类型。XFS 特别擅长处理大文件,同时提供平滑的数据传输,但对小文件的效率不高,可通过相应的技术提高对小文件的管理效率。主要特性包括以下几点。

① 采用 XFS 文件系统,当意想不到的死机发生后,首先,由于文件系统开启了日志功能,所以磁盘上的文件不会因意外死机而遭到破坏。不论目前文件系统上存储的文件与数据有多少,文件系统都可以根据所记录的日志在很短的时间内迅速恢复磁盘文件内容。

② 采用优化算法,日志记录对整体文件操作影响非常小。XFS 查询与分配存储空间非常快,XFS 文件系统能连续提供快速的反应时间。通过对 XFS、JFS、ext3、ReiserFS 文件系统进行测试,XFS 文件系统的性能表现相当出众。

③ XFS 是全 64bit 的文件系统,它可以支持上百万太字节(TB)的存储空间。对特大文件及小尺寸文件的支持都表现出众,支持特大数量的目录。最大可支持的文件大小为 $2^{63} \approx 9 \times 10^{18} = 9(EB)$,最大文件系统尺寸为 18EB。

④ 使用高的表结构(B+树),保证了文件系统可以快速搜索与快速空间分配。XFS 能够持续提供高速操作,文件系统的性能不受目录及文件数量的限制。

⑤ XFS 能以接近裸设备 I/O 的性能存储数据。在单个文件系统的测试中,其吞吐量最高可达 7GB/s,对单个文件的读写操作,其吞吐量可达 4GB/s。

(5) JFS:集群文件系统(Journal File System),它是一种字节级日志文件系统,借鉴了数据库保护系统的技术,以日志的形式记录文件的变化。JFS 通过记录文件结构而不是数据本身的变化来保证数据的完整性。该文件系统主要是为满足服务器(从单处理器系统到高级多处理器和群集系统)的高吞吐量和可靠性需求(面向事务的高性能系统)而设计、开发的。与非日志文件系统相比,它的突出优点是快速重启能力,JFS 能够在几秒或几分钟内就把文件系统恢复到一致状态。虽然 JFS 主要是为满足服务器(从单处理器系统到高级多处理器和群集系统)的高吞吐量和可靠性需求而设计的,但还可以用于想得到高性能和可靠性的客户机配置,因为在系统崩溃时 JFS 能提供快速文件系统重启时间,所以它是因特网文件服务器的关键技术。使用数据库日志处理技术,JFS 能在几秒或几分钟之内把文件系统恢复到一致状态。而在非日志文件系统中,文件恢复可能要花费几小时或几天。JFS 的缺点是,使用 JFS 日志文件系统性能上会有一定的损失,系统资源占用的比例也偏高,因为当它保存一个日志时,系统需要写许多数据。

4.2.2　文件系统类型

文件可以简单地理解为一段程序或数据的集合。在操作系统中,文件被定义为一个被命名的相关字符流的集合,或者一个具有符号名的相关记录的集合。符号名用来唯一地标识一个文件,也就是文件名。在 Linux 系统中,文件名最大长度默认值为 255 个字符。Linux 文件的名字可以由字母、下画线和数字组成,并且可以使用句点和逗号,但是文件名的第一个字符不能使用数字。短画线、句点等符号由系统作为特殊字符使用,例如,Shell 的配置命令保存在特殊的初始化文件中,它们是一些隐含文件,而且是以一个句点作为文件名的一个字符,称为"点文件"。

在 UNIX、Linux 等操作系统中,把包括硬件设备在内的能够进行流式字符操作的内容都定义为文件,如硬盘、硬盘分区、并行口、到网站的连接、以太网卡及目录等。Linux 系统中文件的类型包括普通文件、目录文件、链接文件、设备文件(块设备、字符设备)、套接字文件和命名管道(FIFO)文件等。

下面介绍常见的文件类型。

1. 普通文件

当输入 ls -l 时,访问权限前的字符表明了文件的类型。普通文件是以短画线"-"表示的。普通文件的种类很多,根据文件的扩展名,可以将其分成以下 4 类。

1) 压缩和归档文档

.bz2　使用 bzip2 压缩的文件。

.gz　使用 gzip 压缩的文件。

.tar　使用 tar 压缩的文件。

.tbz　使用 tar 和 bzip 压缩的文件。

.g2　使用 tar 和 gzip 压缩的文件。

.zip　使用 zip 压缩的文件。

2) 文件格式

.txt　ASCII 码文本文件。

.wav　音频文件。

.au　音频文件。

.gif　GIF 图像文件。

.html/.htm　HTML 文件。

.jpg　JPEG 图像文件。

.pdf　Portable Document Format(可移植文档格式)文件。

.png　Portable Network Graphic(可移植网络图形)文件。

.ps　PostScript 文件,即为打印而格式化的文件。

3) 系统文件

.conf　配置文件。

.lock　锁文件,用于判断程序和设备是否正在被使用。

.rpm　用于安装软件的软件包管理器文件。

4）编程和脚本文件

.c　C语言程序源代码文件。

.cpp　C++程序源代码文件。

.h　C或C++程序的头文件。

.o　程序的对象文件。

.so　库文件。

.sh　Shell脚本。

.pl　Perl脚本。

在 Linux 中,一个文件可能不使用扩展名,或者文件与它的扩展名不符,可通过 file 命令来确定文件的类型,譬如要查看文件 hello 的文件类型,可以执行下面的命令。

```
[root@localhost ~]#file hello
```

2.目录文件

每一个文件系统都提供目录来记录文件的有关信息。在 Linux 系统中,目录本身也是一种文件,可以按照文件进行管理,在 Linux 中称为目录文件。在查看文件详细信息时,目录文件是以字符 d 表示的。目录文件包含文件或其下级子目录。目录文件中的每一个目录由一个 i 节点来描述,i 节点中文件类型标识是一个目录文件,同时在对应的物理块中存放用来描述文件的目录项列表。目录项列表用来描述一个目录所包含的全部文件和子目录,每一个目录项对应着一个文件或目录。每一个目录项中记录着该文件的名称和对应的 i 节点号等信息。任何一个目录表的前两项内容都是标准目录项“.”和“..”。当对目录中的文件进行访问时,系统在目录文件中找出与文件名对应的地址,然后从这个地址读取文件。

3.符号链接文件

符号链接文件是 Linux 中的一种文件,它的作用与 Windows 下的快捷方式类似。本身不包含内容,利用它可以指向其他文件或目录。链接实际上不是文件,它是保存指向不同文件的路径的文件,它是目录文件中的记录,这个记录内容即为链接指向文件和目录的节点。在节点表中对每个文件都记录了链接的数量。符号链接文件经常被称为“软链接”,并用字符 l 标识。

4.设备文件

Linux 中所有的设备都用文件表示。设备文件都存储在/dev/下,设备文件的文件名就是设备名,设备分为字符设备和块设备两种。

系统能够从字符设备读入字符,字符设备按照顺序一个一个地传递字符,例如 /dev/lp1,这些文件不是特殊的系统文件,不需要被存入缓冲区。这样的文件被标记成 c。系统能够从块设备中进行随机读取,对块设备的读取块为最小单位。块设备文件包括硬盘、硬盘分区、软驱、CD-ROM 驱动器等,例如/dev/hda、/dev/sda5。与字符文件不同的是,块设备的内容是被存入缓冲区的,在执行 ls -l 命令的输出中用字母 b 进行标记。设备文件名的结尾带有设备编号字符和数字的缩写。例如,fd0 表示连接到用户的第一个软盘驱动器。硬盘分区都以 hd 或 sd 作为前缀,后面按照字母表的顺序加一个代表第几块硬盘的字母,再加上一个代表本块硬盘第几分区的数字。例如 hda3 表示第 1 块 IDE 硬盘的第 3 个分区。

5. 套接字文件

套接字在系统与其他机器联网时使用,一般用在网络端口上,文件系统利用套接字文件进行通信,套接字文件以字符 s 标记。

6. 命名管道文件

命名管道是通过文件系统进行程序间通信的一种方法。可以使用命令 mknod 创建一个命名管道,命名管道文件以字符 p 标记。

4.2.3 文件系统结构

Linux 中的目录文件结构是一个以根目录为顶的倒挂树结构。用户可以用目录或子目录形成的路径名对文件进行操作,如图 4-14 所示。Linux 中的目录是多级目录结构,每一级目录中都存放所属文件和下一级目录的信息,整个目录层次结构形成一个完整的目录树。利用目录结构可以对系统中的文件方便地进行分隔管理,实现文件的快速搜索,解决文件之间的命名冲突,同时也可以提供文件共享的解决方案。文件系统用一个树状结构表示,根据文件不同的类型、不同的拥有者及不同的保护要求,可以划分成不同的子树,方便实现文件管理,在这种树形层次结构中,文件的搜索速度也更快。几乎所有的操作系统都采用树形的多级目录结构。

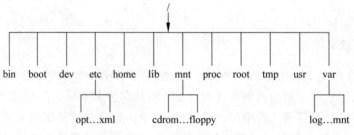

图 4-14 Linux 文件系统的目录结构

下面介绍 Linux 文件系统下的目录结构及其功能。这是 Linux 系统的根目录。Linux 不像 DOS 一样有"C:""D:""E:"等硬盘标识符,Linux 是由根目录开始拥有一大堆子目录,而某个硬盘分区可能只安装在某个子目录上面,这些挂上另一个分区的子目录称为安装点或者挂载点。

/bin 存储基本的二进制程序文件,这里的命令都是开机时所必备的。在 CentOS 7 中,这个目录是/usr/bin 目录的软链接。

/boot 存储系统启动所需文件,包括系统内核等。

/dev device 的缩写,存储 Linux 所有的外围设备。

/etc 该目录下存储着系统启动和运行所需的配置文件和脚本文件,各种应用程序的配置文件和脚本文件,以及用户的密码文件、群组文件等。/etc/可以说是对系统最重要的目录,如果对某个文件不是绝对有把握,就不要轻易去修改它。

/home　普通用户的个人目录,比如用户 student 的个人目录通常为/home/student。

/lib　存储系统最基本的动态链接共享库文件,类似 Windows 的 .dll 文件。几乎所有的程序运行时都需要共享链接库文件。在 CentOS 7 中这个目录是/usr/lib 目录的软链接。

/mnt　挂载其他分区的标准目录,通常这个目录是空的。

/proc　存储内核和进程信息的虚拟文件目录,可以直接访问这个目录来获取系统信息,目录的内容不在硬盘中而在内存中。此目录中还有一个特殊的子目录/proc/sys,利用它能够显示内核参数并更改它们,而且这一更改立即生效。

/root　超级用户(root 用户)的主目录。

/tmp　存储临时文件。

/usr　一般文件的主要存放目录,/usr/local 的子目录和/usr 的子目录大致相同,一般用于存储用户自己编译安装的程序文件,/usr/libexec 存储被其他程序调用执行的系统服务程序,/usr/share 存储系统软件的数据库。

/var　存储经常变化或不断扩充的数据文件,比如系统日志、软件包的安装记录等。

在树形的多级目录系统中,文件名由路径名给出,路径名唯一确定一个文件在整个文件系统中的位置。可以有两种方式来表示文件的路径,一种是绝对路径名;另一种是从当前目录开始,指定文件相对于当前目录的位置。当前目录是指用户当前在目录树中所处的目录位置,也称为工作目录。例如,在 Linux 系统下有路径/home/student/linux/kernel/sched.c,路径的第一个字符是 Linux 系统的分隔符"/",代表从根目录开始,是一个绝对路径。这个路径表明在根目录下有 home 目录,而 home 下又有 student 子目录,一直到最后的文件,文件的名称为 sched.c。如果当前用户的工作目录是/home/student/linux/,这时相对路径 kernel/sched.c 所指的就是文件 home/student/linux/kernel/sched.c。和大多数支持多级目录的操作系统一样,Linux 系统每一个目录下面都有两个特殊的目录项"."和"..",前者指当前目录,而后者指当前目录的上一级目录。对于上面的例子,当前目录是/home/student/linux/,相对路径./kernel/sched.c 和 kernel/sched.c 具有相同的含义,而../指的就是 /home/student,../linux/kernel/sched.c 也是指 /home/student/linux/kernel/sched.c。

4.3　文件系统操作命令

4.3.1　文件与目录操作命令

1. 更改文件和目录时间命令 touch

格式:

```
touch[选项][-r File][Time|-t Time]文件或目录名
```

功能：用于更新文件或目录修改和访问的时间。如果指定文件名不存在，则建立一个空的新文件。

常用选项说明：

-a　更改 File 文件的访问时间。

-m　更改 File 文件的修改时间。

-c　如果文件不存在，则不要进行创建。没有写任何有关此条件的诊断消息。

-f　尝试强制 touch 运行，而不管文件的读和写许可权。

-r File　使用由 RefFile 变量指定的文件的相应时间，而不用当前时间。

Time　以 MMDDhhmm[YY]的格式指定新时间戳记的日期和时间，其中，MM 指月份(01～12)，DD 指定一月的哪一天(01～31)，hh 指定小时(00～23)，mm 指定分钟(00～59)，YY 指定年份的后两位数字。如果 YY 变量没有被指定，默认值为当前年份。

-t Time　使用指定的日期时间，而非现在的时间。其中，Time 变量以十进制形式[[CC]YY]MMDDhhmm[.SS]指定。CC 指定年份的前两位数字，YY 指定年份的后两位数字，MM 指定月份(01～12)，DD 指定一月的哪一天(01～31)，hh 指定小时(00～23)，mm 指定分钟(00～59)，SS 指定一分钟的哪一秒(00～59)。

2. 文件链接命令 ln

格式：

```
ln [选项] 目标文件 链接名
```

功能：用于在文件之间创建链接，即为系统中已有的某个文件指向另外一个可用于访问它的名称。

常用选项说明：

-f　链接时先将与链接符号同名的文件删除。

-d　系统管理者硬链接自己的目录。

-i　在删除目的地同名文件时先进行询问。

-n　在进行软链接时，将链接符号视为一般的档案。

-s　建立软链接文件。

-b　若有同名文件，链接前对被覆写或删除的文件进行备份。

-V METHOD　指定备份的方式。

--help　显示辅助说明。

--version　显示版本。

最常用的选项为-s，即创建软链接。省略参数默认建立硬链接文件。

在使用 ln 命令时需要注意，ln 命令会保持每一处链接文件的同步性，即不论改动了哪一处，其他的文件都会发生相同的变化。ln 的链接又分为软链接和硬链接两种，如果是软链接，它只会在用户选定的位置上生成一个文件的快捷方式，不会占用磁盘空间；如果是硬链接，它是在文件系统层面上对源文件的一个映射，而且不占用硬盘空间。无论是软链接还是硬链接，文件都保持同步变化。当用户需要在不同的目录用到相同的文件时，不需要在每一个需要的目录下都放一个必须相同的文件，用户只要在某个固定的目录中存储了该文件，然后在其他目录下用 ln 软链接命令链接它就可以，不必重复占用磁盘空间。

当想备份一个文件但空间又不够时，则可以为该文件建立一个硬链接。这样，即使原文件删除了，只要该链接文件没有被删除，则在存储空间里就没有被删除。

如果用 ls 查看一个目录时，发现有的文件后面有一个"->"的符号，那就是一个用 ln 命令生成的文件，用 ls -l 命令去查看，就可以看到显示 link 的路径了。

硬链接文件的节点 id 一致，表示两个文件在磁盘上的存储位置一致。

4.3.2　压缩和解压缩命令

在 Linux 中，大部分的程序是以压缩文件的形式发布，所以经常会看到一些扩展名为 .tar、.gz、.tgz、.gz 或 .bz2 的文件。从网络上获得这些文件后，都要先解压缩才能安装使用。常用的压缩和解压缩命令是 tar 命令。

1. tar

格式：

tar[选项][参数]文件目录列表

功能：将文件或目录归档为 .tar 文件，与相关选项连用可以压缩归档文件。
常用选项说明：
-c　创建新的归档文件。
-r　向归档文件末尾追加文件和目录。
-x　还原归档文件中的文件和目录。
-O　将文件解开到标准输出。
-u　更新归档文件。
-v　显示命令的执行过程。
-z　调用 gzip 来压缩归档文件，与-x 联用时调用 gzip 完成解压缩。
-Z　调用 compress 来压缩归档文件，与-x 联用时调用 compress 完成解压缩。
-j　调用 bzip2 命令压缩或解压缩归档文件。
-t　显示归档文件的内容。
-x　解开 tar 文件。
--atime-preserve　不改变转储文件的存取时间。
-f --file[HOSTNAME:]F　指定存档或设备(默认为/dev/rmt0)。
-b --block-size N　指定块大小为 N×512B(默认时 N=20)。
-B --read-full-blocks　读取时重组块。
-c --directory DIR　转到指定的目录，展开 .tar 文件到指定的 DIR 目录。
--checkpoint　读取存档时显示的目录名。
--remove-files　建立存档后删除源文件。
-W --verify　写入存档后进行校验。
-k --keep-old-files　保存现有文件，从存档中展开时不进行覆盖。
-I --ignore-zeros　忽略存档中的 0 字节块(通常意味着文件结束)。

-L --tape-length N　在写入 N×1024 字节后暂停,等待更换磁盘。

-N --after-date DATE --newer DATE　仅存储时间较新的文件。

2. 压缩与解压缩命令 zip 和 uzip

在 Linux 中有许多压缩和解压缩程序,zip 和 uzip 命令位于/usr/bin 目录中,zip 可以将文件压缩成. zip 文件以节省磁盘空间,uzip 可以将压缩文件解压。

1) zip

格式:

> zip[选项]压缩后文件名 待压缩的文件或文件夹

功能：zip 命令可以把一个或多个文件压缩成一个. zip 文件。

常用选项说明：

-A　调整可执行的自动解压缩文件。

-b　工作目录指定暂时存储文件的目录。

- c　替每个被压缩的文件加上注释。

-d　从压缩文件内删除指定的文件。

-D　压缩文件内不建立目录名称。

-f　此参数的效果和指定"-u"参数类似,但不仅更新既有文件,如果某些文件原本不存在于压缩文件内,使用本参数会一并将其加入压缩文件中。

-F　尝试修复已损坏的压缩文件。

-g　将文件压缩后附加在既有的压缩文件之后,而非另行建立新的压缩文件。

-h　在线帮助。

-i　范本样式只压缩符合条件的文件。

-j　只保存文件名称及其内容,而不存放任何目录名称。

-J　删除压缩文件前面不必要的数据。

-k　使用 MS DOS 兼容格式的文件名称。

-l　压缩文件时,把 LF 字符置换成 LF+CR 字符。

-ll　压缩文件时,把 LF+CR 字符置换成 LF 字符。

-L　显示版权信息。

-m　将文件压缩并加入压缩文件后,删除原始文件,即把文件移到压缩文件中。

-n 字尾字符串　不压缩具有特定字尾、字符串的文件。

-o　以压缩文件内拥有最新更改时间的文件为准,将压缩文件的更改时间设成和该文件相同。

-q　不显示指令执行过程。

-r　按目录结构递归压缩目录中的所有文件。

-S　包含系统和隐藏文件。

-t 日期时间　把压缩文件的日期设成指定的日期。

-T　检查备份文件内的每个文件是否正确无误。

-u　更换较新的文件到压缩文件内。

-v 显示指令执行过程或显示版本值息。

-V 保存 VMS 操作系统的文件属性。

-w 在文件名称里加入版本编号,本参数仅在 VMS 操作系统下有效。

-x范本样式 压缩时排除符合条件的文件。

-X 不保存额外的文件属性。

-y 直接保存符号链接,而非该链接所指向的文件,本参数仅在 UNIX 之类的系统下有效。

-z 替压缩文件加上注释。

-$ 保存第一个被压缩文件所在磁盘的卷册名称。

2)uzip

格式:

> uzip[选项]待解压的文件

功能:解压缩用 zip 命令压缩的文件。

常用选项说明:

-c 将解压缩的结果显示到屏幕上,并对字符做适当的转换。

-f 更新现有的文件。

-l 显示压缩文件内所包含的文件。

-p 与-c 参数类似,会将解压缩的结果显示到屏幕上,但不会执行任何的转换。

-t 检查压缩文件是否损坏。

-u 与-f 参数类似,但是除了更新现有的文件外,也会将压缩文件中的其他文件解压缩到目录中。

-v 执行时显示详细的信息。

-z 仅显示压缩文件的备注文字。

-a 对文本文件进行必要的字符转换。

-b 不要对文本文件进行字符转换。

-C 压缩文件中的文件名称区分大小写。

-j 不处理压缩文件中原有的目录路径。

-L 将压缩文件中的全部文件名改为小写。

-M 将输出结果送到 more 程序处理。

-n 解压缩时不覆盖原有的同名文件。

-o unzip 执行时强制覆盖同名文件。

-p密码 使用 zip 的密码选项。

-q 执行时不显示任何信息。

-V 保留 VMS 的文件版本信息。

-X 解压缩时同时回存文件原来的 UID/GID。

-d目录 指定文件解压缩后所要存储的目录。

-x文件 指定不要处理.zip 压缩文件中的哪些文件。

3. 压缩与解压缩命令 gzip 和 gunzip

1）gzip

格式：

> gzip[选项]压缩的文件名 待压缩的文件

功能：压缩/解压缩文件。在 Linux 中，用 gzip 命令进行压缩的文件格式为.gz。

常用选项说明：

-c　将输出写到标准输出上，并保留原有文件。

-d　将压缩文件解压。

-l　对每个压缩文件显示下列字段：压缩文件的大小、未压缩文件的大小、压缩比、未压缩文件的名字。

-r　递归查找指定目录并压缩其中的所有文件或者进行解压缩。

-t　测试检查压缩文件是否完整。

-v　对每一个压缩和解压的文件，显示文件名和压缩比。

gzip 命令不能将多个文件压缩成一个文件，gzip 一般和 tar 命令配合使用。常见的扩展名为.tar、.gz 或.tgz 格式的文件就是先用 tar 命令将所有文件打包，再用 gzip 命令进行压缩得到的。

2）gunzip

gunzip 是用来解压缩 gzip 文件的工具程序，gunzip 也可以解压 zip 命令压缩的文件。

gunzip 的格式与 gzip 一样，它们拥有相同的命令行选项。其实可以把 gunzip 和 gzip 看作一个程序，只是它们的默认选项不同而已。gunzip 等同于 gzip -d 命令。

4.3.3　文件和目录权限管理命令

Linux 中的每个文件和目录都有其拥有者（Owner）、组（Group）和其他用户（Others）访问许可权限等属性。本小节将对文件和目录的访问方法和命令进行介绍。

文件或目录的访问权限分为只读、可写和可执行 3 种。对文件而言，只读权限表示只允许读取其内容，可写权限允许对文件进行修改操作，可执行权限表示允许将该文件作为一个程序执行。当一个文件被创建时，文件的所有者默认拥有对该文件的读、写和可执行权限。

对文件和目录的访问者有 3 种，即文件所有者、同组用户和其他用户。每一个文件或目录的访问权限也相应有 3 组，即文件属主的读、写和执行权限，与文件属主同组的用户的读、写和执行权限，系统其他用户的读、写和执行权限。

例如：查看当前目录下 hello.sh 的属性。

```
[root@localhost ~]#ls -l hello.sh
-rw-r--r-- l root root 25948 Mar 1 18:23 hello.sh
```

hello.sh 文件的信息含义为：第一个字符指定了文件的类型，如果第一个字符是横线，表示该文件是个非目录文件。紧接着 9 个字符每 3 个构成一组，依次表示文件属主、同组用户和其他用户对文件的访问权限,权限顺序为只读、可写、可执行。如果为横线表示不具备该权限。本例中文件属主对此文件具有读、写的权限,同组用户和其他用户具有读的权限,如表 4-1 所示。

表 4-1　文件所有权

权限项	读	写	执行	读	写	执行	读	写	执行
字符表示	(r)	(w)	(x)	(r)	(w)	(x)	(r)	(w)	(x)
数字表示	4	2	1	4	2	1	4	2	1
权限分配	文件所有者			文件所属组用户			其他用户		

在 Linux 系统中,每一个文件或目录都明确地定义它的使用权限等,用户可用下面的命令规定自己主目录下的文件权限,以保护自己的数据和信息。

1. chown

格式:

chown[选项]用户名[:组群名称] 文件名

功能:改变文件或目录的拥有者。由文件或目录的所有者和 root 来使用这个命令。
常用选项说明:
-R　递归更改所有文件及子目录。
-f　去除大部分错误信息。
-v　显示详细的信息。
-c　类似于-v 参数,但是只有在更改时才显示结果。

2. chgrp

格式:

chgrp[选项]组群名 文件或目录名称

功能:该命令用于改变文件或目录的所属组。与 chown 命令用法一样,只有 root 或者文件的所有者才能更改文件所属的组。
该命令的选项含义与 chown 相同。

3. chmod

格式:

chmod[选项]权限参数 文件或目录名

功能:用于修改文件的权限。只有文件属主和 root 用户才可以使用该命令,root 的权限始终和文件所有者相同。
常用选项说明:
-R　递归更改所有文件及子目录。

-f 去除大部分错误信息。

-v 显示详细的信息。

-c 类似于-v参数,但是只有在更改时才显示结果。

前面在介绍 ls 命令时,已经介绍了文件的权限形态,例如-rwx------。要设置这些文件的形态就用 chmod 这个命令来设置,然而在使用 chmod 之前需要先了解权限参数的用法。

权限参数有两种使用方法:英文字母表示法和数字表示法。

(1)英文字母表示法。一个文件用 10 个小格位记录文件的权限,第 1 小格代表文件类型。"-"表示普通文件,d 表示目录文件,b 表示块文件,c 表示字符文件。接下来是每 3 小格代表一类型用户的权限。前 3 小格是用户本身的权限,用 u 代表;中间 3 小格代表和用户同一个组的成员权限,用 g 代表;最后 3 小格代表其他用户的权限,用 o 代表。即-rwx------属于用户存取权限,用 u 代表;---rwx---属于组用户存取权限,用 g 代表;------rwx 属于其他用户存取权限,用 o 代表;而每一种用户的权限就直接用 r、w、x 来代表;对文件可读、可写、可执行,然后再用＋、－或＝将各类型用户代表符号 u、g、o 和 rwx 3 个字母连接起来即可。

(2)数字表示法。数字表示法用 3 位数字 xxx 表示权限,最大值为 777。第 1 个数字代表用户存取权限,第 2 个数字代表同组用户使用权限,第 3 个数字代表其他用户存取权限。前面介绍的可读权限 r 用数字 4 表示,可写的权限 w 用 2 表示,而可执行的权限 x 用 1 表示,r＝4、w＝2、x＝1。总之,数字表示法就是将 3 位数字分成 3 个字段,每个字段都是 4、2、1 任意相加的组合。假设用户对 file1 的权限是可读、可写、可执行 rwx,用数字表示则把 4、2、1 加起来等于 7,代表用户对 file1 这个文件可读、可写、可执行,这里 rwx 等价于 4＋2＋1＝7。至于同组用户和其他用户的权限,就顺序指定第 2 位数字和第 3 位数字即可。如果不指定任何权限,就要补 0。

4.4 文件系统的挂载

4.4.1 使用命令行挂载文件系统

每一个文件系统都会提供一个根目录,该文件系统中的所有文件就存储在其根目录下。DOS 或 Windows 操作系统允许以硬盘符号直接指定要使用哪个磁盘的文件系统根目录。但是在 Linux 中,整个系统只有一个根目录,不允许有其他的根目录。因此,要在 Linux 系统中使用某个磁盘空间的根目录与其中的所有文件,就必须将该文件系统挂载到根文件系统的某一个目录下。

挂载这个动作,用来告诉 Linux 系统:"现在有一个磁盘空间,请你把它放在某一个目录中,好让用户可以调用里面的数据。"挂载文件系统时,必须以设备文件(比如/dev/sda5)来指定要挂载的文件系统,以及一个称为挂载点的目录。

完成挂载文件系统的动作后,Linux 就会知道,在某个挂载点目录下的文件实际上存储于某个文件系统中。当有人调用挂载点目录中的文件时,Linux 就会转到该文件系统上找寻文件。

例如,把/dev/sda5 挂载到/tmp 目录,当用户在/tmp 下使用 ls 读取目录内容或者使用 cat 开启/tmp 中的某一个文件时,Linux 就知道要到/dev/sda5 上执行相关的操作。

文件系统的挂载命令 mount 语法如下。

格式：

```
mount -t 文件系统类型 -o[可选参数]文件系统 挂载点
```

功能：该命令用来把文件系统挂载到系统中。

常用选项说明：

-t　文件系统类型用于指定欲挂载设备的文件系统类型，常见的类型如下。

xfs　CentOS 7 标准的 Linux 文件系统。

ext4　CentOS 6 中标准的文件系统格式。

Msdos　MS DOS 分区的文件系统，即 FAT16。

vfat　Windows 分区的文件系统，即 FAT32。

Nfs　网络文件系统。

iso9660　光盘的标准文件系统。

ntfs　Windows NT 的文件系统。

auto　自动检测文件系统。

-o[可选参数]　用于指定挂载文件系统时的选项，常用的可选参数及其含义如下。

a　安装/etc/fstab 文件中描述的所有文件系统。

auto　该选项一般与-a 选项一起由启动脚本使用，表明应该安装此设备，与此选项相对的是 noauto。

ro　将文件系统设置为只读模式。

rw　将文件系统设置为可读、可写模式。

defaults　打开选项 rw、suid、dev、exec、auto、nouser 和 async。

dev　允许使用系统上的设备节点，对设备的访问完全由对磁盘上设备节点的访问权决定，这是一个安全隐患，因此对可移动文件系统如软盘设备节点要采用 nodev 选项安装。

async　该选项以异步 I/O 方式保证程序继续执行，而不等待硬盘写操作，这可以大大加速磁盘操作，但是不可靠。与它相对的是 sync，sync 的特点是速度慢但比较可靠。

exec　该选项通知内核允许程序在文件系统上运行，与它相对的是 noexec，它告诉内核不允许程序在文件系统上运行，这通常用于安全防范措施。

user　允许普通用户安装和拆卸文件系统，出于安全方面的考虑，它包含 nodev、noexec、nosuid 等选项。所以，如果 suid 参数后面跟着 user 参数，suid 选项将被关闭。

suid　允许 setuid、setgid 位生效，出于安全考虑，常用 nosuid。

remount　该选项允许不中断 mount 命令为已经安装的文件系统改变特征。

codepage=×××　代码页。

iocharset=×××　字符集。

文件系统是一个块设备，设备的名称如下。

fd0　软盘。

cdrom　光盘。

sda1　一般用来表示便携移动存储设备。

挂载点必须是一个已经存在的目录,一般在挂载之前使用 mkdir 命令先创建一个新的文件系统。如果把现有的目录当作挂载点,这个目录最好为空目录,否则新安装的文件系统会暂时覆盖安装点的文件系统,该目录下原来的文件将不可读写,所以不能将文件系统接到根文件系统上。挂载外围设备时一般将挂载点放在/mnt 下。

4 种常见的文件系统的挂载方法如下。

(1) 挂载软盘。软盘驱动器的设备名为 fd0,它保存在/dev 目录中。例如,将软盘挂载到/mnt/floppy 下,而 floppy 目录原先不存在,可以执行下列命令。

```
[root@localhost ~]#mkdir /mnt/floppy
[root@localhost ~]#mount /dev/fd0 /mnt/floppy
```

(2) 挂载光盘。光盘驱动器的设备名为 cdrom。如果需要将光盘挂载到/mnt/cdrom 下,可以执行下列命令。

```
[root@localhost ~]#mkdir /mnt/cdrom
[root@localhost ~]#mount /dev/cdrom /mnt/cdrom
```

(3) 挂载硬盘。如果 Windows XP 装在 sda1 分区,要把它挂载到/mnt/winxp 下,可以执行下列命令。

```
[root@localhost ~]#mkdir /mnt/winxp
[root@localhost ~]#mount -t vfat /dev/sda1 /mnt/winxp
```

如果要将装在 sda7 上的 Linux 磁盘分区挂载到/mnt/linux1 下,可以执行下列命令:

```
[root@localhost ~]#mkdir /mnt/linux1
[root@localhost ~]#mount -t ext4 /dev/sda7 /mnt/linux1
```

(4) 挂载移动设备。对 Linux 系统而言,将 USB 接口的移动硬盘作为 SCSI 设备对待。插入移动硬盘之前,应先用 fdisk -l 或 more /proc/partitions 查看系统的硬盘和硬盘分区情况。

4.4.2　永久挂载文件系统

关闭计算机的一刹那,Linux 会卸载所有已经挂载的文件系统。然而,当下次启动计算机后,Linux 将无法把卸载的文件系统重新挂载起来。如果有一个每次都会用到的文件系统,这样一来,每次开机后就得自己手动重新挂载一次。有什么方法可以让 Linux 在每次开机时能够自动挂载所有需要的文件系统呢? Linux 有一个文件,专门用来设置文件系统的配置,可以在这个文件中加入一组设置值,每次开机时,Linux 都会自动依照这个配置文件中的配置管理所有的文件系统,这个配置文件就是/etc/fstab,称为文件系统数据表(File System Table)。使用/etc/fstab 来定义文件系统的配置,除了可以让 Linux 在开机时自动挂载所需的文件系统外,还可以获得以下好处。

(1) 定义每一个文件系统的信息。

(2) 简化 mount、umount 命令的操作。

(3) 定义某一个文件系统的挂载参数。

(4) 设置备份的频率。

(5) 配置开机时是否要检查文件系统。

图 4-15 是/etc/fstab 文件的示例。

```
root@localhost:~
File  Edit  View  Search  Terminal  Help

#
# /etc/fstab
# Created by anaconda on Mon Dec  2 09:28:46 2019
#
# Accessible filesystems, by reference, are maintained under '/dev/disk'
# See man pages fstab(5), findfs(8), mount(8) and/or blkid(8) for more info
#
UUID=f194b888-b784-4f76-8007-5a01ffaf48eb /                       xfs     defaults        1 1
UUID=73d33445-7a6e-4836-a38a-c0a0517e8a61 /boot                   xfs     defaults        1 2
UUID=c5258a1c-adaf-4eaf-a1aa-2f1e9f54704e swap                    swap    defaults        0 0
```

图 4-15 /etc/fstab 文件示例

/etc/fstab 文件的语法如下：

```
device mount_point fs_type mount_options fs_dump fs_pass
```

其中每一个字段说明如下。

1. device

文件系统的名称可以使用设备文件名或者使用设备的 UUID 或设备的卷标签名，例如，可将这个字段写成 LABAL=root 或 UUID=3e6be9de-8139-11d1-9106-a43f08d823a6，这会使系统更具伸缩性。

2. mount_point

挂载点路径。它必须是绝对路径，而且挂载点必须是一个目录。对于交换分区(swap)，这个字段定义为 swap。

3. fs_type

文件系统的类型。具体类型可以查看 mount 的手册。

4. mount_options

挂载这个文件系统时的参数。大多数系统使用 defaults 就可以满足需要。其他常见的选项包括以下内容。

(1) ro　以只读模式加载该文件系统。

(2) sync　不对该设备的写操作进行缓冲处理，这可以防止在非正常关机情况下破坏文件系统，但是却降低了计算机速度。

(3) user　允许普通用户加载该文件系统。

(4) quota　强制在该文件系统上进行磁盘配额限制。

（5）noauto　不在系统启动时加载该文件系统。

5．fs_dump

当使用 dump 工具时，是否要备份这个文件系统以及备份的频率。fs_dump 为 1，代表需要备份；fs_dump 为 0，则代表不需要备份。

6．fs_pass

执行 fsck 时，是否要检查这个文件系统以及检查的顺序。如果 fs_pass 为 0，则代表执行 fsck -A 时不会检查这个文件系统；而 fs_pass 为非 0 的正整数，则代表要检查。

下面的示例是使/dev/sda6 这个 ext4 文件系统在每次开机时都能自动挂载到/mnt/tmp，需要在/etc/fstab 增加以下一行：

```
/dev/sda6 /mnt/tmp ext4 defaults 0 0
```

在设置/etc/fstab 后，倘若需要测试设置值是否正确，可以直接执行 mount -a 命令，仿真 Linux 开机时挂载所有文件系统的动作。

由于/etc/fstab 存储着 Linux 文件系统的设置数据，如果/etc/fstab 不存在或者设置错误，将导致 Linux 在下一次开机时会因无法挂载文件系统而启动失败。所以，切记不要忘了备份/etc/fstab 这个文件。

4.4.3　卸载文件系统

要使用文件系统需进行挂载，而要停止该文件系统的使用，则必须卸载，可以使用 umount 命令卸载文件系统，其语法如下。

格式：

```
umount[选项] 设备名称或挂载点
```

功能：umount 命令用来卸载文件系统，该命令与 mount 执行相反的操作。如果不使用文件系统，不能直接将硬件设备去除，因此需要先执行 umount 命令。

常用选项说明：

-V　显示程序版本。

-h　显示帮助信息。

-n　卸载时的信息不写入/etc/fstab。

-f　强行卸载文件系统。

-a　卸载/etc/fstab 文件中的所有文件系统。

【例 4-1】　卸载/etc/fstab 中的所有文件系统，且卸载信息不写入/etc/fstab。

```
[root@localhost ~]# umount - a - n
```

【例 4-2】　通过卸载点卸载光盘的文件系统。

```
[root@localhost ~]# umount /mnt/cdrom
```

【例 4-3】 通过设备名卸载 U 盘的文件系统。

```
[root@localhost ~]#umount /dev/sdb1
```

在使用 umount 命令卸载文件系统时,必须保证此时文件系统不能处于 busy 状态。使文件系统处于 busy 状态的情况有:文件系统中有打开的文件,某个进程的工作目录在此系统中,文件系统的缓存文件正被使用。

最常见的错误是在挂载点目录下进行卸载操作,因为此时文件系统处于 busy 状态,卸载会失败,所以应确保不能在挂载点目录下进行卸载。

4.5　通用 LVM 概念和术语

4.5.1　LVM 简介

每个 Linux 使用者在安装时都会遇到这样的困境:在为系统分区时,如何精确评估和分配各个硬盘分区的容量。因为系统管理员不但要考虑到当前分区需要的容量,还要预见该分区以后可能需要容量的最大值。如果估计不准确,当遇到该分区不够用时,管理员可能需要备份整个系统、清除硬盘、重新对硬盘分区,然后恢复数据到新分区。虽然现在有很多动态调整磁盘的工具可以使用,例如 Partition Magic、Paragon Partition Manager 等,但是它并不能完全解决问题,因为某个分区可能会被再次耗尽,这需要重新引导系统才能实现。对于很多担任重要角色的服务器(例如银行、证券等)来说,停机是不允许的,而且对于添加新硬盘,希望有一个能跨越多个硬盘驱动器的文件系统时,分区调整程序就不能解决问题。因此,最好的解决方法应该是在零停机前提下,可以自如地对文件系统的大小进行调整,可以方便地实现文件系统跨越不同磁盘和分区。Linux 提供的逻辑盘卷管理(Logical Volume Manager,LVM)机制就是一个完美的解决方案。

LVM 是 Linux 环境下对磁盘分区进行管理的一种机制,LVM 是建立在硬盘和分区之上的一个逻辑层,能提高磁盘分区管理的灵活性。通过 LVM 系统管理员可以轻松地管理磁盘分区,例如,将若干个磁盘分区连接为一个整块的卷组(Volume Group),形成一个存储池,在卷组上任意创建逻辑卷组(Logical Volumes),并进一步在逻辑卷组上创建文件系统。管理员通过 LVM 可以方便地调整存储卷组的大小,并且对磁盘存储按照组的方式进行命名、管理和分配,例如,按照使用用途进行定义 development 和 sales,而不是使用物理磁盘名 sda 和 sdb。当服务器添加了新的磁盘后,管理员不必将已有的磁盘文件移动到新的磁盘上,保证充分利用新的存储空间,通过 LVM 直接扩展文件系统跨越磁盘即可。

4.5.2　LVM 基本术语

LVM 是在磁盘分区和文件系统之间添加的一个逻辑层,为文件系统屏蔽下层磁盘分区布局,提供一个抽象的盘卷,在盘卷上建立文件系统。首先讨论 6 个 LVM 术语。

(1) 物理存储介质(Physical Media,PM)。物理存储介质是指系统的存储设备:硬盘或者分区,如/dev/hdal、/dev/sda5 等,是存储系统最底层的存储单元。

(2) 物理卷(Physical Volume,PV)。物理卷是指硬盘分区或从逻辑上与磁盘分区具有同样功能的设备(如 RAID),是 LVM 的基本存储逻辑块,但和基本的物理存储介质(如分区、磁盘等)相比,却包含与 LVM 相关的管理参数。

(3) 卷组(Volume Group,VG)。LVM 卷组类似于非 LVM 系统中的物理硬盘,它由物理卷组成,可以在卷组上创建一个或多个"LVM 分区"(逻辑卷),LVM 卷组由一个或多个物理卷组成。

(4) 逻辑卷(Logical Volume,LV)。LVM 的逻辑卷类似于非 LVM 系统中的硬盘分区,在逻辑卷之上可以建立文件系统(比如/home 或者/usr 等)。

(5) 物理块(Physical Extent,PE)。每一个物理卷被划分为称为 PE 的基本单元,具有唯一编号的 PE 是可以被 LVM 寻址的最小单元。PE 的大小是可配置的,默认为 4MB。

(6) 逻辑块(Logical Extent,LE)。逻辑卷也被划分为被称为 LE 的可被寻址的基本单位。在同一个卷组中,LE 的大小和 PE 是相同的,并且一一对应。

物理卷(PV)由大小等同的基本单元 PE 组成。一个卷组由一个或多个物理卷组成。逻辑卷建立在卷组上。逻辑卷相当于非 LVM 系统的磁盘分区,可以在其上创建文件系统。图 4-16 所示为磁盘分区、物理卷、卷组和逻辑卷之间的逻辑关系的示意图。

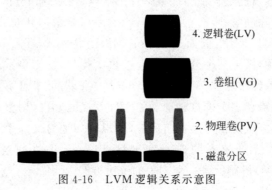

图 4-16　LVM 逻辑关系示意图

4.6　建立 LVM 卷

Linux 中实现 LVM 的方法有两种:一种是在安装时利用 system-config-lvm 程序在图形化界面下实现,在 CentOS 7 中,这个图形界面工具被停止使用了;另一种是利用 LVM 命令在字符界面下实现,下面的过程是基于后一种方法实现的。

4.6.1　创建分区

1. fdisk

使用分区工具 fdisk 创建 LVM 分区,方法和创建其他一般分区的方法一样。需要注意的是,要通过 t 命令将 LVM 的分区类型改为 8e。

```
命令(输入 m 获取帮助):p

磁盘 /dev/sda: 21.5 GB, 21474836480 字节, 41943040 个扇区
Units = 扇区 of 1 * 512 = 512 bytes
扇区大小(逻辑/物理):512 字节 / 512 字节
I/O 大小(最小/最佳):512 字节 / 512 字节
磁盘标签类型:gpt

#       Start         End    Size  Type            Name
2     2050048    40970239   18.6G  Linux LVM       Linux LVM
3    41381888    41586687    100M  Linux filesyste Linux filesystem
5    40972288    41381887    200M  Linux filesyste Linux filesystem
```

保存退出后,需要重启系统,使分区生效。

2. mkfs

硬盘分区后,下一步的工作就是文件系统的建立,这类似于 Windows 下的格式化硬盘。在硬盘分区上建立文件系统会冲掉分区上的数据,而且不可恢复,因此在建立文件系统之前要确认分区上的数据不再使用。建立文件系统的命令是 mkfs,格式如下:

```
mkfs [参数] 文件系统
```

mkfs 命令常用的参数选项如下。

-t:指定要创建的文件系统类型。

-c:建立文件系统前首先检查坏块。

-l file:从文件 file 中读磁盘坏块列表,file 文件一般是由磁盘坏块检查程序产生的。

-V:输出建立文件系统的详细信息。

例如,在/dev/sda1 上建立 ext3 类型的文件系统,建立时检查磁盘坏块并显示详细信息。如图 4-17 所示。

```
[root@localhost roo]# mkfs -t  ext3  -v -c  /dev/sda1
mke2fs 1.42.9 (28-Dec-2013)
/dev/sda1 已经挂载;will not make a 文件系统 here!
```

图 4-17 检查切块并显示详细信息

3. fsck

fsck 命令主要用于检查文件系统的正确性,并对 Linux 磁盘进行修复。fsck 命令的格式如下:

```
fsck [参数选项] 文件系统
```

fsck 命令常用的参数选项如下。

-t:给定文件系统类型,若在/etc/fstab 中已有定义或 kernel 本身已支持的不需添加此项。

-s:一个一个地执行 fsck 命令进行检查。

-A:对/etc/fstab 中所有列出来的分区进行检查。

-C:显示完整的检查进度。

-d:列出 fsck 的 debug 结果。

-P：在同时有-A 选项时，多个 fsck 的检查一起执行。

-a：如果检查中发现错误，则自动修复。

-r：如果检查有错误，询问是否修复。

例如，检查分区 dev/sda1 上是否有错误，如果有错误自动修复。

```
[root@localhost ~]♯ fsck － a /dev/sdb1
fsck 1.35(28 － Feb － 2004)
/dev/sdb1: clean, 11/26104 files, 8966/104388 blocks
```

4. df

df 命令用来查看文件系统的磁盘空间占用情况。可以利用该命令获取硬盘被占用了多少空间以及目前还有多少空间等信息，还可以利用该命令获得文件系统的挂载位置。

df 命令格式如下：

```
df [参数选项]
```

df 命令的常见参数选项如下。

-a：显示所有文件系统磁盘使用情况，包括 0 块的文件系统，如/proc 文件系统。

-k：以 k 字节为单位显示。

-i：显示 i 节点信息。

-t：显示各指定类型的文件系统的磁盘空间使用情况。

-x：列出不是某一指定类型文件系统的磁盘空间使用情况（与 t 选项相反）。

-T：显示文件系统类型。

例如，列出各文件系统的占用情况：

```
[root@localhost ~]♯df
```

```
[root@localhost ~]# df
文件系统                    1K-块      已用      可用 已用% 挂载点
/dev/mapper/centos- root 15345664 3416816 11928848   23% /
devtmpfs                 492452       0    492452    0% /dev
tmpfs                    501716     148    501568    1% /dev/shm
tmpfs                    501716    7176    494540    2% /run
tmpfs                    501716       0    501716    0% /sys/fs/cgroup
/dev/sda1               1020588  128364    892224   13% /boot
/dev/sr0                6896194 6896194         0  100% /run/media/roo/CentOS 7
x86_64
```

列出各文件系统的 i 节点使用情况：

```
[root@localhost ~]♯df － i
```

```
[root@localhost ~]# df -i
文件系统                   Inode 已用(I)  可用(I) 已用(I)% 挂载点
/dev/mapper/centos- root 15355904 111065 15244839    1% /
devtmpfs                 123113     389   122724    1% /dev
tmpfs                    125429       8   125421    1% /dev/shm
tmpfs                    125429     542   124887    1% /run
tmpfs                    125429      13   125416    1% /sys/fs/cgroup
/dev/sda1               1024000     330  1023670    1% /boot
/dev/sr0                      0       0        0    -  /run/media/roo/CentOS
 7 x86_64
```

列出文件系统类型：

```
[root@localhost ~]# df -T
文件系统              类型        1K-块      已用      可用  已用% 挂载点
/dev/mapper/centos-root xfs     15345664 3416844 11928820    23% /
devtmpfs            devtmpfs    492452       0    492452     0% /dev
tmpfs               tmpfs       501716     148    501568     1% /dev/shm
tmpfs               tmpfs       501716    7176    494540     2% /run
tmpfs               tmpfs       501716       0    501716     0% /sys/fs/cgroup
/dev/sda1           xfs        1020588  128364    892224    13% /boot
/dev/sr0            iso9660    6896194 6896194         0   100% /run/media/roo/
CentOS 7 x86_64
```

5. du

du 命令用于显示磁盘空间的使用情况。该命令逐级显示指定目录的每一级子目录占用文件系统数据块的情况。du 命令语法如下：

du [参数选项] [文件或目录名称]

du 命令的参数选项如下。

-s：对每个 name 参数只给出占用的数据块总数。

-a：递归显示指定目录中各文件及子目录中各文件占用的数据块数。

-b：以字节为单位列出磁盘空间使用情况（AS 4.0 中默认以 KB 为单位）。

-k：以 1024 字节为单位列出磁盘空间的使用情况。

-c：在统计后加上一个总计（系统默认设置）。

-l：计算所有文件大小，对硬链接文件重复计算。

-x：跳过在不同文件系统上的目录，不予统计。

例如，以字节为单位列出所有文件和目录的磁盘空间占用情况，命令如图 4-18 所示。

[root@localhost ~]# du -ab

```
[root@localhost ~]# du -ab
18      ./.bash_logout
176     ./.bash_profile
176     ./.bashrc
100     ./.cshrc
129     ./.tcshrc
1385    ./anaconda-ks.cfg
2       ./.cache/dconf/user
19      ./.cache/dconf
11      ./.cache/abrt/lastnotification
40      ./.cache/abrt
88      ./.cache
464     ./.dbus/session-bus/82729b2aedb34b2e96cd60342bf26496-9
511     ./.dbus/session-bus
535     ./.dbus
1436    ./initial-setup-ks.cfg
66      ./.xauthlJClOs
6       ./.config/abrt
23      ./.config
66      ./.xauthLxlQiO
66      ./.xauthOwl4ed
66      ./.xauthYWHg9Y
722     ./.viminfo
9148
```

图 4-18　以字节为单位列出文件和目录的磁盘空间占用情况

4.6.2　创建物理卷

产生物理卷的第一个步骤就是产生一个分区，并且将其系统识别码修改为 8e-LinuxLVM,这样这个分区就可以当作 LVM 的物理卷。产生作为物理卷的分区后，就可以使用 pvcreate DEVICE 将分区修改成为 LVM 的物理卷了。

下面的例子是将刚才创建的/dev/sda5 分区创建成物理卷。

```
[root@localhost ~]#pvcreate /dev/sda5
```

```
[root@localhost ~]# pvcreate /dev/sda5
  Physical volume "/dev/sda5" successfully created
```

4.6.3　创建卷组

有了物理卷后，就可以用来建立卷组。LVM 的每一个卷组都是由一个或多个物理卷组合而成的，要建立卷组，可以使用 vgcreate 命令。

```
vgcreate VGNAME PVDEVICES...
```

其中，VGNAME 是卷组的名称，输入 VGNAME 的内容，每一个 VGNAME 都必须是独一无二的，且不要与/dev 中的文件名称冲突，而 PVDEVICES 则是组成这个卷组的物理卷设备文件名称。以下这个范例是将/dev/sdb6 物理卷建立出 vg0 这个卷组。-s 参数的作用是：创建卷组时设置 PE 块的大小是 8MB,如果不手工设置，默认为 4MB。

```
[root@localhost ~]#pvcreate /dev/sda5
[root@localhost ~]#vgcreate - s 8M vg0 /dev/sda5
[root@localhost ~]#vgs
```

```
[root@localhost ~]# pvcreate /dev/sda5
  Physical volume "/dev/sda5" successfully created
[root@localhost ~]# vgcreate -s 8M vg0 /dev/sda5
  Volume group "vg0" successfully created
[root@localhost ~]# vgs
  VG    #PV #LV #SN Attr   VSize   VFree
  centos  1   2   0 wz--n- 18.55g  4.00m
  vg0     1   0   0 wz--n- 192.00m 192.00m
```

4.6.4　创建逻辑卷

产生出卷组后，就可以从卷组中划分一块空间作为逻辑卷。要建立逻辑卷，需使用 lvcreate 命令：

```
lvcreate [-L SIZE] - n LVNAME VGNAME
```

其中，SIZE 是逻辑卷的大小，如果没有指定 SIZE,lvcreate 将以卷组剩余的所有可用空间作为该逻辑卷的大小；LVNAME 则是逻辑卷的识别名称；VGNAME 则是卷组的识别名称。当建立出一个逻辑卷后，Linux 会自动产生出逻辑卷的装置文件。逻辑卷的设备文件被存储在/dev/VGNAME/LVNAME。因此，可以根据/dev/VGNAME 的内容判断 VGNAME 中是否有 LVNAME 的逻辑卷。

以下是建立一个大小为 200MB、名为 lv0 的逻辑卷空间的示范。

```
[root@localhost ~]#lvcreate - L 200M - n lv0 vg0
Logical volume "lv0" created.
```

4.6.5 创建文件系统

当逻辑卷创建完成后,要能够识别并使用 Linux,必须创建文件系统,建议使用 ext2 专有格式。

以下是进行 ext2 文件系统创建的操作。

```
[root@localhost ~]# sudo mkfs - t ext2 /dev/sdb
```

```
[root@localhost ~]# sudo mkfs -t ext2 /dev/sdb
mke2fs 1.42.9 (28-Dec-2013)
/dev/sdb is entire device, not just one partition!
无论如何也要继续? (y,n) y
文件系统标签=
OS type: Linux
块大小=4096 (log=2)
分块大小=4096 (log=2)
Stride=0 blocks, Stripe width=0 blocks
1310720 inodes, 5242880 blocks
262144 blocks (5.00%) reserved for the super user
第一个数据块 =0
Maximum filesystem blocks=4294967296
160 block groups
32768 blocks per group, 32768 fragments per group
8192 inodes per group
Superblock backups stored on blocks:
        32768, 98304, 163840, 229376, 294912, 819200, 884736, 1605632, 2
654208,
        4096000

Allocating group tables: 完成
正在写入inode表: 完成
Writing superblocks and filesystem accounting information: 完成
```

挂载硬盘,并进入硬盘:

```
[root@localhost ~]#mkdir /usb
[root@localhost ~]# mount /dev/sdb /usb
[root@localhost ~]# sudo mount /dev/sdb /usb
```

```
[root@localhost ~]# sudo mount /dev/sdb /usb
mount: /dev/sdb 已经挂载或 /usb 忙
        /dev/sdb 已经挂载到 /usb 上
```

```
[root@localhost ~]#ls
```

```
[root@localhost ~]# ls
anaconda-ks.cfg        公共 视频 文档 音乐
initial-setup-ks.cfg 模板 图片 下载 桌面
```

```
[root@localhost ~]#cd /usb
[root@localhost usb]#ls
```

```
[root@localhost usb]# ls
lost+found
```

4.6.6 挂载文件系统

1. mount

在磁盘上建立好文件系统之后,还需要把新建立的文件系统挂载到系统上才能使用。这个过程称为挂载,文件系统所挂载到的目录被称为挂载点(Mount Point)。Linux 系统中提供了/mnt 和/media 两个专门的挂载点。一般而言,挂载点应该是一个空目录,否则目录中原来的文件将被系统隐藏。通常将光盘和软盘挂载到/media/cdrom(或者 /mnt/cdrom)和/media/floppy(或者/mnt/floppy)中,其对应的设备文件名分别为/dev/cdrom 和/dev/fd0。

文件系统的挂载可以在系统引导过程中自动挂载,也可以手动挂载,手动挂载文件系统的挂载命令是 mount。该命令的语法格式如下:

```
mount 选项 设备 挂载点
```

mount 命令的主要选项如下。

-t:指定要挂载的文件系统的类型。

-r:如果不想修改要挂载的文件系统,可以使用该选项以只读方式挂载。

-w:以可写的方式挂载文件系统。

-a:挂载/etc/fstab 文件中记录的设备。

把文件系统类型为 ext3 的磁盘分区/dev/sda2 挂载到/media/sda2 目录下,可以使用下列命令:

```
[root@localhost ~]# mkdir /media/sda2
[root@localhost ~]# mount -t ext3 /dev/sda2 /media/sda2
```

挂载光盘可以使用下列命令:

```
//挂载光盘
[root@localhost ~]# mkdir /media/cdrom
[root@localhost ~]# mount -t iso9660 /dev/cdrom /media/cdrom
```

或者使用下面的命令也可以完成光盘的挂载:

```
[root@localhost ~]# mount /media/cdrom
```

注意:通常使用 mount /dev/cdrom 命令挂载光驱后,在/media 目录下会有 cdrom 子目录。但如果使用的光驱是刻录机,此时/media 目录下为 cdrecorder 子目录而不是 cdrom 子目录。说明光驱是挂载到/media/cdrecorder 目录下。

2. umount

文件系统可以被挂载也可以被卸载。卸载文件系统的命令是 umount。umount 命令的格式如下:

```
umount 设备 挂载点
```

例如,卸载光盘可以使用以下命令:

```
//卸载光盘
[root@localhost ~]#umount /media/cdrom
```

注意:光盘在没有卸载之前,无法从驱动器中弹出。正在使用的文件系统不能卸载。

3.文件系统的自动挂载

如果要实现每次开机自动挂载文件系统,可以通过编辑/etc/fstab 文件来实现。在/etc/fstab 中列出了引导系统时需要挂载的文件系统以及文件系统的类型和挂载参数。系统在引导过程中会读取/etc/fstab 文件,并根据该文件的配置参数挂载相应的文件系统。图 4-19 所示是一个 fstab 文件的内容。

```
# /etc/fstab
# Created by anaconda on Fri Dec  6 09:25:36 2019
#
# Accessible filesystems, by reference, are maintained under '/dev/disk'
# See man pages fstab(5), findfs(8), mount(8) and/or blkid(8) for more info
#
UUID=85e52a31-f7d6-4f39-89a6-0530d6433a80  /          xfs      defaults      1 1
UUID=d7a3d4c9-2a7c-47f4-a27b-afd130ea94c2  /boot      xfs      defaults      1 2
UUID=37dd44d5-e9f2-400c-9ee9-69fa212c3e4f swap        swap     defaults      0 0
```

图 4-19　一个 fstab 文件的内容

/etc/fstab 文件的每一行代表一个文件系统,每一行又包含 6 列,这 6 列的内容如下所示:

```
device mount_point fs_type mount_options fs_dump fs_pass
```

具体含义如下。

(1) device:文件系统的名称,可以使用设备文件名或者使用设备的 UUID 或设备的卷标签名,例如,可以将这个字段写成 LABAL=root 或 UUID=3e6be9de-8139-11d1-9106-a43f08d823a6,这会使系统更具伸缩性。

(2) mount_point:挂载点路径,必须是绝对路径,而且挂载点必须是一个目录。对于交换分区(swap),这个字段定义为 swap。

(3) fs_type:文件系统的类型。具体类型可以查看 mount 的手册。

(4) mount_options:挂载这个文件系统时的参数。大多数系统使用 defaults 就可以满足需要。其他常见的选项如下:

ro　以只读模式加载该文件系统。

sync　不对该设备的写操作进行缓冲处理,这可以防止在非正常关机情况下破坏文件系统,但是却降低了计算机速度。

usr　允许普通用户加载该文件系统。

quota　强制在该文件系统上进行磁盘配额限制。

noauto　不在系统启动时加载该文件系统。

（5）fs_dump：当使用 dump 工具时，是否要备份这个文件系统以及备份的频率。fs_dump 如果是 1，代表需要备份；fs_dump 为 0，则代表不需要备份。

（6）fs_pass：执行 fsck 时，是否要检查这个文件系统以及检查的顺序。如果 fs_pass 为 0，则代表执行 fsck -A 时不会检查这个文件系统；fs_pass 为非 0 的正整数，则代表要检查。

下面的示例使/dev/sda6 这个 ext4 文件系统在每次开机时都能自动挂载到/mnt/tmp，需要在/etc/fstab 增加以下一行：

```
/dev/sda6 /mnt/tmp ext4 defaults 0 0
```

在设置/etc/fstab 后，倘若需要测试设置值是否正确，可以直接执行 mount -a 命令，仿真 Linux 开机时挂载所有文件系统的动作。

由于/etc/fstab 存储着 Linux 文件系统的设置数据，如果/etc/fstab 不存在或者设置错误，将导致 Linux 在下一次开机时会因无法挂载文件系统而启动失败。所以，不要忘记备份/etc/fstab 这个文件。

4.7　管理 LVM 卷

建立完 LVM 的物理卷、卷组及逻辑卷等软件包后，下面来研究如何管理 LVM 的软件包。

4.7.1　卸载卷

可以创建 LVM 卷，可不可以卸载 LVM 卷呢？如何去卸载？下面介绍 LVM 的卸载工具。

（1）卸载物理卷：pvremove PVDEVICE。

（2）卸载卷组：vgremove VGNAME。

（3）卸载逻辑卷：lvremove LVDEVICE。

卸载卷时，必须注意以下两个事项。

（1）卸载逻辑卷前，需要先卸载逻辑卷所在的目录挂载点，并且先做好备份。由于文件系统是建立在逻辑卷上的，当卸载逻辑卷后，文件系统中的所有文件都将消失，所以，在卸载逻辑卷前，检查是否有重要的资料，并且妥善做好备份。

（2）卸载卷组前，必须先卸载所有使用到该卷组的逻辑卷；同理，卸载物理卷前，必须先确保没有任何卷组使用到该物理卷。

4.7.2　查看卷信息

通过使用下列工具查看 LVM 每一个卷目前的配置。

查看物理卷：pvdisplay PVDEVICEU。

查看卷组：vgdisplay VGNAME。

查看逻辑卷：lvdisplay LVDEVICE。

以下是使用上述工具查看 LVM 的物理卷、卷组、逻辑卷的示范。

```
[root@localhost ~]#pvdisplay  /dev/sdb1
```

```
[root@localhost ~]# pvdisplay /dev/sdb1
  --- Physical volume ---
  PV Name               /dev/sdb1
  VG Name               vg0
  PV Size               100.00 MiB / not usable 4.00 MiB
  Allocatable           yes
  PE Size               4.00 MiB
  Total PE              24
  Free PE               24
  Allocated PE          0
  PV UUID               EOd7Mo-8Qsg-vKlJ-HOX9-OSw6-s9B0-TXwJj1
```

4.7.3　调整 LVM 卷

LVM 最大的好处就是可以弹性地调整卷的空间。需要注意的是，LVM 调整的是卷组
与逻辑卷的空间，而不是调整物理卷的大小。

本小节将介绍如何调整卷组与逻辑卷。

1. 调整卷组

要放大卷组，需要准备额外的物理卷，使用 vgextend 命令把要增加的物理卷加入到既
有的卷组中；如果要缩小卷组，则必须使用 vgreduce 把卷组中的物理卷卸载。

vgextend 与 vgreduce 用法如下：

```
vgextend VGNAME PVDEVICE...
vgreduce VGNAME PVDEVICE...
```

其中，VGNAME 就是要调整的卷组名称；PVDEVICE 则是要加入或卸载的物理卷设备名
称。以下是调整 vg0 卷组的示范：

```
[root@localhost ~]#pvcreate /dev/sdb2
```

```
[root@localhost ~]# pvcreate /dev/sdb2
  Physical volume "/dev/sdb2" successfully created
```

2. 调整逻辑卷

LVM 的卷组可以进行弹性调整，逻辑卷也可以。必须按照下列步骤调整逻辑卷。

放大：先放大 LV，再放大文件系统。

缩小：先缩小文件系统，再缩小 LV。

如何调整文件系统？需要看文件系统是否提供调整的功能。如果没有，就无法调整。
如果有，该文件系统会提供调整的工具程序来缩小或放大其文件系统。如果使用的是 ext4
文件系统，则可以使用 resize2fs 来调整。

如果要放大逻辑卷，可以使用 lvextend；要缩小逻辑卷，则使用 lvreduce。这两个命令
用法如下：

```
lvextend - L SIZE LV_DEVICE
lvreduce - L SIZE LV_DEVICE
```

其中,SIZE 代表新的大小,可以使用+SIZE 表示增加 SIZE;使用-SIZE 代表减少 SIZE;之后的 LV_DEVICE 是要调整的逻辑卷设备文件。在调整逻辑卷时,必须注意以下两点。

(1) 一定要做好备份。一个错误的命令可能会毁掉文件系统上的所有文件,在放大、缩小逻辑卷前,一定要做好备份。

(2) 由于 resize2fs 仅支持离线缩小,所以在缩小 ext4 文件系统时,要先卸载 ext4 文件系统,确保文件系统的使用量,必须小于缩小后的大小才行。

如果使用 resize2fs 放大 ext4 文件系统,则无此限制。换言之,可以直接使用 resize2fs 放大挂载中的文件系统,也可以直接放大已经卸载的文件系统。

4.8 实验：配置与管理磁盘与文件系统

4.8.1 实验目的

(1) 掌握文件系统操作的命令。
(2) 学会管理 LVM 逻辑卷的方法。

4.8.2 实验内容

本实验的目的是学习更改文件和目录时间;压缩和解压缩命令;文件和目录权限管理命令;使用常用磁盘管理工具建立 LVM 卷,包括创建 LVM 分区、创建物理卷、创建卷组、创建逻辑卷、创建文件系统和挂载文件系统。

4.8.3 实验步骤

1. 更改文件和目录时间命令 touch

(1) 更新文件 hello.sh 的访问和修改时间为当前的日期时间。

```
[root@localhost ~]# touch hello.sh
```

(2) 更新当前目录下以.txt 扩展名结尾的文件的上次修改时间,不更新访问时间。

```
[root@localhost ~]# touch - m *.txt
```

(3) 使用另一个文件 file1 的时间戳记更新文件 hello.sh。

```
[root@localhost ~]# touch - r file1 hello.sh
```

(4) 为当前目录下的 test.txt 文件创建一个符号链接文件/home/hello。

```
[root@localhost ~]# ln - s test.txt /home/hello
```

（5）为当前目录下的 test. txt 文件创建一个硬链接 test_link. txt。

```
[root@localhost ~]# ln test.txt test_link.txt
```

2．压缩和解压缩命令

（1）将当前目录所有文件打包成 mydata. tar，扩展名需在命令中加上。

```
[root@localhost ~]# tar - cvf mydata.tar ./
```

（2）将整个/home 目录下的文件全部打包成为/usr/backup/home. tar，根据需要，可分别执行下列命令。
① 仅打包，不压缩：

```
[root@localhost ~]# tar - cvf /usr/backup/home.tar /home
```

② 打包后，用 gzip 命令压缩：

```
[root@localhost ~]# tar - zcvf /usr/backup/home. tar.gz /home
```

③ 打包后，用 bzip2 命令压缩：

```
[root@localhost ~]# tar - jcvf /usr/backup/home.tar. bz2 /home
```

（3）查看/usr/backup/home. tar. gz 文件内有哪些文件，由于使用 gzip 压缩，所以要查看该 tar file 内的文件时，就要加上参数 z。

```
[root@localhost ~]# tar - ztvf /usr/backup/home.tar.gz
```

（4）将/usr/backup/home. tar. gz 文件解压缩到/usr/local/src 下。

```
[root@localhost ~]# tar - zxvf /usr/backup/home.tar.gz - c /usr/local/src/
```

（5）只将在/tmp 下的 usr/backup/home. tar. gz home/root 解压缩。

```
[root@localhost ~]# cd /tmp
[root@localhost ~]# tar - zxvf /usr/backup/home.tar.gz home/root
```

（6）将/home 内的所有文件备份下来，并且保存其权限。

```
[root@localhost ~]# tar - zxvpf /usr/backup/home.tar.gz /home
```

（7）在/home 中，备份 2011/03/12 之后创建的文件。

```
[root@localhost ~]# tar - N "2011/03/12" - zcvf home.tar. gz /home
```

（8）备份/home、/etc，但不包括/home/abc。

```
[root@localhost ~]# tar - exclude /home/abc - zcvf myfile.tar.gz /home/ * /etc
```

（9）在打包/home 之后又新建一个用户 user3，并且要将其打包加入/usr/backup/home. tar. gz。

```
[root@localhost ~]#tar - zcvrf /usr/backup/home.tar.gz /home/user3
```

（10）将当前目录下的所有. c 和 * . txt 文件压缩成 mypro. zip。

```
[root@localhost ~]#zip mypro.zip *.c *.txt
```

（11）将 data 子目录下的所有. log 文件压缩，并加入到已存在的 mypro. zip 中。

```
[root@localhost ~]#zip - g mypro.zip data/*.log
```

（12）将压缩文件 text. zip 在当前目录下解压缩。

```
[root@localhost ~]#unzip text.zip
```

（13）将压缩文件 text. zip 在指定目录/tmp 下解压缩，如果已有相同的文件存在，要求 unzip 命令不覆盖原先的文件。

```
[root@localhost ~]#unzip - n text.zip - d /tmp
```

（14）如果原来的文件已经存在目录中，则不进行解压缩；若不存在，则解压。

```
[root@localhost ~]#unzip - u text.zip
```

（15）对当前目录的 data. txt 文件进行压缩。

```
[root@localhost ~]#gzip data.txt
```

压缩后用 ls 命令查看，会发现生成了 data. txt. gz 的压缩文件，而原文件已被删除。

（16）压缩一个 tar 备份文件 usr. tar，压缩后的文件扩展名为. tar. gz，即新的压缩文件为 usr. tar. gz。

```
[root@localhost ~]#gzip usr.tar
```

（17）指定压缩文件以. gzip 为扩展名，data. txt 文件被压缩后的文件为 data. txt. gzip。

```
[root@localhost ~]#gzip - S .gzip data.txt
```

（18）将 data. txt. gz 进行解压缩并指定解压缩后的文件以. gzip 为扩展名。

```
[root@localhost ~]#gzip - S .gzip - d data.txt.gz
```

3. 文件和目录权限管理命令

（1）将 hello. sh 文件的所有者由 root 更改为 student。

```
[root@localhost ~]#chown student hello.sh
```

（2）将 hello.sh 的所有者和所属组群改为 student 用户和 student 组群。

```
[root@localhost ~]#chown student: student hello.sh
```

需要注意的是,如果用户 user1 有一个名为 hello.sh 的文件,其所有权要给予另一位账号为 user2 的用户,则可用 chown 来完成此功能。当改变完文件所有者之后,该文件虽然在 user1 的目录下,但该用户已经无任何修改或删除这个文件的权限了。

（3）将当前目录下 a.txt 文件的所属组改成 student。

```
[root@localhost ~]#chgrp student a.txt
```

（4）把文件 shutdown 所属组改成 system 组。

```
[root@localhost ~]#chgrp system /sbin/shutdown
```

（5）设置用户本人对 file1 可以进行读、写、执行的操作。

```
[root@localhost ~]#chmod u+rwx file1
```

（6）删除用户对 file1 的可执行权限。

```
[root@localhost ~]#chmod u-x file1
```

（7）设置同组用户对 file1 文件增加权限为能读写,其他用户则只能读。

```
[root@localhost ~]#chmod g+rw,o+r file1
```

（8）取消同组用户对 a.txt 文件的写入权限。

```
[root@localhost ~]#chmod g-w a.txt
```

（9）指定用户对 file1 的权限是可读、可写、可执行。

```
[root@localhost ~]#chmod 700 file1
```

（10）指定用户本人对 file1 的权限是可读、可写。

```
[root@localhost ~]#chmod 600 file1
```

（11）更改 a.txt 文件的权限为所有者和同组用户可读,但不能写或执行,其他用户对此文件没有任何权限。

```
[root@localhost ~]#chmod 440 a.txt
```

4. 使用常用磁盘管理工具建立 LVM 卷

假设系统中新增加了一块硬盘/dev/sdb,在/dev/sdb 上创建 LVM 分区、物理卷、卷组和逻辑卷,并创建、挂载文件系统。

1) 使用工具 fdisk 创建 LVM 分区

(1) 要求:下面以在/dev/sdb 硬盘上创建大小为 100MB、文件系统类型为 ext3 的 /dev/sdb1 主分区为例。

```
[root@localhost ~]♯fdisk /dev/sdb
```

```
[root@localhost 桌面]# fdisk  /dev/sdb
欢迎使用 fdisk (util-linux 2.23.2)。

更改将停留在内存中,直到您决定将更改写入磁盘。
使用写入命令前请三思。

Device does not contain a recognized partition table
使用磁盘标识符 0xae977986 创建新的 DOS 磁盘标签。
```

(2) 输入 p,查看当前分区表。从命令执行结果可以看到,/dev/sdb 硬盘并无任何分区,利用 p 命令查看当前分区表。

```
命令(输入 m 获取帮助):p

磁盘 /dev/sdb:21.5 GB, 21474836480 字节, 41943040 个扇区
Units = 扇区 of 1 * 512 = 512 bytes
扇区大小(逻辑/物理):512 字节 / 512 字节
I/O 大小(最小/最佳):512 字节 / 512 字节
磁盘标签类型:dos
磁盘标识符:0xae977986

   设备 Boot     Start        End      Blocks   Id  Sys
tem
```

(3) 输入 n,创建一个新分区。输入 p,选择创建主分区(创建扩展分区输入 e,创建逻辑分区输入 1);输入此分区的起始、结束扇区,以确定当前分区的大小。也可以使用＋sizeM 或者＋sizeK 的方式指定分区大小。以上操作如下所示:

```
命令(输入 m 获取帮助):n
Partition type:
   p   primary (0 primary, 0 extended, 4 free)
   e   extended
Select (default p): p
```

(4) 输入 1 可以查看已知的分区类型及其 id,其中列出 ext 的 id 为 83。输入 t,指定 /dev/sdb 的文件系统类型为 ext3。如下所示:

```
命令(输入 m 获取帮助):t
分区号 (1,2, 默认 2):1
Hex 代码(输入 L 列出所有代码):83
已将分区"Linux"的类型更改为"Linux"
```

(5) 分区结束后,输入 w,把分区信息写入硬盘分区表并退出。

```
命令(输入 m 获取帮助):w
The partition table has been altered!

Calling ioctl() to re-read partition table.
正在同步磁盘。
```

(6) 如果要删除磁盘分区,在 fdisk 菜单下输入 d,并选择相应的磁盘分区即可。删除后输入 w,保存退出。

```
命令(输入 m 获取帮助):d
已选择分区 1
分区 1 已删除
```

2) 创建物理卷、卷组和逻辑卷

物理卷可以建立在整个物理硬盘上,也可以建立在硬盘分区中,如在整个磁盘上建立物理卷,则不要在该硬盘上建立任何分区;如使用硬盘分区建立物理卷,则需事先对硬盘进行分区并设置该分区为 LVM 类型,其类型 ID 为 8e。

(1) LVM 分区类型

```
[root@localhost ~]#fdisk /dev/sdb
```

查看当前分区设置:

```
命令(输入 m 获取帮助):p

磁盘 /dev/sdb:21.5 GB, 21474836480 字节, 41943040 个扇区
Units = 扇区 of 1 * 512 = 512 bytes
扇区大小(逻辑/物理):512 字节 / 512 字节
I/O 大小(最小/最佳):512 字节 / 512 字节
磁盘标签类型:dos
磁盘标识符:0x8199bd70

   设备 Boot      Start        End      Blocks   Id  System
/dev/sdb1          2048     206847      102400   83  Linux
/dev/sdb2        206848     411647      102400   83  Linux
```

使用 t 命令修改分区类型:

```
命令(输入 m 获取帮助):t
已选择分区 1
```

设置分区类型为 LVM 类型:

```
Hex 代码(输入 L 列出所有代码):8e
已将分区"Linux"的类型更改为"Linux LVM"
命令(输入 m 获取帮助):p

磁盘 /dev/sdb:21.5 GB, 21474836480 字节, 41943040 个扇区
Units = 扇区 of 1 * 512 = 512 bytes
扇区大小(逻辑/物理):512 字节 / 512 字节
I/O 大小(最小/最佳):512 字节 / 512 字节
磁盘标签类型:dos
磁盘标识符:0x8199bd70

   设备 Boot      Start        End      Blocks   Id  System
/dev/sdb1          2048     206847      102400   8e  Linux LVM
/dev/sdb2        206848     411647      102400   83  Linux
```

使用 w 命令保存对分区的修改,并退出 fdisk 命令。

```
命令(输入 m 获取帮助):w
The partition table has been altered!

Calling ioctl() to re-read partition table.
正在同步磁盘。
```

(2) 创建物理卷

```
[root@localhost ~]#pvcreate /dev/sdb1
```

```
[root@localhost ~]# pvcreate /dev/sdb1
  Physical volume "/dev/sdb1" successfully created
```

```
[root@localhost ~]#pvdisplay /dev/sdb1
```

```
[root@localhost ~]# pvdisplay /dev/sdb1
  "/dev/sdb1" is a new physical volume of "100.00 MiB"
  --- NEW Physical volume ---
  PV Name               /dev/sdb1
  VG Name
  PV Size               100.00 MiB
  Allocatable           NO
  PE Size               0
  Total PE              0
  Free PE               0
  Allocated PE          0
  PV UUID               EOd7Mo-8Qsg-vKlJ-HOX9-OSw6-s9BO-TXwJj1
```

（3）创建卷组

```
[root@localhost ~]# vgcreate vg0 /dev/sdb1
```

```
[root@localhost ~]# vgcreate vg0 /dev/sdb1
  Volume group "vg0" successfully created
```

3）创建逻辑卷

建立一个大小为 50MB、名为 lv0 的逻辑卷空间。

```
[root@localhost ~]# lvcreate - L 50M - n lv0 vg0
```

```
Rounding up size to full physical extent 52.00 MiB
Logical volume "lv0" created
```

4）创建文件系统

创建 ext4 文件系统。

```
[root@localhost ~]# mkfs - t ext4 /dev/vg0/lv0
```

```
[root@localhost ~]# mkfs -t ext4 /dev/vg0/lv0
mke2fs 1.42.9 (28-Dec-2013)
文件系统标签=
OS type: Linux
块大小=1024 (log=0)
分块大小=1024 (log=0)
Stride=0 blocks, Stripe width=0 blocks
13328 inodes, 53248 blocks
2662 blocks (5.00%) reserved for the super user
第一个数据块=1
Maximum filesystem blocks=33685504
7 block groups
8192 blocks per group, 8192 fragments per group
1904 inodes per group
Superblock backups stored on blocks:
        8193, 24577, 40961

Allocating group tables: 完成
正在写入inode表: 完成
Creating journal (4096 blocks): 完成
Writing superblocks and filesystem accounting information: 完成
```

5）挂载文件系统

```
[root@localhost ~]# mkdir /data
[root@localhost ~]# mount /dev/vg0/lv0 /data
[root@localhost ~]# df - h |grep data
```

```
[root@localhost ~]# mkdir /data
[root@localhost ~]# mount /dev/vg0/lv0 /data
[root@localhost ~]# df -h |grep data
/dev/mapper/vg0-lv0 _    47M 1.1M    42M    3% /data
```

4.9 习题

1. 填空题

（1）ext 文件系统在 1992 年 4 月完成。称为_____，是第一个专门针对 Linux 操作系统的文件系统。Linux 系统使用_____文件系统。

（2）ext 文件系统结构的核心组成部分是_____、_____和_____。

（3）Linux 的文件系统是采用阶层式的_____结构，在该结构中的最上层是_____。

（4）RAID(Redundant Array of Inexpensive Disks) 的中文全称是_____，用于将多个廉价的小型磁盘驱动器合并成一个_____，以提高存储性能和_____功能。RAID 可分为_____和_____，软 RAID 通过软件实现多块硬盘_____。

（5）LVM(Logical Volume Manager) 的中文全称是_____，最早应用在 IBM AIX 系统上。它的主要作用是_____及调整磁盘分区大小，并且可以让多个分区或者物理硬盘作为_____来使用。

（6）默认的权限可用_____命令修改，用法非常简单，只需执行_____命令，便代表屏蔽所有的权限，因而之后建立的文件或目录，其权限都变成_____。

（7）_____代表当前的目录，也可以使用./来表示。_____代表上一层目录，也可以用../来代表。

（8）若文件名前多一个"."，则代表该文件为_____。可以使用_____命令查看隐藏文件。

（9）你想要让用户拥有文件 filename 的执行权限，但你又不知道该文件原来的权限是什么，此时，应该执行_____命令。

2. 选择题

（1）存储 Linux 基本命令的目录是(   )。
　　A. /bin　　　　　B. /tmp　　　　　C. /lib　　　　　D. /root

（2）假定 kernel 支持 vfat 分区，下面操作中是将/dev/hdal 这一个 Windows 分区加载到/win 目录的是(   )。
　　A. mount -t windows /win /dev/hdal
　　B. mount -fs＝msdos /dev/hdal /win
　　C. mount -s win /dev/hdal /win
　　D. mount -t vfat /dev/hdal /win

（3）对于普通用户创建的新目录，(   )是默认的访问权限。
　　A. rwxr-xr-x　　　　　　　　B. rw-rwxrw-
　　C. rwxrw-rw-　　　　　　　　D. rwxrwxrw-

（4）关于/etc/fstab 描述正确的是(   )。
　　A. 启动系统后，由系统自动产生
　　B. 用于管理文件系统信息

  C. 用于设置命名规则,是否可以使用 Tab 键来命名一个文件

  D. 保存硬件信息

(5) 如果当前目录是/home/sea/china,那么 china 的父目录是(　　)。

  A. /home/sea   B. /home   C. /   D. /sea

(6) 系统中有用户 user1 和 user2,同属于 users 组。在 user1 用户目录下有一个文件 file1,它拥有 644 的权限,如果 user2 想修改 user1 用户目录下的 file1 文件,应拥有(　　)权限。

  A. 744   B. 66   C. 646   D. 746

(7) 用 ls -al 命令列出下面的文件列表,属于符号链接文件的是(　　)。

  A. -rw------　　2 hel -s users 56 Sep 09 11:05 hello

  B. -rw------　　2 hel -s users 56 Sep 09 11:05 goodby

  C. drwx----　　1 hel users 1024 Sep 10 08:10 zhang

  D. lrwx-----　　1 hel users 2024 Sep 12 08:12 cheng

(8) 如果 umask 设置为 022,默认的创建的文件的权限为(　　)。

  A. -----w-w-   B. -rwxr-xr-x

  C. r-xr-x---   D. rw-r-r-

(9) 在一个新分区上建立文件系统应该使用命令是(　　)。

  A. fdisk   B. makefs   C. mkfs   D. format

(10) Linux 文件系统的目录结构是一棵倒挂的树,文件都按其作用分门别类地放在相关的目录中。现有一个外部设备文件,我们应该将其放在(　　)目录中。

  A. /bin   B. /etc   C. /dev   D. lib

第 5 章

软 件 管 理

在一个 Linux 系统中,可能会安装成千上万的应用软件,这么多的应用软件都需要系统管理员进行管理。

教学目标

- 了解 Linux 中安装软件的常用方法。
- 掌握 YUM 安装、RPM 包安装和源代码安装的方法。

5.1 使用 YUM

5.1.1 Linux 下的可执行文件

在 Linux 中执行的命令大部分都是执行文件(Executable File)。Linux 下的执行文件可以分为以下 3 种。

(1) 程序(Program)。程序是一种存储 CPU 可以执行的机器码(Machine Code)的特殊文件。由于存储在程序文件中的机器命令都是采用二进制(Binary)的格式,所以,习惯称可执行文件为二进制文件(Binary File)。

当需要 Linux 执行某个程序文件时,Linux 会把存储在程序文件内的机器码直接交给 CPU 执行。一般来说,程序文件执行的速度比较快,但最大的缺点是程序文件无法在不同的 CPU 中执行。

(2) 链接库(Library)。链接库与程序类似,也是一个存储机器码的二进制文件,但链接库与程序文件的不同之处在于,程序文件会存储执行进入点(Enter Entry)。所以,Linux 知道将从哪里开始执行程序的内容,而链接库则没有存储执行进入点的信息,因而无法直接启动 Linux 的链接库。

如果链接库没有办法被启动,那链接库有什么功能呢? 链接库的主要功能是给其他程序或链接库加载执行。

(3) 脚本(Script)。脚本是以文本文件的格式存储要 CPU 执行的命令。支持脚本类型的程序语言都会提供一个编译器程序。每次执行一个脚本时,Linux都会把脚本中的命令交由编译器,转译出CPU可以执行的机器码,然后才让CPU去执行这些机器码。

一般来说,脚本的好处是与计算机的平台无关,只要计算机中提供适当的编译器程序,就可以直接执行脚本;然而脚本最大的缺点是执行速度远远慢于程序文件。

5.1.2 传统管理软件的方法

假设今天有一个应用软件提供者,打算提供一套在各种UNIX系统间都可以执行的应用软件,那么他会遇到一个非常麻烦的问题:不同的UNIX系统提供的系统呼叫(System Calls)可能都不一样;即使有相同的系统呼叫,不同的UNIX系统间提供的链接库可能也不相同;即使链接库都一样,不同平台的机器码也不一样。这样会造成应用软件提供者的困扰,因为他们必须为不同平台、不同链接库的UNIX系统提供数百份不同的版本。

为了解决这个问题,传统的UNIX软件提供者多半选择将软件的源码文件(Source Files)提供给用户。用户取得应用软件的源码文件后,只需要在自己的UNIX系统上重新编译一次,即可产生能在该UNIX上执行的程序文件,这样将大幅减少UNIX软件提供者的麻烦。

基于上述原因,在传统的UNIX世界中,软件多半是以源码的方式发布(Distributed)的。Linux既然是一套兼容于UNIX的操作系统,当然也具备这样的特性。目前有数以万计的应用软件可以在Linux上执行,这些软件几乎全部都提供源码,让系统管理者可以编译、安装其所需的软件。

不同的软件,其安装步骤都不相同,但总不会脱离以下4个步骤。

(1)获得软件。
(2)编译前的准备工作。
(3)开始编译。
(4)安装与部署。

具体的步骤见5.3节。

5.1.3 RPM

传统的UNIX系统管理软件的方法竟然是如此复杂,难怪以前有人说,要成为UNIX的管理者,就得具备开发软件的能力才行。

要成为好的UNIX系统管理者,具备一点开发软件的能力的确如虎添翼,但不表示没有软件开发能力的人就不能成为UNIX的管理者。

如果Linux的系统管理者要管理系统上的所有软件,并且都必须通过传统软件管理的方法,那么应该就不会有人愿意使用Linux了。通过RPM,可以更轻松方便地管理Linux上所有的软件。

身为这些系统的管理者,一定要懂得如何使用RPM。

当人们谈到RPM时,他们通常指的是下面3个组成部分的结合。

(1)RPM数据库。
(2)RPM软件包文件。

（3）RPM 可执行文件。

一般来说，一个软件可以是一个独立的 RPM 软件包，也可以是由多个 RPM 软件包组成的。多数情况下，一个软件是由多个相互依赖的软件包组成的，也就是说安装一个软件需要使用到许多软件包，而大部分的 RPM 包又有相互之间的依赖关系。例如，安装 A 软件需要 B 软件的支持，而安装 B 软件又需要 C 软件的支持，那么，想要安装 A 软件之前，必须先安装 C 软件，再安装 B 软件，最后才能安装 A 软件。如此复杂的依赖关系，把刚开始使用 Linux 系统的用户弄得无所适从，那么有没有一种更加简单、更加人性化的软件安装方法呢？那就是在 CentOS 中使用的 YUM 软件。

5.1.4 YUM

Linux 5 以后，YUM 就已经整合到 Linux 系统中，可以利用 YUM 来安装、升级、删除 Linux 中的软件。

YUM(Yellow dog Updater Modified)是一个基于 RPM 却胜于 RPM 的管理工具，可以更轻松地管理 Linux 系统中的软件。可以使用 YUM 来安装或卸载软件，也可以利用 YUM 来更新系统，更可以利用 YUM 来搜索一个尚未安装的软件。不管是安装、更新还是删除，YUM 都会自动解决软件间的依赖性问题。使用 YUM 会比单纯使用 RPM 更方便。

YUM 包含下列 3 项组件。

1. YUM 下载源

如果把所有 RPM 文件放在同一个目录中，这个目录就可称为"YUM 下载源(YUM Repository)"。可以把 YUM 下载源通过 HTTP、FTP 等方式分享给其他计算机使用。当然，也可以直接使用别人建好的 YUM 下载源来取得需安装的软件。

如果你是合法的 Linux 用户，并且已经成功地在 RHN 上登录了你的 Linux 系统，则可以不用建立自己的 YUM 下载源。因为 Linux 会自动安装一个名为 yum-rhn-plugin 的软件，通过这个软件，YUM 会自动使用 RHN 作为默认下载源。

但若尚未登录 RHN 系统，就必须自己建立 YUM 下载源，才能顺利通过 YUM 来安装、升级与卸载软件。

建立 YUM 下载源的步骤其实很简单，包括以下 3 个步骤。

（1）所有 RPM 文件放入同一个目录中。

（2）该目录中建立 YUM 下载源数据。

这个步骤需要使用一个名为 createrepo 的工具，必须安装 createrepo 软件包，才能使用这个工具。createrepo 的用法如下：

```
cteaterepo [OPTIONS] DIRECTORY
```

其中，DIRECTORY 为 RPM 文件存放的路径，而 OPTIONS 则为参数。

（3）过 HTTP 或 FTP 分享这个目录。

完成上面的步骤，就已经建立好专用的 YUM 下载源了。

2. 设置 YUM

如果需要使用某一个 YUM 下载源,则必须先设置 YUM。YUM 的配置文件可以分为以下两种。

(1) YUM 工具的配置文件。

(2) YUM 下载源的定义文件。

其中,YUM 工具的配置文件为/etc/yum.conf,而 YUM 下载源定义文件则存储于/etc/yum.repos.d/目录中,而且文件必须以.repo 作为扩展名。YUM 的一切配置信息都存储在 yum.conf 的配置文件中,这是整个 YUM 系统的重中之重,内容如图 5-1 所示。

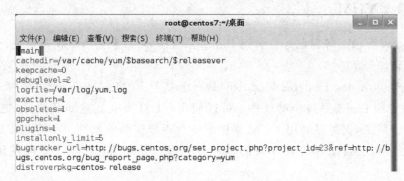

图 5-1   yum.conf 配置文件

下面是对 yum.conf 文件作简要的说明。

- cachedir:YUM 缓存的目录,YUM 在此存储下载的 RPM 包和数据库,一般是/var/cache/yum。
- debuglevel:除错级别,0～10 默认是 2。
- logfile:YUM 的日志文件,默认是/var/log/yum.log。
- exactarch:有两个选项 1 和 0,代表是否只升级和你安装软件包 CPU 体系一致的包,例如设为 1 时,如果你安装了一个 i386 的 RPM,则 YUM 不会用 686 的包来升级。
- obsoletes:这是一个 update 的参数,具体请参阅 YUM,简单地说就是相当于 upgrade,允许更新陈旧的 RPM 包。
- gpgcheck:有 1 和 0 两个选择,分别代表是否进行 gpg 校验。
- plugins:是否启用插件,默认 1 为允许,0 表示不允许。
- installonly_ limit:网络连接错误重试的次数。
- bugtracker_url:设置上传 bug 的地址。
- distroverpkg:指定一个软件包,YUM 会根据这个包判断你的发行版本,默认是 redhat-release,也可以是安装的任何针对自己发行版的 RPM 包。

一个 YUM 下载源定义文件可以存储多个 YUM 下载源的设置,每一个 YUM 下载源的设置语法如下:

```
[ REPOS_ID]
NAME = VALUE...
```

其中,REPOS_ID 为 YUM 下载源的识别名称;NAME 为参数名称;VALUE 为参数的值。常用的参数如表 5-1 所示。

表 5-1　YUM 配置文件参数

参　　数	说　　明
name	用来定义 YUM 源的完整名称
baseurl	指定 YUM 源的 URL 地址
enabled	是否启用 YUM 源
gpgcheck	安装这个 YUM 源终端软件包前是否检查 RPM 软件包的数字签名
gpgkey	软件包数字签名的密钥
mirrorlist	定义映像(Mirror)站点列表

YUM 源文件指定 YUM 仓库的位置。创建 YUM 源文件/etc/yum. repos. d/dvd. repo,/etc/yum. repos. d/目录下最好只有 dvd. repo 一个文件;否则,如果网络有问题,就会报告找不到 YUM 源的错误。

假如 Linux 的安装光盘已挂载到本地的/media,为了方便安装,可以制作用于安装的 YUM 源文件。内容如下:

```
# /etc/yum.repos. d/dvd. repo
# or for ONLY the media repo, do this
# yum   -- disablerepo = \ *-- enablerepo = c6 - media [command]
[dvd]
name = dvd
baseurl = file:///media/Server          //特别注意本地源文件的表示
gpgcheck = 0
enabled = 1
```

下面是对 YUM 源文件的简要说明。

- []：用于区别各个不同的 repository,必须有一个独一无二的名称。
- name：是对 repository 的描述,支持像 $ releasever、$ basearch 这样的变量。
- baseurl：是服务器设置中最重要的部分,只有设置正确,才能获取软件。它的格式为

```
baseurl = url://server1/path/to/repository/
url://server2/path/to/repository/
url://server3/path/to/repository/
```

其中,url 支持的协议有 http、ftp、file 三种。baseurl 后可以跟多个 url,你可以改为速度比较快的镜像站。但 baseurl 只能有一个,如果是本地软件源,则使用形似 baseurl＝file：///nmt/Server 的格式来书写。

- gpgcheck：设置是否进行验证。
- enabled：YUM 源是否生效。

3. yum 命令

yum 是 YUM 系统中的管理工具。这个工具语法如下:

```
yum [OPTIONS...] COMMAND [ARGVS...]
```

其中,OPTIONS 是 yum 可用的参数;COMMAND 是 yum 的命令,执行 yum 时,必须指定 COMMAND;ARGVS 则是 yum 命令的自变量,不同的命令,自变量也不同。

1) 列出软件包

如果需要列出 YUM 下载源中的软件和 Linux 系统中的软件,可以执行 yum list 命令。

以下是使用 yum 命令列出已安装的软件包中名称符合 system-config-* 的软件包的范例。

```
[root@localhost ~]# yum list system - config - *
```

```
已加载插件: fastestmirror, langpacks
Loading mirror speeds from cached hostfile
已安装的软件包
system- config- printer. x86_64            1.4.1-16. el7            @anaconda
system- config- printer- libs. noarch       1.4.1-16. el7            @anaconda
system- config- printer- udev. x86_64       1.4.1-16. el7            @anaconda
可安装的软件包
system- config- date. noarch               1.10.6-2. el7. centos     dvd
system- config- date- docs. noarch          1.0.11-4. el7            dvd
system- config- firewall. noarch            1.2.29-10. el7           dvd
system- config- firewall- base. noarch       1.2.29-10. el7           dvd
system- config- firewall- tui. noarch        1.2.29-10. el7           dvd
system- config- kdump. noarch              2.0.13-10. el7           dvd
system- config- keyboard. noarch           1.4.0-4. el7             dvd
system- config- keyboard- base. noarch       1.4.0-4. el7             dvd
system- config- kickstart. noarch           2.9.2-4. el7             dvd
system- config- language. noarch           1.4.0-6. el7             dvd
system- config- users. noarch              1.3.5-2. el7             dvd
system- config- users- docs. noarch         1.0.9-6. el7             dvd
```

2) 清除缓存

在 YUM 系统中会建立一个名为 YUM 缓存的空间,用来存储一些 YUM 的数据,借以降低网络的流量,并提高 YUM 的执行效率。YUM 默认会先使用 YUM 缓存来获得软件的相关信息或软件包。大部分的情况下,无须费心管理 YUM 缓存中的数据,因为 YUM 会自动地控制 YUM 缓存。

有些时候可能会发现 YUM 运行不太正常,这也许是由 YUM 缓存错误造成的。此时,可以利用 yum clean all 来清除 YUM 缓存。

```
[root@localhost ~]# yum clean all
```

```
已加载插件: fastestmirror, langpacks
正在清理软件源: dvd
Cleaning up everything
Cleaning up list of fastest mirrors
```

3) 查看信息

如果想要获知某一个软件的软件包信息(Package Information),在 YUM 系统中则可以使用 yum info 命令。

与 yum list 一样,yum info 也支持通配符。以下是使用 yum info 来获得软件包信息的示范。

```
[root@localhost ~]# yum info system - config - users. noarch
```

```
已加载插件: fastestmirror, langpacks
dvd                                              | 3.6 kB      00:00
(1/2): dvd/group_gz                              | 157 kB      00:00
(2/2): dvd/primary_db                            | 4.9 MB      00:00
```

```
Determining fastest mirrors
可安装的软件包
名称        : system-config-users
架构        : noarch
版本        : 1.3.5
发布        : 2.el7
大小        : 337 k
源       : dvd
简介        :  A graphical interface for administering users and groups
网址        : http://fedorahosted.org/system-config-users
协议        :  GPLv2+
描述        :  system-config-users is a graphical utility for administrating
            :  users and groups.  It depends on the libuser library.
```

4）安装软件

如果想要安装某一个软件，可以使用 yum install 命令来安装。使用 yum 命令来安装软件时，yum 命令会自己解决软件间的依赖问题，全程不需手动处理恼人的依赖问题。

5）升级软件

除了可以安装软件外，yum 命令也允许升级 Linux 系统中的部分（或全部）软件。使用 yum update 命令，表示升级所有已安装的软件。如果没有要升级的软件，就出现以下信息。

```
[root@localhost ~]# yum update
```

```
已加载插件: fastestmirror, langpacks
Loading mirror speeds from cached hostfile
No packages marked for update
```

6）卸载软件

通过 yum 命令可以轻松地卸载软件。

以往在 Linux 上要删除一个软件，需自己费心解决软件的相依问题；而通过 YUM 时，YUM 会自动检查软件彼此间的依附性问题，然后自动安排要删除的软件列表。用 YUM 来卸载软件，使用 yum remove PACKAGES 命令，其中的 PACKAGES 是要删除的软件名称。以下是卸载软件的示范：

```
[root@localhost ~]# yum remove telnet-server -y
```

```
已加载插件: fastestmirror, langpacks
正在解决依赖关系
--> 正在检查事务
---> 软件包  telnet-server.x86_64.1.0.17-59.el7 将被 删除
--> 解决依赖关系完成

依赖关系解决
```

Package	架构	版本	源	大小
正在删除:				
telnet-server	x86_64	1:0.17-59.el7	@dvd	55 k

```
事务概要
```

```
移除  1 软件包
```

```
安装大小: 55 k
Downloading packages:
Running transaction check
Running transaction test
Transaction test succeeded
```

7）列出软件组

YUM 下载源中也可能会定义"软件包群组（Package Group）"，即把相同性质的软件区分为不同的类别。也可利用 yum 来列出所有 YUM 下载源中已经定义的软件包群组。

```
yum grouplist
```

以下是使用 yum grouplist 列出所有的软件包群组的范例：

```
[root@localhost ~]# yum grouplist
```

```
已加载插件：fastestmirror, langpacks
没有安装组信息文件
Maybe run: yum groups mark convert (see man yum)
Loading mirror speeds from cached hostfile
Available environment groups:
    最小安装
    基础设施服务器
    文件及打印服务器
    基本网页服务器
    虚拟化主机
    带 GUI 的服务器
    GNOME 桌面
    KDE Plasma Workspaces
    开发及生成工作站
可用组：
    传统 UNIX 兼容性
    兼容性程序库
    图形管理工具
    安全性工具
    开发工具
    控制台互联网工具
    智能卡支持
    科学记数法支持
    系统管理
    系统管理工具
完成
```

8）安装软件组

YUM 下载源中可能会定义一些软件包群组，可以使用 yum groupinstall 命令来安装指定的软件包群组。当安装软件包群组时，yum 会安装该群组中的每一个软件包。而 YUM 下载源通常以功能来定义软件包群组，因此，通过软件包群组可以更轻松地安装所需功能的软件。

以下是使用 yum 来安装软件包群组的示范：

```
[root@localhost ~]# yum groupinstall system "PHP Support"
```

```
已加载插件：fastestmirror, langpacks
没有安装组信息文件
Maybe run: yum groups mark convert (see man yum)
Loading mirror speeds from cached hostfile
Warning: group system does not exist.
正在解决依赖关系
--> 正在检查事务
---> 软件包 php.x86_64.0.5.4.16-21.el7 将被 安装
--> 正在处理依赖关系 php-common(x86-64) = 5.4.16-21.el7，它被软件包 php-5.4.16-2
1.el7.x86_64 需要
--> 正在处理依赖关系 php-cli(x86-64) = 5.4.16-21.el7，它被软件包 php-5.4.16-21.e
l7.x86_64 需要
---> 软件包 php-gd.x86_64.0.5.4.16-21.el7 将被 安装
--> 正在处理依赖关系 libt1.so.5()(64bit)，它被软件包 php-gd-5.4.16-21.el7.x86_64
需要
---> 软件包 php-pdo.x86_64.0.5.4.16-21.el7 将被 安装
---> 软件包 php-pear.noarch.1.1.9.4-21.el7 将被 安装
--> 正在处理依赖关系 php-posix，它被软件包 1:php-pear-1.9.4-21.el7.noarch 需要
---> 软件包 php-xml.x86_64.0.5.4.16-21.el7 将被 安装
--> 正在检查事务
---> 软件包 php-cli.x86_64.0.5.4.16-21.el7 将被 安装
---> 软件包 php-common.x86_64.0.5.4.16-21.el7 将被 安装
--> 正在处理依赖关系 libzip.so.2()(64bit)，它被软件包 php-common-5.4.16-21.el7.x
86_64 需要
---> 软件包 php-process.x86_64.0.5.4.16-21.el7 将被 安装
---> 软件包 t1lib.x86_64.0.5.1.2-14.el7 将被 安装
--> 正在检查事务
---> 软件包 libzip.x86_64.0.0.10.1-8.el7 将被 安装
--> 解决依赖关系完成
```

依赖关系解决

Package	架构	版本	源	大小
Installing for group install "PHP 支持":				
php	x86_64	5.4.16-21.el7	dvd	1.3 M
php-gd	x86_64	5.4.16-21.el7	dvd	122 k
php-pdo	x86_64	5.4.16-21.el7	dvd	93 k
php-pear	noarch	1:1.9.4-21.el7	dvd	357 k
php-xml	x86_64	5.4.16-21.el7	dvd	120 k
为依赖而安装:				
libzip	x86_64	0.10.1-8.el7	dvd	48 k
php-cli	x86_64	5.4.16-21.el7	dvd	2.7 M
php-common	x86_64	5.4.16-21.el7	dvd	559 k
php-process	x86_64	5.4.16-21.el7	dvd	50 k
t1lib	x86_64	5.1.2-14.el7	dvd	166 k

事务概要

安装 5 软件包 (+5 依赖软件包)

总下载量:5.6 M
安装大小:21 M
Is this ok [y/d/N]: y
Downloading packages:
- -
总计   3.0 MB/s | 5.6 MB 00:01
Running transaction check
Running transaction test
Transaction test succeeded

Running transaction
　正在安装   : libzip-0.10.1-8.el7.x86_64   1/10
　正在安装   : php-common-5.4.16-21.el7.x86_64   2/10
　正在安装   : php-cli-5.4.16-21.el7.x86_64   3/10
　正在安装   : php-process-5.4.16-21.el7.x86_64   4/10
　正在安装   : php-xml-5.4.16-21.el7.x86_64   5/10
　正在安装   : t1lib-5.1.2-14.el7.x86_64   6/10
　正在安装   : php-gd-5.4.16-21.el7.x86_64   7/10
　正在安装   : 1:php-pear-1.9.4-21.el7.noarch   8/10
　正在安装   : php-5.4.16-21.el7.x86_64   9/10
　正在安装   : php-pdo-5.4.16-21.el7.x86_64   10/10
　验证中   : php-5.4.16-21.el7.x86_64   1/10
　验证中   : php-common-5.4.16-21.el7.x86_64   2/10
　验证中   : php-gd-5.4.16-21.el7.x86_64   3/10
　验证中   : php-pdo-5.4.16-21.el7.x86_64   4/10
　验证中   : t1lib-5.1.2-14.el7.x86_64   5/10
　验证中   : php-cli-5.4.16-21.el7.x86_64   6/10
　验证中   : php-process-5.4.16-21.el7.x86_64   7/10
　验证中   : libzip-0.10.1-8.el7.x86_64   8/10
　验证中   : php-xml-5.4.16-21.el7.x86_64   9/10
　验证中   : 1:php-pear-1.9.4-21.el7.noarch   10/10

已安装:
　php.x86_64 0:5.4.16-21.el7   php-gd.x86_64 0:5.4.16-21.el7
　php-pdo.x86_64 0:5.4.16-21.el7   php-pear.noarch 1:1.9.4-21.el7
　php-xml.x86_64 0:5.4.16-21.el7

作为依赖被安装:
　libzip.x86_64 0:0.10.1-8.el7   php-cli.x86_64 0:5.4.16-21.el7
　php-common.x86_64 0:5.4.16-21.el7   php-process.x86_64 0:5.4.16-21.el7
　t1lib.x86_64 0:5.1.2-14.el7

完毕!

9) 卸载软件组

与其他动作一样,YUM 也允许删除整个软件包群组中的所有软件,只需使用 yum groupremove 命令。以下是使用 yum 来卸载软件包群组的范例:

```
[root@localhost ~]# yum groupremove "PHP Support"
```

已加载插件:fastestmirror, langpacks
Loading mirror speeds from cached hostfile
No environment named PHP Support exists
正在解决依赖关系
--> 正在检查事务

```
---> 软件包 php.x86_64.0.5.4.16-21.el7 将被 删除
---> 软件包 php-gd.x86_64.0.5.4.16-21.el7 将被 删除
---> 软件包 php-pdo.x86_64.0.5.4.16-21.el7 将被 删除
---> 软件包 php-pear.noarch.1.1.9.4-21.el7 将被 删除
---> 软件包 php-xml.x86_64.0.5.4.16-21.el7 将被 删除
--> 解决依赖关系完成
```

依赖关系解决

Package	架构	版本
正在删除:		
php	x86_64	5.4.16-21.el7
php-gd	x86_64	5.4.16-21.el7
php-pdo	x86_64	5.4.16-21.el7
php-pear	noarch	1:1.9.4-21.el7
php-xml	x86_64	5.4.16-21.el7

事务概要

移除 5 软件包

```
安装大小:7.4 M
是否继续?[y/N]:y
Downloading packages:
Running transaction check
Running transaction test
Transaction test succeeded

Running transaction
  正在删除    : 1:php-pear-1.9.4-21.el7.noarch
  正在删除    : php-xml-5.4.16-21.el7.x86_64
  正在删除    : php-5.4.16-21.el7.x86_64
  正在删除    : php-gd-5.4.16-21.el7.x86_64
  正在删除    : php-pdo-5.4.16-21.el7.x86_64
  验证中      : php-pdo-5.4.16-21.el7.x86_64
  验证中      : 1:php-pear-1.9.4-21.el7.noarch
  验证中      : php-xml-5.4.16-21.el7.x86_64
  验证中      : php-gd-5.4.16-21.el7.x86_64
  验证中      : php-5.4.16-21.el7.x86_64

删除:
  php.x86_64 0:5.4.16-21.el7        php-gd.x86_64 0:5.4.16-21.el7    php-pdo.x86_6
  php-xml.x86_64 0:5.4.16-21.el7

完毕!
```

5.2   安装 RPM 软件

5.2.1   RPM 的介绍

RPM 系统由以下 4 个组件组成。

(1) RPM 软件包文件(RPM Package File)。RPM 软件包文件是一种特殊的文件,里面封装了软件的程序、配置文件、说明文件、链接库以及源代码。

(2) RPM 管理工具(RPM Utility)。CentOS 7 提供了一个叫作 RPM 的管理工具及其他相关的工具程序。利用这些 RPM 相关工具可以查询、安装、升级、更新与删除 RPM 软件包文件。

(3) 网络资源。因特网上有许多提供 RPM 软件包文件的服务器,可以通过这些服务器取得 RPM 软件包文件;也有部分网站提供搜索 RPM 软件包文件的功能,可以利用这些网站搜索所需的 RPM 软件包。

(4) RPM 数据库(RPM Database)。RPM 数据库会记录安装过的软件信息,例如软件的版本号码、作者、发行单位、内容、文件路径等。RPM 数据库在 Linux 系统中存储于/var/lib/rpm 目录。

5.2.2　RPM 软件包文件

首先介绍 RPM 系统中的第一个组件：RPM 软件包文件。

RPM 软件包文件是一种特殊的文件，每一个 RPM 软件包文件都会封装软件的程序、配置文件、文件等组件。目前有许多软件都以 RPM 软件包文件类型发布应用软件。Linux 内置的软件也全都是以 RPM 软件包文件的类型存储在安装光盘中的。

1. RPM 软件包文件的种类

可以把 RPM 软件包文件分成以下两类。

(1) 二进制 RPM 软件包文件。二进制 RPM 软件包文件(Binary RPM File)封装着可以直接执行的执行文件(Binary Executable)以及这些执行文件所需的相关文件，例如配置文件、链接库、文件、数据库等。

安装二进制 RPM 软件包文件后，就可以使用其中的执行文件。不过，由于二进制 RPM 软件包文件提供的是与 CPU 有关的程序文件，所以，只能安装当前计算机可以使用的版本。

(2) 源码 RPM 软件包文件。这种 RPM 文件封装着应用软件的源代码，所以被称为源码 RPM 软件包文件(Source RPM File)。源码 RPM 软件包文件主要用来制作其他种类的 RPM 软件包文件。

另外，还有一种比较特殊的 RPM 软件包文件，提供与平台无关但又可以直接使用的文件，被称为独立的 RPM 软件包(Independent RPM File)。比如文件或者程序文件，甚至 Java 的 Bytecode 都可以是独立 RPM 文件的内容。

2. RPM 软件包文件的命名规则

RPM 软件包文件的文件名必须符合下面的格式：

```
PACKAGE - VERSION - RELEASE.TYPE.rpm
```

上述每一个字段的说明如下。

PACKAGE：软件的名称。

VERSION：用来标识软件的版本号码。

RELEASE：RPM 软件包文件的释放号码(Release Number)。RPM 软件包文件的包装者(Packager)每次推出新版本的 RPM 软件包时，便会增加这个数值。因此也可以把这个号码视为 RPM 软件包文件第几次修改的版本数字。

TYPE：这个字段标识 RPM 软件包文件的类型，常见的类型如下。

- i386、i486、i586、i686：针对 Intel 80x86 兼容 CPU 所编译的 Binary RPM 软件包文件。
- ia32、ia64：针对 Intel IA32 与 IA64 架构编译的 Binary RPM 软件包文件。
- alpha：针对 DEC Alpha 平台所编译的 Binary RPM 软件包文件。
- sparc：针对 Sun SPARC 平台编译的 Binary RPM 软件包文件。
- src：源码 RPM(Source RPM)文件。
- noarch：表示独立的 RPM 软件包。

例如,有一个软件叫作 foo,版本为 1.0,第 13 次制作出来的二进制 RPM 软件包文件,并且是给 i386 平台使用的,那么这个 RPM 软件包文件的名称便为 foo-1.0-13.i386.rpm。

5.2.3 RPM 命令

1. 查询软件包

可以使用 rpm -q 命令查询已经安装的 RPM 软件包的信息。可以查询以下 4 个项目。

(1) 已经安装过的软件包。

(2) 某一个 RPM 软件包的信息。

(3) RPM 软件包提供的文件。

(4) RPM 软件包所需的组件。

以下针对上述的项目详细说明其用法。

1) 查询已安装的软件包

可以使用 rpm -q 查询 Linux 中已经安装的 RPM 软件包。用法如下:

```
rpm - q PACKAGES...
```

其中,PACKAGES 为软件的名称。如果 Linux 已经安装过软件包,那就会显示软件的名称与版本信息;如果尚未安装这个软件,则会显示 package PACKAGE is not installed 的错误信息。

```
[root@localhost ~]# rpm - q zip
```

```
zip-3.0-10.el7.x86 64
```

使用 rpm -q 时,必须指定软件的名称;假若不确定该软件的名称,或者想知道 Linux 共安装了哪些软件包,可以使用 rpm -qa 命令来查询所有已安装的软件包数据。以下是使用 rpm -qa 查询出所有包含安装过的软件包,然后通过管道(Pipeline)操作符,由 grep 搜索出带有 zip 的 RPM 软件包的示范。

```
[root@localhost ~]# rpm - qa |grep zip
```

```
zip-3.0-10.el7.x86_64
[root@centos7 ~]# rpm -qa|grep zip
bzip2-libs-1.0.6-12.el7.x86_64
unzip-6.0-13.el7.x86_64
gzip-1.5-7.el7.x86_64
bzip2-1.0.6-12.el7.x86_64
zip-3.0-10.el7.x86_64
libzip-0.10.1-8.el7.x86_64
```

2) 查询软件包的信息

每一个 RPM 软件包的包装者都会提供这个软件包的信息(Package Information)。比如软件包的名称、软件包的分类、相关网址、简介与完整说明等。这些信息也会在制作 RPM 软件包时封装到 RPM 软件包文件中。

当安装 RPM 软件包文件后,rpm 命令便会把该软件包文件中的信息存储至 RPM 数据库,此后就可以使用 rpm 命令向 RPM 数据查询某一个软件的软件包信息了。

如果想要查询某一个已经安装过的软件包的基本信息,可以使用 rpm -qi 命令进行查

询,其语法如下:

```
rpm -qi PACKAGES...
```

其中,PACKAGES 为软件包的名称。以下是使用 rpm -qi 查询软件信息的示范。

```
[root@localhost ~]#rpm -qi zip

Name        : zip
Version     : 3.0
Release     : 10.el7
Architecture: x86_64
Install Date: 2019年12月06日 星期五 17时30分27秒
Group       : Applications/Archiving
Size        : 815037
License     : BSD
Signature   : RSA/SHA256, 2014年07月04日 星期五 13时53分58秒, Key ID 24c6a8a7f4a
80eb5
Source RPM  : zip-3.0-10.el7.src.rpm
Build Date  : 2014年06月10日 星期二 10时37分07秒
Build Host  : worker1.bsys.centos.org
Relocations : (not relocatable)
Packager    : CentOS BuildSystem <http://bugs.centos.org>
Vendor      : CentOS
URL         : http://www.info-zip.org/Zip.html
Summary     : A file compression and packaging utility compatible with PKZIP
Description :
The zip program is a compression and file packaging utility.  Zip is
analogous to a combination of the UNIX tar and compress commands and
is compatible with PKZIP (a compression and file packaging utility for
MS-DOS systems).

Install the zip package if you need to compress files using the zip
program.
```

3)查询软件包的内容

同样,可以使用 rpm 命令查询某一个 RPM 软件包提供了哪些文件。这些 RPM 软件包封装的文件是在安装该 RPM 软件包时才存储到 Linux 中的。可以使用 rpm -ql 命令查询某一个 RPM 软件包中的内容,详细的语法如下:

```
rpm -ql PACKAGES...
```

此语句表示要查询 PACKAGES 所有的内容。

以下是查询 zip 软件包内容的示范:

```
[root@localhost ~]#rpm -ql zip

/usr/bin/zip
/usr/bin/zipcloak
/usr/bin/zipnote
/usr/bin/zipsplit
/usr/share/doc/zip-3.0
/usr/share/doc/zip-3.0/CHANGES
/usr/share/doc/zip-3.0/LICENSE
/usr/share/doc/zip-3.0/README
/usr/share/doc/zip-3.0/README.CR
/usr/share/doc/zip-3.0/TODO
/usr/share/doc/zip-3.0/WHATSNEW
/usr/share/doc/zip-3.0/WHERE
/usr/share/doc/zip-3.0/algorith.txt
/usr/share/man/man1/zip.1.gz
/usr/share/man/man1/zipcloak.1.gz
/usr/share/man/man1/zipnote.1.gz
/usr/share/man/man1/zipsplit.1.gz
```

4)查询文件提供者

如果想要知道 Linux 中的某一个文件是由哪个软件包提供的,可以使用下面的命令查询。

```
rpm - qf FILES...
```

其中,FILES 为 Linux 中的文件名。以下是查询提供/bin/ls 这个文件的软件包的示范:

```
[root@localhost ~]#rpm - qf /bin/ls
```

```
coreutils-8.22-11.el7.x86_64
```

2. 安装软件包

如果要安装 RPM 软件包文件,则可以使用 rpm -i 命令来进行。rpm -i 的语法如下:

```
rpm - i [ - v][ - h] FILES...
```

其中,FILES 为 RPM 文件的名称。另外,FILES 可以使用统一资源位置(URL)的表示方式来表示 RPM 文件存放的位置。

-v:显示冗长(Verberos)的信息。

-h:显示执行进度。当加上-h 参数时,rpm 会以 50 个"♯"符号显示执行的进度,rpm 每执行了 2% 就会显示一个"♯"符号。

3. 升级与更新软件包

在介绍升级与更新的方法之前,首先说明 rpm 命令中升级与更新之间的差异。

(1)升级(Upgrade)。当升级 RPM 软件包时,rpm 命令会先删除旧版软件包中除配置文件外的所有文件,再把新版本的文件安装到系统里,而旧版软件包中的配置文件将会被更名为 FILENAME. rpmsave。

(2)更新(Refresh)。如果使用更新的方式,rpm 命令直接将新版本软件包中的文件覆盖原先的文件,而新版中的配置文件则会更名为 FILENAME. rpmnew。

更新与升级的结果是一样的,唯一的差别在于该软件包是否已经安装过。如果软件包尚未安装,则升级会安装这个软件包;而更新则会忽略,将造成更新失败。

如果想升级某一个 RPM 软件包,可以使用 rpm -U(注意大写)命令;如果要更新 RPM 软件包,就使用 rpm -FU 命令,不管是升级还是更新,都可以加上-v 和-h,以便显示更多的信息或执行进度。以下是 rpm -U 与 rpm -F 的语法格式:

```
rpm { - U| - F} [ - v] [ - h] FILES...
```

与安装 RPM 软件包一样,FILES 可以是一个以 ftp://或 http://开头的 URL。

4. 卸载软件包

可以使用 rpm -e 删除一个已经安装过的 RPM 软件包。其语法如下:

```
rpm - e PACKAGES...
```

其中,PACKAGES 为软件包的名称。以下是删除 telnet 这个软件包的示范:

```
[root@localhost ~]#rpm - e telnet
[root@localhost ~]#rpm - e telnet
```

```
错误:未安装软件包 telnet
```

当删除成功时，没有任何提示；当再次删除时，提示软件包没有安装。

5. 检验软件包状态

如果想要检查某一个 RPM 软件包提供的文件从安装至今有没有被改动过，可以利用 rpm -V(注意大写)命令检验某一个软件包的状态。

```
rpm - V PACKAGES...
```

使用 rpm 检验软件包的状态时，如果软件包的某些状态改变了，rpm 就会显示该状态的标签(Status Flag)，显示有哪些状态变动过。如果软件包所有的状态都维持原状，rpm 就不会显示任何信息。常用的状态标签见表 5-2。

表 5-2　rpm 检验状态参数

标　签	说　明
S	文件大小不一致
M	文件的模式已经修改过，包含文件的权限与类型
5	MD5 哈希值不符合
D	设备文件的主要号码与次要号码不一致
L	这是一个链接文件，然而其源文件路径已经改变了
U	文件的拥有者已经修改
G	文件的拥有组已经修改
T	文件的最后改动的"时间戳"状态已经改变

如果想检验所有软件包的状态，可以使用 rpm -V --all 命令。为了能够监控 Linux 的安全状态，建议最好每隔一段时间就执行一次 rpm -V --all 的动作，即使这需要花费很长的时间。

```
[root@localhost ~]# rpm - V telnet
[root@localhost ~]# touch /usr/bin/telnet
[root@localhost ~]# rpm - V telnet
```

如上所示的系统有一个/usr/bin/telnet 文件，该文件是由 telnet 软件包所提供的。先检验一下 telnet 软件包目前的状态。因为 telnet 提供的所有文件的状态都与安装时一样，所以 rpm 不会显示任何信息。当修改/usr/bin/telnet 的最后异动时间设置为现在，再使用 rpm -V 检验 telnet 软件包的状态时，rpm 会在/usr/bin/telnet 显示 T 标签，代表/usr/bin/telnet 的最后改动的"时间戳"状态已经改变了。

5.3　源代码安装

在传统的 UNIX 世界中，软件多半是以源码的方式发布(Distributed)的。Linux 既然是一套兼容于 UNIX 的操作系统，当然也具备这样的特性。目前有数以万计的应用软件在 Linux 上执行，这些软件几乎全部都提供源码，让系统管理者可以编译、安装其所需软件。

不同软件在安装的过程中，步骤可能都不相同，但总不脱离以下 4 个步骤。

（1）获得软件。

（2）编译前的准备工作。

（3）开始编译。

（4）安装与部署。

以下将详细介绍上述的每一个步骤。

5.3.1　获得软件

首先，必须想办法取得这个软件的源码。这部分可以由下面3个渠道取得。

（1）直接从软件提供者取得：可以直接向软件提供者索取软件的源码文件。例如，若需要安装 Apache HTTP Server，就可以向 Apache 基金会索取；而要安装新版的 Samba 软件，就可以从 Samba 研发团队提供的网站中下载。

（2）重要的 FTP 服务器：国内外有许多 FTP 服务器也会提供著名的 UNIX 软件，像网易、搜狐的许多 FTP 服务器，都提供了 UNIX 的软件原始程序代码。

（3）由著名的软件搜索机制：例如 Google 服务、百度搜索等。

大部分的软件源码都是压缩文件，必须解压缩源码文件后，才能继续后续的工作。可以在任何地方解开软件的源码，建议在/usr/src/、/usr/local/src 或/tmp/目录中解开软件的压缩件。

5.3.2　编译前的准备工作

在开始编译前，必须先完成下面3项工作。

（1）详细阅读文件。

（2）准备编译所需的组件。

（3）设置编译参数。

以下是每一项工作的详细介绍。

1. 详细阅读文件

大部分软件的提供者都会提供完整且丰富的文件。通常可以看到以下这些文件。

（1）README。这个文件通常提供软件的基本信息，例如这个软件提供了什么功能、作者是谁及遇到问题可以向谁汇报等信息。

（2）INSTALL。这个文件会指导如何安装这个软件。

（3）changeLog 或 Changes。这个文件是软件版本修改的记录，比如何时增加了哪项新功能、何时修正了错误。阅读完相关的文件后，就可以继续下面的步骤了。

2. 准备编译所需的组件

某些软件在编译期间或执行期间可能需要依赖其他软件或链接库，如果有这样的情况，需要在开始编译前先确认 Linux 是否存有这些软件，如果没有，就必须先安装这些所需的软件。

```
[root@localhost ~]# yum install gcc
```

```
已加载插件: fastestmirror, langpacks
Loading mirror speeds from cached hostfile
正在解决依赖关系
--> 正在检查事务
---> 软件包 gcc.x86_64.0.4.8.2-16.el7 将被 安装
--> 正在处理依赖关系 cpp = 4.8.2-16.el7,它被软件包 gcc-4.8.2-16.el7.x86_64 需要
--> 正在处理依赖关系 glibc-devel >= 2.2.90-12,它被软件包 gcc-4.8.2-16.el7.x86_6
4 需要
--> 正在处理依赖关系 libmpc.so.3()(64bit),它被软件包 gcc-4.8.2-16.el7.x86_64 需
要
--> 正在检查事务
---> 软件包 cpp.x86_64.0.4.8.2-16.el7 将被 安装
---> 软件包 glibc-devel.x86_64.0.2.17-55.el7 将被 安装
--> 正在处理依赖关系 glibc-headers = 2.17-55.el7,它被软件包 glibc-devel-2.17-55
.el7.x86_64 需要
--> 正在处理依赖关系 glibc-headers,它被软件包 glibc-devel-2.17-55.el7.x86_64 需
要
---> 软件包 libmpc.x86_64.0.1.0.1-3.el7 将被 安装
--> 正在检查事务
---> 软件包 glibc-headers.x86_64.0.2.17-55.el7 将被 安装
--> 正在处理依赖关系 kernel-headers >= 2.2.1,它被软件包 glibc-headers-2.17-55.e
l7.x86_64 需要
--> 正在处理依赖关系 kernel-headers,它被软件包 glibc-headers-2.17-55.el7.x86_64
需要
--> 正在检查事务
---> 软件包 kernel-headers.x86_64.0.3.10.0-123.el7 将被 安装
--> 解决依赖关系完成

依赖关系解决
```

Package	架构	版本	源	大小
正在安装:				
gcc	x86_64	4.8.2-16.el7	dvd	16 M
为依赖而安装:				
cpp	x86_64	4.8.2-16.el7	dvd	5.9 M
glibc-devel	x86_64	2.17-55.el7	dvd	1.0 M
glibc-headers	x86_64	2.17-55.el7	dvd	650 k
kernel-headers	x86_64	3.10.0-123.el7	dvd	1.4 M
libmpc	x86_64	1.0.1-3.el7	dvd	51 k

```
事务概要

安装  1 软件包 (+5 依赖软件包)

总下载量: 25 M
安装大小: 58 M
Is this ok [y/d/N]: y
Downloading packages:
-------------------------------------------------------------------------
总计                                        66 MB/s | 25 MB  00:00
Running transaction check
Running transaction test
Transaction test succeeded
Running transaction
  正在安装    : libmpc-1.0.1-3.el7.x86_64                         1/6
  正在安装    : cpp-4.8.2-16.el7.x86_64                           2/6
  正在安装    : kernel-headers-3.10.0-123.el7.x86_64              3/6
  正在安装    : glibc-headers-2.17-55.el7.x86_64                  4/6
  正在安装    : glibc-devel-2.17-55.el7.x86_64                    5/6
  正在安装    : gcc-4.8.2-16.el7.x86_64                           6/6
  验证中      : glibc-headers-2.17-55.el7.x86_64                  1/6
  验证中      : glibc-devel-2.17-55.el7.x86_64                    2/6
  验证中      : libmpc-1.0.1-3.el7.x86_64                         3/6
  验证中      : kernel-headers-3.10.0-123.el7.x86_64              4/6
  验证中      : gcc-4.8.2-16.el7.x86_64                           5/6
  验证中      : cpp-4.8.2-16.el7.x86_64                           6/6

已安装:
  gcc.x86_64 0:4.8.2-16.el7

作为依赖被安装:
  cpp.x86_64 0:4.8.2-16.el7              glibc-devel.x86_64 0:2.17-55.el7
  glibc-headers.x86_64 0:2.17-55.el7    kernel-headers.x86_64 0:3.10.0-123.el7
  libmpc.x86_64 0:1.0.1-3.el7

完毕!
```

　　大部分软件的作者都会在软件源码提供的 README 或 INSTALL 文件中告知需要准备哪些软件。通常需要的组件是 GCC 编译器,可以安装"开发工具"软件组,安装相应的编

译所需的组件。

3．设置编译参数

软件编译前，也必须先设置好编译的参数，以便配置软件编译的环境、要启用哪些功能等。以往这个工作需要丰富的软件开发经验，才能顺利配置编译的参数。现在，大部分软件源码都会提供由 autoconf/automake 产生的 configure 文件，通过 configure 这个 Shell 脚本文件，可以轻松地设置编译参数。执行 configure 命令时，可能需要提供额外的参数；不同软件提供的 configure 需要配置的参数可能会不一样。如果想要知道这个软件的 configure 需要配置哪些参数，可以执行 ./configure --help 命令查看。

安装好 GCC，编译前设置就可以了，如果想看更多的参数，可以使用 ./configure --help 命令。

5.3.3　开始编译

完成编译前的准备工作后，就可以正式开始编译软件了。编译软件最简单的方式是通过 make 工具编译，其语法如下：

```
make [ - f MAKEFILE][OPTIONS...][TARGET...]
```

当 make 执行时，会查看目前目录中是否有 MAKEFILE 这个配置文件，如果有，就以 MAKEFILE 中的设置值作为 make 命令的参数；如果找不到 MAKEFILE，make 就会显示 make：*** No targets specified and no makefile found. Stop. 的信息，然后终止 make 的执行。如果系统中找不到 MAKEFILE 文件，那么请配合-f MAKEFILE 参数，其中的 MAKEFILE 就是自定义的 make 配置文件名称。每一个 MAKEFILE 中都会定义许多的 TARGET。每一个 TARGET 则定义要在 Shell 中执行的工作内容。MAKEFILE 的 TARGET 的格式如下：

```
TARGET: DEPENDENCE_TARGETS...
    ACTIONS...
```

其中，ACTIONS 为 make 在 Shell 中执行的工作。如果要执行 MAKEFILE 中的某一个 TARGET，可以在执行 make 时指定 TARGET 参数；如果没有特别指定 TARGE，那么 make 就会将 MAKEFILE 中第一个 TARGET 作为默认值。执行 autoconf/automake 提供的 configure 后，会自动产生源码目录中相关的 MAKEFILE 文件。

编译的过程有点长，因系统的硬件和时间的不同而不同，硬件性能越好，编译速度越快。

5.3.4　安装与部署

成功编译出软件的相关文件后，需要对软件进行安装。可以使用 make 配合 install 这个 MAKEFILE 定义的 TARGET 进行安装的动作。安装完成，可以找到安装路径中的 bin 目录，执行相应的程序，就可以使用安装好的软件了。

安装完成，进入安装目录下的 bin 目录中执行 apachectl 命令，就可以使用编译安装好

的 Apache 软件来启动 HTTP 服务器了,语法如下:

```
[root@localhost httpd-2,2.9]♯cd /usr/local/apache2/bin/
[root@localhost bin]♯ ./apachectl start
[root@localhost bin]♯netstat -an|grep:80
```

上述代码表示 80 端口开放,http 服务启动成功。使用源代码安装操作完成。

5.4 实验:软件管理

5.4.1 实验目的

(1) 学会 Linux 中安装软件的常用方法。
(2) 掌握 YUM 安装、RPM 包安装和源代码安装的方法。

5.4.2 实验内容

本实验的目的是学习设置 yum 并安装 telnet-server 软件。

5.4.3 实验步骤

以下是使用 yum 来安装 telnet-server 软件的示范。

(1) 安装 telnet-server 服务之前,使用 ♯rpm -qa |grep telnet-server 命令检测系统是否安装了 telnet-server 相关软件包。

```
[root@localhost ~]♯rpm -qa|grep telnet-server
```

如果系统还没有安装 telnet-server 软件包,可以使用 yum 命令安装所需软件包。

(2) 挂载系统安装镜像。

挂载光盘到/iso 下

```
[root@localhost ~]♯mkdir /iso
[root@localhost ~]♯mount /dev/cdrom /iso
```

(3) 制作用于安装的 yum 源文件。

```
[root@localhost ~]♯vim /etc/yum.repos.d/dvd.repo
```

其中,dvd 是随便取的名字,但是一定要以 repo 结尾。

dvd.repo 文件的内容如下:

```
[dvd]
name = dvd
baseurl = file:///iso          //特别注意本地源文件的表示,3 个"/"
gpgcheck = 0
enabled = 1
```

（4）使用 yum 命令查看 telnet-server 软件包的信息。

```
[root@localhost ~]# yum info telnet - server
```

查找 telnet-server 服务相关的软件包。

```
[root@localhost ~]# yum list |grep telnet - server
[root@localhost ~]# yum list |grep xinetd
```

```
[root@localhost ~]# yum info telnet-server
已加载插件 : fastestmirror, langpacks
Loading mirror speeds from cached hostfile
已安装的软件包
名称     : telnet-server
架构     : x86_64
时期      : 1
版本     : 0.17
发布     : 59.el7
大小     : 55 k
源       : installed
来自源 : dvd
简介     :  The server program for the Telnet remote login protocol
网址     : http://web.archive.org/web/20070819111735/www.hcs.harvard.edu/~dhollan
d/computers/old-netkit.html
协议     :  BSD
描述     :  Telnet is a popular protocol for logging into remote systems over the
         : Internet. The package includes a daemon that supports Telnet remote
         : logins into the host machine. The daemon is disabled by default.
         : You may enable the daemon by editing /etc/xinetd.d/telnet

[root@localhost ~]#
[root@localhost ~]# yum list |grep telnet-server
telnet-server.x86_64                    1:0.17-59.el7                    dvd
[root@localhost ~]# yum list |grep xinetd
xinetd.x86_64                           2:2.3.15-12.el7                  dvd
```

（5）使用 yum 命令安装 telnet-server 服务。

```
[root@localhost ~]# yum clean all
[root@localhost ~]# yum - y install telnet - server.x86_64
[root@localhost ~]# yum - y install xinetd.x86_64
```

正常安装完成后，最后的提示信息如下。

```
[root@localhost ~]# yum -y install telnet-server.x86_64
已加载插件 : fastestmirror, langpacks
Loading mirror speeds from cached hostfile
正在解决依赖关系
--> 正在检查事务
---> 软件包 telnet-server.x86_64.1.0.17-59.el7 将被 安装
--> 解决依赖关系完成

依赖关系解决
```

Package	架构	版本	源	大小
正在安装:				
telnet-server	x86_64	1:0.17-59.el7	dvd	40 k

```
事务概要

安装  1 软件包

总下载量 : 40 k
安装大小 : 55 k
Downloading packages:
Running transaction check
```

```
正在安装    : 1:telnet-server-0.17-59.el7.x86_64                          1/1
验证中      : 1:telnet-server-0.17-59.el7.x86_64                          1/1
```

已安装:
```
  telnet-server.x86_64 1:0.17-59.el7
```

完毕!

```
[root@localhost ~]# yum -y install xinetd.x86_64
已加载插件 : fastestmirror, langpacks
Loading mirror speeds from cached hostfile
正在解决依赖关系
--> 正在检查事务
---> 软件包 xinetd.x86_64.2.2.3.15-12.el7 将被 安装
--> 解决依赖关系完成
```

依赖关系解决

Package	架构	版本	源	大小
正在安装:				
xinetd	x86_64	2:2.3.15-12.el7	dvd	128 k

事务概要

安装　1 软件包

总下载量 : 128 k
安装大小 : 261 k

```
Downloading packages:
Running transaction check
Running transaction test
Transaction test succeeded
Running transaction
  正在安装    : 2:xinetd-2.3.15-12.el7.x86_64                             1/1
  验证中      : 2:xinetd-2.3.15-12.el7.x86_64                             1/1
```

已安装:
```
  xinetd.x86_64 2:2.3.15-12.el7
```

完毕!

所有软件包安装完毕之后,可以使用 rpm 命令再一次进行查询: rpm -qa |grep telnet-server。

```
[root@localhost ~]# rpm - qa |grep telnet - server
```

```
telnet-server-0.17-59.el7.x86_64
```

5.5　习题

(1) 使用命令 #apt-get update 完成更新。

(2) 在系统中安装 Samba 服务器。

(3) 在系统中安装 FTP 服务器。

第 **6** 章

网 络 基 础

网络功能是 Linux 操作系统的特色之一。网络的配置与管理是系统管理员最重要的一项工作。

教学目标

- 了解 TCP/IP 网络模型。
- 理解网络配置文件。
- 掌握网络基本配置和高级配置以及网络基本管理命令。

6.1 网络配置基础——TCP/IP 网络模型

1. TCP/IP 概述

TCP/IP(Transmission Control Protocol/Internet Protocol,传输控制协议/网际协议)是由美国国防部高级研究计划局(DARPA)研究创立的,表示 Internet 中所使用的体系结构或指整个 TCP/IP 协议簇,由它的两个主要协议即 TCP 和 IP 而得名。TCP/IP 是当前最成熟、应用最广泛的互联网技术,目前它已成为国际互联网上与所有网络进行交流的共同"语言"。

TCP/IP 从一开始就考虑到多种异构网的互联问题,并将网际协议 IP 作为 TCP/IP 的重要组成部分。TCP/IP 有较好的网络功能,它提供了面向连接的服务和无连接服务。TCP/IP 是一项从实践中诞生,并在实践中不断得到发展和完善的网络技术,现在已成为业界普遍接受的网络标准,用 TCP/IP 建立的网络也逐渐进入科研、教育、工商业、政府机关等部门,成为一种信息基础设施。

2. TCP/IP 体系结构

TCP/IP 是按照模块化的思想设计的。它将通信协议分为多个层次,每个层次分别用一段代码处理,同时各层次的代码之间又相互联系,TCP/IP 的体系结构如图 6-1 所示。

(1) 链路层也称作数据链路层或网络接口层,包括能使用 TCP/IP 与物理网络进行通信的协议。TCP/IP 标准并没有定义具体的网络接口协议,而是旨在提供灵活性,以适应各种网络类型,如 LAN、MAN 和 WAN。

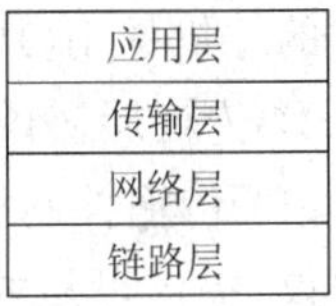

（2）网络层也称作互联网层,主要功能是寻址,以及把逻辑地址和名称转换成物理地址。该层还可以控制子网的操作,判定从源计算机到目标计算机的路由。在 TCP/IP 协议簇中,网络层协议包括 IP(网际协议)、ICMP(互联网控制报文协议)及 IGMP(互联网组管理协议)。

| 应用层 |
| 传输层 |
| 网络层 |
| 链路层 |

图 6-1 TCP/IP 体系结构

（3）传输层(又称通信层)主要为两台主机上的应用程序提供点到点的通信。在 TCP/IP 协议簇中,有两个互不相同的传输协议:TCP(传输控制协议)和 UDP(用户数据报协议),这两种传输协议在不同的应用程序中有不同的用途。

（4）应用层负责处理特定的应用程序的细节。几乎所有的 TCP/IP 实现都会提供下面这些通用的应用程序:Telnet(远程终端协议)、FTP(文件传送协议)、SMTP(简单邮件传送协议)、SNMP(简单网络管理协议)。

3. TCP/IP 协议簇

在 TCP/IP 的体系结构中共包含 4 个层次,但实际上只有 3 个层次包含实际的协议,每层中包含多种协议,具体含义如下。

1) 网络层协议

（1）网际协议(Internet Protocol,IP)。IP 的任务是对数据包进行相应的寻址和路由,使其通过网络进行传输。IP 在每个发送的数据包前加入一个控制信息,其中包含源主机的 IP 地址、目标主机的 IP 地址和其他一些信息。IP 的另一项工作是分割和重编在传输层被分割的数据包。由于数据包要从一个网络到另一个网络,因此当两个网络所支持传输的数据包的大小不同时,IP 就要在发送端将数据包分割,然后在分割的每一段前加入控制信息进行传输。当接收端接收到数据包后,IP 将所有的片段重新组合,形成原始的数据。

IP 是一个无连接的协议。无连接是指主机之间在通信传输时,不建立可靠的端到端的连接,源主机只是简单地将 IP 数据包发送出去,而数据包可能会丢失、重复、延迟或者 IP 包的次序会混乱。因此,要实现数据包的可靠传输,就必须依靠高层的协议或应用程序,如传输层的 TCP。

（2）互联网控制报文协议(Internet Control Message Protocol,ICMP)。互联网控制报文协议为 IP 提供差错报告。由于 IP 是无连接的,且不进行差错检验,当网络上发生错误时,它不能检测错误。向发送 IP 数据包的主机汇报错误就是 ICMP 的责任。例如,如果某台设备不能将一个 IP 数据包送至其"旅程"中的下一个网络,它就向数据包的来源发送一个消息,并用 ICMP 解释这个错误。ICMP 能够报告的普通错误类型有目标无法到达、阻塞、回波请求和应答等。

（3）互联网组管理协议(Internet Group Management Protocol,IGMP)。IP 只是负责网络中点到点的数据包传输,而点到多点的数据包传输则要依靠 IGMP 完成。IGMP 主要负责报告主机组之间的关系,以便相关的设备(路由器)支持多播发送。

（4）地址解析协议(Address Resolution Protocol,ARP)和反向地址解析协议(RARP)。计算机网络中各主机之间要进行通信时,必须要知道彼此的物理地址(数据链路层的地址,也称为 MAC 地址)。因此,在 TCP/IP 的网络层有 ARP 和 RARP,它们的作用是将源主机和目的主机的 IP 地址与它们的物理地址相匹配。

2）传输层协议

（1）传输控制协议（Transmission Control Protocol，TCP）。TCP 是一种面向连接的通信协议，提供可靠的数据传送。对于大量数据的传输，通常都要求有可靠的传送。TCP 协议将源主机应用层的数据分成多个分段，然后将每个分段传送到网络层，网络层将数据封装为 IP 数据包，并发送到目的主机。目的主机的网络层将 IP 数据包中的分段传送给传输层，再由传输层对这些分段进行重组，还原成原始数据传送给应用层。另外，TCP 还要完成流量控制和差错检验的任务，以保证可靠的数据传输。

（2）用户数据报协议（User Datagram Protocol，UDP）。UDP 是一种无连接的协议，因此，它不能提供可靠的数据传输，而且 UDP 不进行差错检验，必须由应用层的应用程序实现可靠性机制和差错控制，以保证端到端数据传输的正确性。虽然 UDP 与 TCP 相比显得非常不可靠，但在一些特定的环境下还是非常有优势的，例如，要发送的信息较短，不值得在主机之间建立一次连接。另外，面向连接的通信通常只能在两个主机之间进行，若要实现多个主机之间的一对多或多对多的数据传输，即广播或多播，就需要使用 UDP。

3）应用层协议

在 TCP/IP 模型中，应用层包括所有的高层协议，而且总是不断有新的协议加入，应用层的协议主要有以下 10 种。

（1）远程终端协议（Telnet）：本地主机作为仿真终端，登录到远程主机上运行应用程序。

（2）文件传送协议（FTP）：实现主机之间的文件传送。

（3）简单邮件传送协议（SMTP）：实现主机之间电子邮件的传送。

（4）域名服务（DNS）：用于实现主机名与 IP 地址之间的映射。

（5）动态主机配置协议（DHCP）：实现对主机的地址分配和配置工作。

（6）路由信息协议（RIP）：用于网络设备之间交换路由信息。

（7）超文本传送协议（HTTP）：用于 Internet 中的客户机与 WWW 服务器之间的数据传送。

（8）网络文件系统（NFS）：实现主机之间的文件系统的共享。

（9）引导协议（BOOTP）：用于无盘主机或工作站的启动。

（10）简单网络管理协议（SNMP）：实现网络的管理。

4．IP 地址

在采用 TCP/IP 的网络中，每一台机器必须有一个唯一的地址，这个地址称为"IP 地址"。每一个 IP 地址由两个部分组成：网络地址和主机地址。网络地址用于描述主机所在的网络，主机地址用来识别特定的机器。

每个 IP 地址都由 4 字节组成，可以用几种不同的形式表示。第一种是带圆点的十进制表示法，如 192.168.1.10。另一种是十六进制表示法，如 0xA18BDC32，使用最多的是十进制表示法。

IP 地址模式主要有 4 种：A 类地址、B 类地址、C 类地址和 D 类地址。其中，A、B、C 类地址用来标识共享一个公用网络的计算机；D 类地址又称为特殊地址，主要用于标识共享一个协议的计算机集合。

（1）A类地址。A类地址的第 0 位为 0，第 1～7 位表示网络地址，第 8～31 位表示主机地址，如图 6-2 所示。此类地址网络部分的取值范围只能是 1～127，因此最多有 127 个 A 类网络，每个网络可以容纳 $2^{24}=16777216$ 台主机。

0 1	7 8	31
0	网络地址	主机地址

图 6-2   A 类地址格式

（2）B类地址。B类地址前两位固定为 1、0，第 2～15 位表示网络地址，第 16～31 位表示主机地址，如图 6-3 所示。B类地址的网络地址必须在 128～191 范围之内，每个网络中可拥有 $2^{16}=65536$ 台主机。

（3）C类地址。C类地址前 3 位固定为 1、1、0，第 3～23 位表示网络地址，第 24～31 位表示主机地址，如图 6-4 所示。C 类网络是三类网络中最小的一种，每个 C 类网络最多只能容纳 254 台主机。由于用 24 位来标识网络，因此可以定义上百万个 C 类网络。

图 6-3   B类地址格式   图 6-4   C类地址格式

A 类地址的首字节在 0～127 之间，B 类地址的首字节在 128～191 之间，C 类地址的首字节在 192～223 之间。例如，一个 IP 地址为 132.335.140 的首字节在 128～191 之间，因此该地址是一个 B 类地址。由于 B 类地址的前两个字节用于网络号，可以推断出网络地址是 132.33，主机号是 5.140。一般来说，给定一个 IP 地址，解释其第一字节就可以确定它属于哪一类网络。特别需要注意的是，全 0 和全 1 的 IP 地址被保留，因此这些地址不能用在网络中指定一个节点，全 0 的地址表示网络上的所有的节点，全 1 的地址通常用来向网络中的所有节点发送广播消息。因此，向 IP 地址为 196.34.255.255 主机发送的广播将被 IP 以 196.34 开头的所有主机收到。

除了上面提到的保留节点地址以外，还有两个 A 类 IP 地址具有特殊意义，不能用来指定网络。它们是网络号 0 和 127。网络号 0 表示默认路径，而网络号 127 表示本主机或反馈地址。路由器寻址时，将所有不知道目的地的报文都使用默认地址转发。反馈地址用来指明本地主机，用来像给其他主机发报文一样给自己的网络接口发送一个 IP 报文。通常，127.0.0.1 指本地主机，但用户也可以用其他网络地址为 127 的 A 类地址指明本地主机。例如，127.36.4.57 与 127.0.0.1 的含义是一样的。这是因为发送给本地网络接口的数据在任何情况下都不会发送到网络中。

5．子网

一个网络上的每台主机都有一个特定的 IP 地址，以便在与其他主机进行通信时标识身份。由于网络地址的类别不同，一个网络可以拥有的主机数量不等。但是，将 A 类地址或 B 类地址限制在一个拥有数以千计或数以万计主机的网络是不切实际的。为了解决这个问题，人们开发了子网（Subnet）技术，将主机地址进一步分成附加网络。

子网接收地址的主机部分，然后通过使用子网掩码（Subnet Mask）将其分开。实质上，子网掩码是将网络和主机间的分界线从地址中的一个位置移到了另外一个位置，产生的效果是增加了可用网络的数目，但减少了主机的数目。

子网是通过子网掩码来实现的。在子网掩码中，如果某位为 1，地址中相应的位就表示为组成网络地址的位,否则表示主机的地址位。

表 6-1 列出了 A、B、C 三类地址及其对应的默认子网掩码。

表 6-1　默认子网掩码

地址类别	默认子网掩码
A 类地址	255.0.0.0
B 类地址	255.255.0.0
C 类地址	255.255.255.0

子网掩码通常用于判断多个主机是否在同一网络中。例如,已知两台主机的 IP 地址分别为 192.1.1.34 和 192.1.1.220,判断它们是否在同一网络中。判断的过程是分别用每个 IP 地址与相应的子网掩码进行"与"运算,如果得到的结果相同,表明它们在同一网络中,否则说明它们分别处于不同的网络。本例中由于是一个 C 类地址,其子网掩码为 255.255.255.0。分别用两个 IP 地址与 255.255.255.0 进行"与"运算,得到的结果均为 192.1.1.0,故说明这两台主机处于同一网络中。如果其中一台主机的 IP 地址为 192.1.2.220,由于"与"运算的结果分别为 192.1.1.0 和 192.1.2.0,两者不同,说明它们不在同一子网中。

6. IP 路由的实现

属于同一网络的主机之间交换数据不需要路由,只有当数据在不同网络的主机之间交换时,路由器才会参与数据的传送。

IP 通过将报文的网络号与自己主机的网络号进行比较来判断目的主机是否和自己的主机属于同一网络。如果源主机和目的主机的网络号不同,IP 就试图在网络中寻找一个路由器来协助发送,如果一个网络中有多个路由器,IP 就选择它认为最近的一个发送。如果找到了一个这样的路由器,数据报文就发给它。通过查询一个叫作路由信息表(Routing Information Table,RIT)的路由数据库,IP 可以知道应该向哪一个路由器发送数据。

7. 路由信息表(RIT)

IP 通过查找一个包含路径协议的数据库来完成路由功能,这个数据库就是路由信息表(RIT),此表由 RIP(路由信息协议)构造和维护。RIP 是一个运行在所有主机和路由器上的协议,它提供路径查询功能,即标识互联网上的所有网络及距离每个网络最近的路由器。每个 RIP 都以自己所运行的主机和路由器为基点来构造和维护路由数据库。RIP 包括距离、下一个路由器、输出端口。

8. 地址解析协议(ARP)

每个网卡都有一个唯一的 48 位硬件地址,该地址通常被称为 MAC(Medium Access Layer,媒体访问层)地址。分配给主机的 IP 地址和 MAC 地址是互不相关的,因此每个主机都要维护两个地址：IP 地址和 MAC 地址。IP 地址只对 TCP/IP 有意义,MAC 地址只对链路层有意义,网络上数据帧的交换依赖于 MAC 地址,因此这两种地址之间必须存在某种联系。ARP 的工作过程如下。

例如,有一台主机 host 的 IP 地址是 192.168.1.33,另一台主机的 IP 地址是 192.168.1.55,用户输入 Telnet host 之后,Telnet 协议将名字 host 解析成相应的 IP 地址 192.168.1.33,并将此地址传给 TCP/IP,请求连接到目的主机。TCP 将请求打包在 TCP 头中,再和地址一起交给 IP,请求将报文送到相应的主机。IP 将 host 的地址与路由数据库中的其他目的地址进行比较,因为源主机和目的主机具有相同的网络标识(192.168.1.0),IP可以直接传送。于是,IP将TCP交给它的请求封装到一个IP报文中,还包括目的和源IP地址。然后IP将报文及host的IP地址一起交给链路层。ARP将源主机IP地址转换成相应的物理地址,并用此地址在数据链路层来标识自己。ARP从MAC接口发出一个被称为ARP请求的报文,其内容大致是自己的物理地址和IP,要知道主机192.168.1.33的物理地址。收到广播的主机host回答这个ARP,给出自己的物理地址。这样双方都知道了对方的物理地址,然后网络层把IP数据封装成数据帧格式送到主机host,进入数据交换阶段。

6.2 网络服务介绍

在CentOS中,默认使用的网络服务是NetworkManager服务。NetworkManager是监控和管理网络设置的守护进程,该服务简化了网络连接的工作,让桌面本身和其他应用程序能感知网络,NetworkManager服务当前版本为0.9.9。

NetworkManager由一个管理系统网络连接,并且将其状态通过D-Bus(是一个提供简单应用程序互相通信的途径的自由软件项目,它是作为freedesktoporg项目的一部分来开发的)进行报告的后台服务,以及一个允许用户管理网络连接的客户端程序。

NetworkManager服务不同于Linux 6使用的Network服务,Network服务只能进行设备和配置的一对一绑定设置,而NetworkManager服务引入了连接的概念。

连接是设备使用的配置集合,由一组配置组成,每个连接具有一个标识自身的名称或ID,所以一个网络接口可能有多个连接,以供不同设备使用或者以便为同一设备更改配置,但是一次只能有一个连接处于活动。

后面所讲到的图形界面和命令行管理网络的基本配置,实际上都是对NetworkManager服务所做的配置设置。

6.3 基于图形界面网络的基本配置

超级用户在桌面环境下执行"应用程序"→"系统工具"→"设置"菜单选项,单击"网络"图标,打开网络设置窗口,如图6-5所示,单击"齿轮"按钮,出现自动以太网窗口,如图6-6

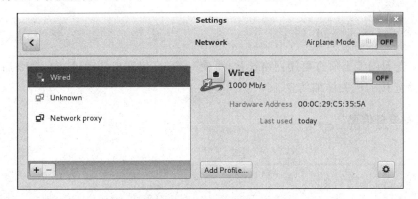

图 6-5 网络设置窗口

所示,左侧窗格中单击 IPv4,在右侧窗格的 Addresses(地址)下拉列表中选择 Manual(手动)选项,输入本机的 IP 地址、网络掩码、网关、DNS,最后单击 Apply(应用)按钮完成设置。

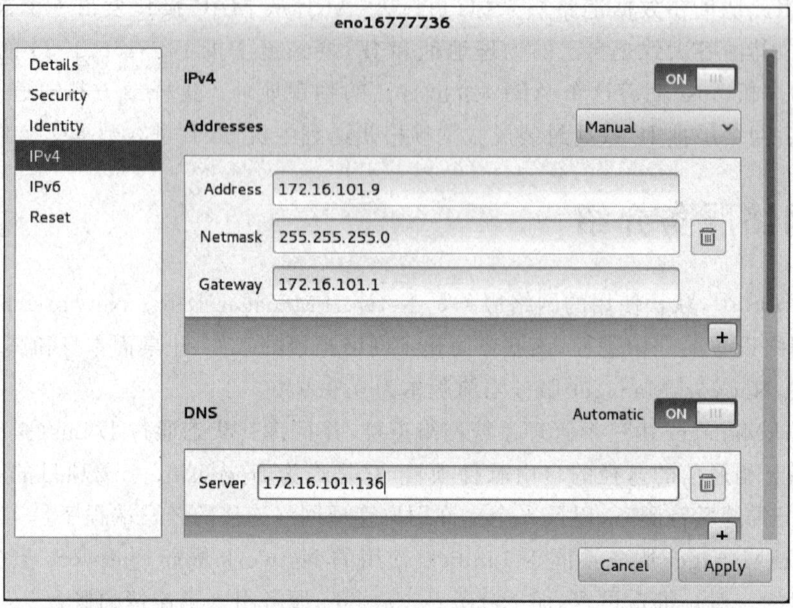

图 6-6　自动以太网窗口

6.4　基于命令行的网络基本配置

在命令行模式下,可通过 nmcli 命令管理网络,可以进行配置、查看、修改等操作。

6.4.1　查看网络信息

1. 查看连接信息

格式:

```
nmcli connection show [连接名]
```

功能:查看网卡上所有可用网络连接(可使--active 仅列出活动连接),命令后加上连接名为查看该连接的相关详细信息。

2. 查看设备信息

格式:

```
nmcli device show [设备名]
```

功能:查看可用网卡设备信息,命令后跟上网卡设备名字为查看该设备的相关详细信息。

```
nmcli dev status      # 显示设备状态和信息
```

6.4.2　创建网络连接

1. 创建网络连接

格式：

```
nmcli connection add con - name [name] type [type] ifname [eth]
autoconnect yes | no
```

功能：创建一个连接，con-name 选项后是该连接的名字，type 选项后是网络类型（一般为 Ethernet），ifname 选项为设备名称，autoconnect 选项为是否开机启动该连接，创建的连接 IP 地址默认为 dhcp 动态获取。

【例 6-1】　为网络设备 eno16777736 创建一个名为 wifi 的网络连接，设置 IP 地址为 172.16.0.10，掩码为 24 位，网关为 172.16.0.1，并使该连接开机自动生效。

```
[root@localhost ~] # nmcli connection add con - name wifi ifname eno16777736 type Ethernet
autoconnect yes ip4 172.16.0.10/24 gw4 172.16.0.1
```

```
[root@localhost ~]# nmcli connection add con-name wifi ifname eno16777736 type ethernet autoco
nnect yes ip4 172.16.0.10/24 gw4 172.16.0.1
Connection 'wifi' (6c41e37e-c084-4016-8f9d-c1cdd6777f93) successfully added.
```

2. 配置连接是否生效

格式：

```
nmcli connection up | down [con - name]
```

功能：使连接启用或者关闭连接。

【例 6-2】　让网络设备 eno16777736 上的连接 wifi 生效。

```
[root@localhost ~] # nmcli connection up wifi
[root@localhost ~] # ip addr
```

```
[root@localhost ~]# nmcli connection up wifi
Connection successfully activated (D-Bus active path: /org/freedesktop/NetworkManager/ActiveCo
nnection/13)
[root@localhost ~]# ip addr
1: lo: <LOOPBACK,UP,LOWER_UP> mtu 65536 qdisc noqueue state UNKNOWN
    link/loopback 00:00:00:00:00:00 brd 00:00:00:00:00:00
    inet 127.0.0.1/8 scope host lo
       valid_lft forever preferred_lft forever
    inet6 ::1/128 scope host
       valid_lft forever preferred_lft forever
2: eno16777736: <BROADCAST,MULTICAST,UP,LOWER_UP> mtu 1500 qdisc pfifo_fast state UP qlen 1000
    link/ether 00:0c:29:c5:35:5a brd ff:ff:ff:ff:ff:ff
    inet 172.16.0.10/24 brd 172.16.0.255 scope global eno16777736
       valid_lft forever preferred_lft forever
    inet6 fe80::20c:29ff:fec5:355a/64 scope link
       valid_lft forever preferred_lft forever
```

6.4.3 修改网络连接

1. 删除连接

格式：

```
nmcli connection delete [con - name]
```

功能：用于删除某一个连接，直接删除连接，而不在意该连接是否正在应用。

2. 修改连接属性及参数

格式：

```
nmcli connection modify [con - name] [option]
```

功能：用于修改某一连接的各种属性及相关参数。

常用相关选项（输入 nmcli connection modify 后按两下 Tab 键会列出所有可用选项）
见表 6-2。

表 6-2　IPv4 的相关选项和通用选项

选　　项	说　　明
ipv4. addresses	修改 IPv4 地址信息
ipv4. dns	修改 IPv4 的 DNS 信息
ipv4 method	修改 IPv4 连接的连接方式，静态或动态
connection. autoconnect	修改 IPv4 连接是否自动连接
connection. type	修改 IPv4 连接的网络类型
connection. id	修改连接的名字

【例 6-3】　修改连接 wifi 的名字为 links，IP 地址改成 192.168.0.10，DNS 改为
192.168.0.1。

```
[root@localhost ~] # nmcli connection modify wifi connection. id links ipv4. addresses 192.
168.0.10/24 ipv4.dns 192.168.0.1
```

【例 6-4】　为 links 增加一个辅助 DNS，地址为 8.8.8.8。

```
[root@localhost ~] #nmcli connection modify links + ipv4.dns 8.8.8.8
```

【例 6-5】　修改连接 links 的连接方式为 DHCP 动态获取，并且不自动连接。

```
[root @ localhost ~] #nmcli connection modify links + ipv4. method auto connection.
autoconnect no
```

修改连接参数后，重启连接后才会生效。

6.5 系统网络配置文件

在 Linux 中,网络配置文件有着非常重要的作用。一方面,这些文件记录了 TCP/IP 网络子系统的主要参数,当需要改变网络参数时,可以直接修改这些文件。另一方面,这些文件的内容与网络的安全也有着直接的关系,全面了解这些文件的内容和作用,有助于堵塞安全漏洞,提高系统的安全性。Linux 主机要与网络中其他主机进行通信,首先要进行正确的网络配置。网络配置通常包括主机名、IP 地址、子网掩码、默认网关、DNS 服务器等。

在 Linux 中,TCP/IP 网络的配置信息分别存储在不同的配置文件中。相关的配置文件有/etc/sysconfig/network、网卡配置文件、/etc/hosts、/etc/resolv. conf 以及/etc/host. conf 等文件。下面分别介绍这些配置文件的作用和配置方法。

1. 主机名文件/etc/hostname

查看当前主机上的 hostname 文件命令如下:

```
[root@localhost ~]# hostname
```

```
[root@localhost ~]# hostname
localhost.localdomain
```

另外,可以在/etc/hostname 文件指定静态主机名,hostnamectl 命令用于修改此文件,也可查询主机名状态。如果文件不存在,则主机名在接口分配 IP 时由反向 DNS 查询设定。

```
[root@localhost ~]# hostnamectl set - hostname desktop.example.com
[root@localhost ~]# hostname
```

```
[root@localhost ~]# hostnamectl set-hostname desktop.example.com
[root@localhost ~]# hostname
desktop.example.com
```

2. /etc/hosts 文件

/etc/hosts 文件是早期实现静态域名解析的一种方法,该文件中存储 IP 地址和主机名的静态映射关系。用于本地名称解析,是 DNS 的前身。利用该文件进行名称解析时,系统会直接读取该文件中的 IP 地址和主机名的对应记录。文件中以"#"开始的行是注释行,其余各行,每行一条记录,IP 地址在左,主机名在右,主机名部分可以设置主机名和主机全域名。

当以主机名称访问一台主机时,系统检查/etc/hosts 文件,并根据该文件将主机名称转换为 IP 地址。

/etc/hosts 文件的每一行描述一个主机名称到 IP 地址的转换,格式如下:

```
IP 地址  主机名全称  别名
```

该文件的默认内容如下:

```
[root@localhost ~]# cat /etc/hosts
```

```
[root@localhost ~]# cat /etc/hosts
127.0.0.1    localhost localhost.localdomain localhost4 localhost4.localdomain4
::1          localhost localhost.localdomain localhost6 localhost6.localdomain6
```

例如,要实现主机名称 Server1 和 IP 地址 192.168.1.2 的映射关系,则只需在该文件中添加如下一行即可。

```
192.168.1.2 Server1
```

3. /etc/host.conf 文件

/etc/host.conf 文件用来指定如何进行域名解析。该文件的内容通常包含以下几行。

(1) order:设置主机名解析的可用方法及顺序。可用方法包括 hosts(利用/ete/hosts 文件进行解析)、bind(利用 DNS 服务器解析)、NIS(利用网络信息服务器解析)。

(2) multi:设置是否从/etc/hosts 文件中返回主机的多个 IP 地址,取值为 on 或者 off。

(3) nospoof:取值为 on 或者 off。当设置为 on 时,系统会启用对主机名的欺骗保护以提高 rlogin、rsh 等程序的安全性。

下面是一个/etc/host.conf 文件的实例。

```
[root@localhost ~]# cat /etc/host.conf
```

```
[root@localhost ~]#  cat /etc/host.conf
multi on
```

上述文件内容设置主机名称解析的顺序为先利用/etc/hosts 进行静态名称解析,再利用 DNS 服务器进行动态域名解析。

4. /etc/sysconfig/network 文件

/etc/sysconfig/network 文件主要用于设置基本的网络配置,包括主机名称、网关等。
文件中的内容如下:

```
[root@localhost ~]# cat /etc/sysconfig/network
```

```
[root@localhost ~]# cat /etc/sysconfig/network
# Created by anaconda
NETWORKING=yes
HOSTNAME=Localhost
GATEWAY=172.16.101.9
```

其中,

- NETWORKING:用于设置 Linux 网络是否运行,取值为 yes 或者 no。
- HOSTNAME:用于设置主机名称。
- GATEWAY:用于设置网关的 IP 地址。

除此之外,在这个配置文件中常见的还有以下这些。

- GATEWAYDEV:用来设置连接网关的网络设备。
- DOMAINNAME:用于设置本机域名。

- NISDOMAIN：在有 NIS 系统的网络中，用来设置 NIS 域名。

对/etc/sysconfig/network 配置文件进行修改之后，应该重启网络服务或者注销系统以使配置文件生效。

5．/etc/resolv.conf 文件

/etc/resolv. conf 文件是 DNS 客户端用于指定系统所用的 DNS 服务器的 IP 地址。在该文件中除了可以指定 DNS 服务器外，还可以设置当前主机所在的域以及 DNS 搜寻路径等。

例如，查看本地机器的/etc/resolv. conf 文件内容如下：

```
[root@desktop ~]# cat /etc/resolv.conf
```

```
[root@desktop ~]# cat /etc/resolv.conf
# Generated by NetworkManager
search example.com
nameserver 192.168.0.1
nameserver 8.8.8.8
```

其中，

- nameserver：设置 DNS 服务器的 IP 地址，最多可以设置 3 个，并且每个 DNS 服务器的记录成一行。当主机需要进行域名解析时，首先查询第 1 个 DNS 服务器，如果无法成功解析，则向第 2 个 DNS 服务器查询。
- search：指定 DNS 服务器的域名搜索列表，最多可以设置 6 个。其作用在于进行域名解析工作时，系统会将此处设置的网络域名自动加在要查询的主机名之后进行查询。通常不设置此项。
- Domain：指定主机所在的网络域名，可以不设置。

6．/etc/services 文件

该文件列出系统中所有可用的网络服务。对于每一个服务，文件的每一行提供的信息有正式的服务名称、端口号、协议名称和别名。与其他网络配置文件一样，每一项由空格或制表符分隔，其中端口号和协议名合起来为一项，中间用"/"分隔。该文件部分内容如下：

```
vdmplay          1707/tcp            # vdmplay
vdmplay          1707/udp            # vdmplay
gat-lmd          1708/tcp            # gat-lmd
gat-lmd          1708/udp            # gat-lmd
centra           1709/tcp            # centra
centra           1709/udp            # centra
impera           1710/tcp            # impera
impera           1710/udp            # impera
pptconference    1711/tcp            # pptconference
pptconference    1711/udp            # pptconference
registrar        1712/tcp            # resource monitoring service
registrar        1712/udp            # resource monitoring service
conferencetalk   1713/tcp            # ConferenceTalk
conferencetalk   1713/udp            # ConferenceTalk
sesi-lm          1714/tcp            # sesi-lm
sesi-lm          1714/udp            # sesi-lm
houdini-lm       1715/tcp            # houdini-lm
houdini-lm       1715/udp            # houdini-lm
xmsg             1716/tcp            # xmsg
xmsg             1716/udp            # xmsg
```

7. /etc/sysconfig/network-scripts 目录

该目录包含网络接口的配置文件及部分网络命令,例如:

ifcfg-eno16777736　第一块网卡接口的配置文件。

ifcfg-lo　本地回送接口的相关信息。

其中,ifcfg-eno16777736 的内容如下:

```
[root@desktop ~]# cd /etc/sysconfig/network-scripts
```

```
[root@desktop ~]# cd /etc/sysconfig/network-scripts
[root@desktop network-scripts]# cat ifcfg-eno16777736
TYPE="Ethernet"
BOOTPROTO=none
DEFROUTE="yes"
IPV4_FAILURE_FATAL="no"
IPV6INIT="yes"
IPV6_AUTOCONF="yes"
IPV6_DEFROUTE="yes"
IPV6_FAILURE_FATAL="no"
NAME="eno16777736"
UUID="d19b7763-ecb5-4669-8cab-7becfe11a996"
ONBOOT="yes"
IPADDR0=172.16.101.9
PREFIX0=24
GATEWAY0=172.16.101.1
DNS1=172.16.101.136
HWADDR=00:0C:29:C5:35:5A
IPV6_PEERDNS=yes
IPV6_PEERROUTES=yes
```

其中,

- TYPE:设备名称。
- BOOTPROTO:获取地址方式为默认,如果自动获取,设置为 dhcp。
- DEFROUTE:网卡状态,默认启用。
- IPADDR0:设置 IP 地址。
- PREFIX0:设置掩码位数。
- GATEWAY0:设置网关。
- DNS1:设置第一台 DNS 服务器地址。

网卡配置文件设置完成后需要重启系统或者重启 NetworkManager 服务。

6.6　网络设置工具

6.6.1　设置主机名称命令

1. hostname 命令

格式:

```
hostname[主机名]
```

功能:查看计算机的主机名。

查看当前计算机的主机名。

```
[root@desktop ~]# hostname
```

```
[root@desktop ~]# hostname
desktop.example.com
```

2. hostnamectl 命令

格式：

```
hostnamectl set - hostname[主机名]
```

功能：修改计算机的主机名。

将主机名设置为 desktop.example.com。

```
[root@desktop ~]# hostnamectl set - hostname desktop.example.com
[root@desktop ~]# hostname
```

```
[root@desktop ~]# hostnamectl set-hostname desktop.example.com
[root@desktop ~]# hostname
desktop.example.com
```

使用 hostnamectl 命令修改主机名，不需要重启即可生效，系统会自动创建/etc/hostname 文件，记录刚才修改的主机名信息。

6.6.2　Linux 命令行网络配置工具

ip 是 iproute2 软件包里面一个强大的网络配置工具，它能够替代一些传统的网络管理工具，例如 ifconfig、route 等。

使用方法：

```
[root@linux ~]# ip [option][动作][命令]
```

其中，option 设定的参数主要有

-s 显示出该设备的统计数据(Statistics)，例如总接收封包数等。

"动作"就是可以针对哪些网络参数进行动作，包括：

- link 关于设备(Device)的相关设定，包括 MTU、MAC 地址等。
- addr/address 关于额外的 IP 设定，例如多 IP 的实现等。
- route 与路由有关的相关设定。

由上面的语法可以知道，ip 除了可以设定一些基本的网络参数外，还能够进行额外的 ip 设定，下面就分 3 个部分(link、addr、route)来介绍这个 ip 命令。

1. 关于设备(Device)的相关设定：ip link

【例 6-6】　显示出所有的设备信息。

```
[root@desktop ~]# ip - s link show
```

```
[root@desktop ~]# ip -s link show
1: lo: <LOOPBACK,UP,LOWER_UP> mtu 65536 qdisc noqueue state UNKNOWN mode DEFAULT

    link/loopback 00:00:00:00:00:00 brd 00:00:00:00:00:00
    RX: bytes  packets  errors  dropped overrun mcast
    139084     1392     0       0       0       0
    TX: bytes  packets  errors  dropped carrier collsns
    139084     1392     0       0       0       0
2: eno16777736: <BROADCAST,MULTICAST,UP,LOWER_UP> mtu 1500 qdisc pfifo_fast stat
e UP mode DEFAULT qlen 1000
    link/ether 00:0c:29:c5:35:5a brd ff:ff:ff:ff:ff:ff
    RX: bytes  packets  errors  dropped overrun mcast
    19132276   280182   0       0       0       0
    TX: bytes  packets  errors  dropped carrier collsns
    203497     2086     0       0       0       0
```

【例 6-7】 启动/关闭设备。

```
[root@desktop ~]# ip link set dev eno16777736 up
```

【例 6-8】 修改 MTU 值。

```
[root@desktop ~]# ip link set dev eno16777736 mtu 1500
```

【例 6-9】 修改网络设备的 MAC 地址。

```
[root@desktop ~]# ip link set dev eno16777736 address 00:11:22:33:44:55
[root@desktop ~]# ip link show
```

```
[root@desktop ~]# ip link set dev eno16777736 address 00:11:22:33:44:55
[root@desktop ~]# ip link show
1: lo: <LOOPBACK,UP,LOWER_UP> mtu 65536 qdisc noqueue state UNKNOWN mode DEFAULT

    link/loopback 00:00:00:00:00:00 brd 00:00:00:00:00:00
2: eno16777736: <BROADCAST,MULTICAST,UP,LOWER_UP> mtu 1500 qdisc pfifo_fast stat
e UP mode DEFAULT qlen 1000
    link/ether 00:11:22:33:44:55 brd ff:ff:ff:ff:ff:ff
```

2. 关于额外的 IP 相关设定：ip address

【例 6-10】 显示所有设备的 IP 参数。

```
[root@desktop ~]# ip address show
```

```
[root@desktop ~]# ip address show
1: lo: <LOOPBACK,UP,LOWER_UP> mtu 65536 qdisc noqueue state UNKNOWN
    link/loopback 00:00:00:00:00:00 brd 00:00:00:00:00:00
    inet 127.0.0.1/8 scope host lo
       valid_lft forever preferred_lft forever
    inet6 ::1/128 scope host
       valid_lft forever preferred_lft forever
2: eno16777736: <BROADCAST,MULTICAST,UP,LOWER_UP> mtu 1500 qdisc pfifo_fast stat
e UP qlen 1000
    link/ether 00:11:22:33:44:55 brd ff:ff:ff:ff:ff:ff
    inet 172.16.0.10/24 brd 172.16.0.255 scope global eno16777736
       valid_lft forever preferred_lft forever
    inet6 fe80::20c:29ff:fec5:355a/64 scope link
       valid_lft forever preferred_lft forever
```

【例 6-11】 为以太网接口 eno16777736 增加一个地址 192.168.0.11,标签 eno16777736:1。

```
[root@desktop ~]# ip addr add 192.168.0.11/24 brd + dev eno16777736 label eno16777736:1
```

```
[root@desktop ~]# ip addr add 192.168.0.11/24 brd + dev eno16777736 label eno167
77736:1
[root@desktop ~]# ip add show
1: lo: <LOOPBACK,UP,LOWER_UP> mtu 65536 qdisc noqueue state UNKNOWN
    link/loopback 00:00:00:00:00:00 brd 00:00:00:00:00:00
    inet 127.0.0.1/8 scope host lo
       valid_lft forever preferred_lft forever
    inet6 ::1/128 scope host
       valid_lft forever preferred_lft forever
2: eno16777736: <BROADCAST,MULTICAST,UP,LOWER_UP> mtu 1500 qdisc pfifo_fast stat
e UP qlen 1000
    link/ether 00:11:22:33:44:55 brd ff:ff:ff:ff:ff:ff
    inet 172.16.0.10/24 brd 172.16.0.255 scope global eno16777736
       valid_lft forever preferred_lft forever
    inet 192.168.0.11/24 brd 192.168.0.255 scope global eno16777736:1
       valid_lft forever preferred_lft forever
    inet6 fe80::20c:29ff:fec5:355a/64 scope link
       valid_lft forever preferred_lft forever
```

【例 6-12】 删除一个协议地址。

```
[root@desktop ~]# ip add del 192.168.0.11/24 brd + dev eno16777736 label eno16777736:1
```

```
[root@desktop ~]# ip  add del 192.168.0.11/24 brd + dev eno16777
736:1
[root@desktop ~]# ip add show
1: lo: <LOOPBACK,UP,LOWER_UP> mtu 65536 qdisc noqueue state UNKNOWN
    link/loopback 00:00:00:00:00:00 brd 00:00:00:00:00:00
    inet 127.0.0.1/8 scope host lo
       valid_lft forever preferred_lft forever
    inet6 ::1/128 scope host
       valid_lft forever preferred_lft forever
2: eno16777736: <BROADCAST,MULTICAST,UP,LOWER_UP> mtu 1500 qdisc pfifo_fast state
UP qlen 1000
    link/ether 00:11:22:33:44:55 brd ff:ff:ff:ff:ff:ff
    inet 172.16.0.10/24 brd 172.16.0.255 scope global eno16777736
       valid_lft forever preferred_lft forever
    inet6 fe80::20c:29ff:fec5:355a/64 scope link
       valid_lft forever preferred_lft forever
```

3. 关于路由的设定：ip route

【例 6-13】 显示当前路由信息。

```
[root@desktop ~]# ip route show
```

```
[root@desktop ~]# ip route show
default via 172.16.0.1 dev eno16777736  proto static  metric 1024
172.16.0.0/24 dev eno16777736  proto kernel  scope link  src 172.16.0.10
```

show：单纯地显示出路由表，也可以使用 list。

【例 6-14】 增加通往外部的路由，需要通过外部路由器。

```
[root@desktop ~]# ip route add 192.168.10.0/24 via 172.16.0.254 dev eno16777736
[root@desktop ~]# ip route show
```

```
[root@desktop ~]# ip route add 192.168.10.0/24 via 172.16.0.254 dev eno16777736
[root@desktop ~]# ip route show
default via 172.16.0.1 dev eno16777736  proto static  metric 1024
172.16.0.0/24 dev eno16777736  proto kernel  scope link  src 172.16.0.10
192.168.0.0/24 dev eno16777736  proto kernel  scope link  src 192.168.0.11
192.168.10.0/24 via 172.16.0.254 dev eno16777736
```

add：增加路由。

【例 6-15】 删除路由。

```
[root@desktop ~]# ip route del 192.168.10.0/24
[root@desktop ~]# ip route show
```

```
[root@desktop ~]# ip route del 192.168.10.0/24
[root@desktop ~]# ip route show
default via 172.16.0.1 dev eno16777736  proto static  metric 1024
172.16.0.0/24 dev eno16777736  proto kernel  scope link  src 172.16.0.10
192.168.0.0/24 dev eno16777736  proto kernel  scope link  src 192.168.0.11
```

del：删除路由。

6.6.3　检查网络状况命令 netstat

格式：

```
netstat[选项]
```

功能：查看网络当前连接状态,检查网络接口配置信息或路由表,获取各种网络协议的运行统计信息。

常用选项说明如下。

- -a　显示所有连接的信息,包括正在侦听的信息。
- -I　显示所有已配置的网络设备的统计信息。
- -c　持续更新网络状态(每秒一次)直至被人为终止(按快捷键 Ctrl＋C)。
- -r　显示内核路由表。
- -n　以 IP 地址代替主机名称,显示网络连接情况。
- -v　显示 netstat 的版本信息。
- -t　显示 TCP 的连接情况。
- -u　显示 UDP 的连接情况。

显示当前网络套接字连接的状态。

```
[root@desktop ~]# netstat - vat
```

```
[root@desktop ~]# netstat -vat
Active Internet connections (servers and established)
Proto Recv-Q Send-Q Local Address        Foreign Address      State
tcp        0      0 localhost:smtp       0.0.0.0:*            LISTEN
tcp        0      0 0.0.0.0:41828        0.0.0.0:*            LISTEN
tcp        0      0 0.0.0.0:sunrpc       0.0.0.0:*            LISTEN
tcp        0      0 0.0.0.0:ssh          0.0.0.0:*            LISTEN
tcp        0      0 localhost:ipp        0.0.0.0:*            LISTEN
tcp6       0      0 localhost:smtp       [::]:*              LISTEN
tcp6       0      0 [::]:55407           [::]:*              LISTEN
tcp6       0      0 [::]:sunrpc          [::]:*              LISTEN
tcp6       0      0 [::]:ssh             [::]:*              LISTEN
tcp6       0      0 localhost:ipp        [::]:*              LISTEN
```

主要字段的含义如下。

- Proto：显示连接使用的协议。
- Recv-Q：表示连接到本套接字接口上的进程号。
- Send-Q：显示套接字的类型。
- Local Address：表示连接到套接字的其他进程使用的本地地址。
- Foreign Address：表示连接到套接字的其他进程使用的外部地址。
- State：显示套接字当前的状态。

显示当前网络接口的状况。

```
[root@desktop ~]# netstat -i
```

```
[root@desktop ~]# netstat -i
Kernel Interface table
Iface     MTU    RX-OK RX-ERR RX-DRP RX-OVR  TX-OK TX-ERR TX-DRP TX-OVR Flg
eno16777  1500  332394      0     21 0        2102      0      0      0 BMRU
eno16777  1500        - no statistics available -                       BMRU
lo        65536   1392      0      0 0        1392      0      0      0 LRU
```

各字段的含义如下。

- Iface：设备名称。
- MTU：接口的最大传输单位。
- RX-OK：正确接收的数据包数目。
- RX-ERR：接收的错误数据包的数目。
- RX-DRP：接收时丢弃的错误数据包的数目。
- RX-OVR：接收时因误差所遗失的数据包的数目。
- TX-OK：正确发送的数据包数目。
- TX-ERR：发送的错误数据包的数目。
- TX-DRP：发送时丢弃的错误数据包的数目。
- TX-OVR：发送时因误差所遗失的数据包的数目。
- Flg：接口设置的标记,各标记字母的意义如下。

U(Up)表示此路由当前为启动状态。

H(Host)表示此网关为一主机。

G(Gateway)表示此网关为一路由器。

R(Reinstate Route)表示使用动态路由重新初始化的路由。

D(Dynamically)表示此路由是动态性地写入。

M(Modified)表示此路由是由路由守护程序或导向器动态修改。

! 表示此路由当前为关闭状态。

6.6.4 ping 命令

格式：

```
ping[选项] IP地址|主机名
```

功能：主要用于测试本机与网络上另一台计算机的网络连接是否正确,在架设网络和排除网络故障时显得特别有用。ping 命令实际上是利用 ICMP 向目标主机发送 ECHO-REQUEST 数据包,试图使目标主机回应 ECHO-RESPONSE 数据包。如果能够正确收到目标主机的回应,则表明网络是畅通的,否则表明网络连接有问题。

常用选项说明如下。

- -c 次数：指定发送数据包的次数。
- -f：快速、大量地向目标主机发送数据包。
- -i 秒数：设置发送数据包的时间间隔。默认情况下,ping 命令每隔 1 秒发送一次数据包,并等待目标主机的回应。

Linux系统基础及服务器配置教程与实验

168

- -s 尺寸：指定数据包的尺寸(不含封装数据包用的网络包头)。默认情况下，数据包的尺寸为 56B，加上网络包头 8B，共计 64B。
- -r：绕开路由表，直接向目标主机发送数据包，通常用于检查网络配置是否有问题，如果有问题，命令返回-1。
- -q：不显示任何传送信息，只显示最后的结果。
- -l 次数：在指定的次数内，以最快的方式发送数据包到目标主机。
- -p patten：指定数据包的模式。

检查本机网络设备的工作情况(假定本机的 IP 地址为 172.16.101.9)。

```
[root@desktop ~]# ping 172.16.101.9
```

```
[root@desktop ~]# ping 172.16.101.9
PING 172.16.101.9 (172.16.101.9) 56(84) bytes of data.
64 bytes from 172.16.101.9: icmp_seq=1 ttl=64 time=0.032 ms
64 bytes from 172.16.101.9: icmp_seq=2 ttl=64 time=0.082 ms
64 bytes from 172.16.101.9: icmp_seq=3 ttl=64 time=0.083 ms
64 bytes from 172.16.101.9: icmp_seq=4 ttl=64 time=0.078 ms
64 bytes from 172.16.101.9: icmp_seq=5 ttl=64 time=0.102 ms
^C
--- 172.16.101.9 ping statistics ---
5 packets transmitted, 5 received, 0% packet loss, time 4005ms
rtt min/avg/max/mdev = 0.032/0.075/0.102/0.024 ms
```

如果使用本机的 IP 地址作为目标主机的 IP 地址，则可以测试本机网络设备是否能正常工作。在 Linux 系统中，ping 命令无休止地向目标主机发送数据包，可按快捷键 Ctrl+C 终止数据包的发送。在返回的信息中，ttl 表示数据包在被丢弃前所能经历的路由器的最大数目。在 ping 命令的返回信息中，time 表示从发送数据包到接收到目标主机的回应数据包之间的时间间隔。在 ping 命令返回信息的最后是一些统计信息，主要包括发送数据包的数目、接收到的回应数据包的数目、数据包丢失百分比及传送时间的统计信息。根据 ping 命令的返回信息，用户应该能够直观地判断网络的工作情况是否正常。

检查与指定主机的网络连接情况(假定目标主机的 IP 地址为 172.16.101.8)。

```
[root@desktop ~]# ping 172.16.101.8
```

```
[root@desktop ~]# ping 172.16.101.8
PING 172.16.101.8 (172.16.101.8) 56(84) bytes of data.
64 bytes from 172.16.101.8: icmp_seq=1 ttl=64 time=0.183 ms
64 bytes from 172.16.101.8: icmp_seq=2 ttl=64 time=0.656 ms
64 bytes from 172.16.101.8: icmp_seq=3 ttl=64 time=0.583 ms
64 bytes from 172.16.101.8: icmp_seq=4 ttl=64 time=0.585 ms
64 bytes from 172.16.101.8: icmp_seq=5 ttl=64 time=0.714 ms
^C
--- 172.16.101.8 ping statistics ---
5 packets transmitted, 5 received, 0% packet loss, time 4010ms
rtt min/avg/max/mdev = 0.183/0.544/0.714/0.187 ms
```

此时表明网络连接。

6.6.5　nslookup 命令

格式：

```
nslookup [ - SubCommand...][{Computer ToFind|[ - Server]}]
```

功能：nslookup 显示可用来诊断域名系统(DNS)基础结构的信息。只有在已安装

TCP/IP 协议的情况下才可以使用 nslookup 命令行工具。

nslookup 有两种模式：交互式和非交互式。

如果仅需要查找一块数据，则使用非交互式模式。对于第 1 个参数，输入要查找的计算机的名称或 IP 地址。对于第 2 个参数，输入 DNS 名称服务器的名称或 IP 地址。如果省略第 2 个参数，nslookup 使用默认 DNS 名称服务器。

如果需要查找多块数据，可以使用交互式模式。为第 1 个参数输入连字符"-"，为第 2 个参数输入 DNS 名称服务器的名称或 IP 地址。或者省略两个参数，则 nslookup 使用默认 DNS 名称服务器。下面是一些在交互式模式下工作的提示。

要随时中断交互式命令，可以按 Ctrl＋B 快捷键。要退出，可以输入 exit。如果查找请求失败，nslookup 将打印错误消息。

检查当前主机的 DNS 服务器地址。

```
[root@desktop ~]# nslookup
```

```
[root@desktop ~]# nslookup
> server
Default server: 172.16.101.136
Address: 172.16.101.136#53
```

6.6.6　traceroute 命令

格式：

```
traceroute [－dFlnrvx][－f<存活数值>][－g<网关>…][－i<网络界面>][－m<存活数值>][－p
<通信端口>][－s<来源地址>][－t<服务类型>][－w<超时秒数>][主机名称或 IP 地址][数据包大小]
```

功能：显示数据包到主机间的路径。

补充说明：traceroute 指令可以追踪网络数据包的路由途径，预设数据包大小是 40B，用户可另行设置。

参数说明如下。

-d：使用 Socket 层级的排错功能。

-f<存活数值>：设置第一个检测数据包的存活数值 TTL 的大小。

-g<网关>：设置来源路由网关，最多可设置 8 个。

-i<网络界面>：使用指定的网络界面送出数据包。

-m<存活数值>：设置检测数据包最大存活数值 TTL 的大小。

-p<通信端口>：设置 UDP 传输协议的通信端口。

-s<来源地址>：设置本地主机送出数据包的 IP 地址。

-t<服务类型>：设置检测数据包的 TOS 数值。

-w<超时秒数>：设置等待远端主机回报的时间。

【例 6-16】　跟踪到主机 172.16.101.8 之间的路由。

```
[root@desktop ~]# traceroute 172.16.101.8
```

```
[root@desktop ~]# traceroute 172.16.101.8
traceroute to 172.16.101.8 (172.16.101.8), 30 hops max, 60 byte packets
 1  172.16.101.8 (172.16.101.8)  0.203 ms  0.071 ms  0.052 ms
```

6.7　实验：常用的网络配置命令

6.7.1　实验目的

（1）学会使用命令配置主机名、IP 地址等。
（2）熟悉常用的网络配置及测试命令。

6.7.2　实验内容

本实验的目的是学习使用命令配置网络，包括主机名、IP 地址等；使用 ifconfig 配置 IP 地址、禁用和启用网卡、更改网卡 MAC 地址、使用 route 命令设置路由；使用图形界面配置工具配置网络；使用 ping 命令检测网络状况、使用 netstat 命令检测主机的网络配置和状况、使用 traceroute 命令实现路由跟踪、使用 arp 命令配置并查看 Linux 系统的 ARP 缓存。

6.7.3　实验步骤

1. 使用命令配置网络

（1）查看所有可用网络连接。

```
[root@localhost ~]# nmcli connection show
```

```
[root@localhost ~]# nmcli connection show
NAME          UUID                                   TYPE           DEVICE
eno16777736   d19b7763-ecb5-4669-8cab-7becfe11a996   802-3-ethernet eno16777736
```

（2）查看可用网络连接 eno16777736 详细信息。

```
[root@localhost ~]# nmcli connection show eno16777736
```

```
[root@localhost ~]# nmcli connection show eno16777736
connection.id:                      eno16777736
connection.uuid:                    d19b7763-ecb5-4669-8cab-7becfe11a996
connection.interface-name:          --
connection.type:                    802-3-ethernet
connection.autoconnect:             yes
connection.timestamp:               1575255012
connection.read-only:               no
connection.permissions:
connection.zone:                    --
connection.master:                  --
connection.slave-type:              --
connection.secondaries:
connection.gateway-ping-timeout:    0
802-3-ethernet.port:                --
802-3-ethernet.speed:               0
802-3-ethernet.duplex:              --
802-3-ethernet.auto-negotiate:      yes
802-3-ethernet.mac-address:         00:0C:29:C5:35:5A
802-3-ethernet.cloned-mac-address:  --
802-3-ethernet.mac-address-blacklist:
802-3-ethernet.mtu:                 auto
802-3-ethernet.s390-subchannels:
802-3-ethernet.s390-nettype:        --
802-3-ethernet.s390-options:
```

（3）查看可用网卡设备信息。

```
[root@localhost ~]# nmcli device show
```

```
[root@localhost ~]# nmcli device show
GENERAL.DEVICE:                         eno16777736
GENERAL.TYPE:                           ethernet
GENERAL.HWADDR:                         00:0C:29:C5:35:5A
GENERAL.MTU:                            1500
GENERAL.STATE:                          100 (connected)
GENERAL.CONNECTION:                     eno16777736
GENERAL.CON-PATH:                       /org/freedesktop/NetworkManager/ActiveCo
nnection/12
WIRED-PROPERTIES.CARRIER:               on
IP4.ADDRESS[1]:                         ip = 172.16.101.9/24, gw = 172.16.101.1
IP4.DNS[1]:                             172.16.101.136
IP6.ADDRESS[1]:                         ip = fe80::20c:29ff:fec5:355a/64, gw = :
:

GENERAL.DEVICE:                         lo
GENERAL.TYPE:                           loopback
GENERAL.HWADDR:                         00:00:00:00:00:00
GENERAL.MTU:                            65536
GENERAL.STATE:                          10 (unmanaged)
GENERAL.CONNECTION:                     --
GENERAL.CON-PATH:                       --
IP4.ADDRESS[1]:                         ip = 127.0.0.1/8, gw = 0.0.0.0
IP6.ADDRESS[1]:                         ip = ::1/128, gw = ::
```

（4）查看网卡 eno16777736 详细信息。

```
[root@localhost ~]# nmcli device show eno16777736
```

```
[root@localhost ~]# nmcli device show eno16777736
GENERAL.DEVICE:                         eno16777736
GENERAL.TYPE:                           ethernet
GENERAL.HWADDR:                         00:0C:29:C5:35:5A
GENERAL.MTU:                            1500
GENERAL.STATE:                          100 (connected)
GENERAL.CONNECTION:                     eno16777736
GENERAL.CON-PATH:                       /org/freedesktop/NetworkManager/ActiveConnection/12
WIRED-PROPERTIES.CARRIER:               on
IP4.ADDRESS[1]:                         ip = 172.16.101.9/24, gw = 172.16.101.1
IP4.DNS[1]:                             172.16.101.136
IP6.ADDRESS[1]:                         ip = fe80::20c:29ff:fec5:355a/64, gw = ::
```

（5）确保主机名在网络中是唯一的，否则通信会受到影响，建议设置主机名时要有规则地进行设置（比如按照主机功能划分）。

① 打开 Linux 的虚拟终端，使用 Vim 编辑/etc/hosts 文件，修改主机名为 centos7。

```
[root@localhost ~]# vim /etc/hosts
```

```
root@localhost:~
文件(F)  编辑(E)  查看(V)  搜索(S)  终端(T)  帮助(H)
172.16.101.9      centos7.localdomain centos7
::1               localhost localhost.localdomain loca
```

② 通过编辑/etc/sysconfig/network 文件中的 HOSTNAME 字段修改主机名。

```
[root@localhost ~]# cat /etc/sysconfig/network
```

```
文件(F)  编辑(E)  查看(V)  搜索(S)
# Created by anaconda
NETWORKING=yes
HOSTNAME=centos7.localdomain
GATEWAY=172.16.101.1
```

我们修改主机名为 centos7。

注意：如果 host 里没有设置本地解析就可以不管，修改主机名后需要重启系统生效。
我们设置完主机名生效后，可以使用 hostname 查看当前主机名称。

```
[root@centos7 ~]# hostname
```

```
[root@centos7 ~]# hostname
centos7
```

③ 可以使用两个简单的命令临时设置主机名。

a. 最常用的是使用 hostname 来设置。格式如下：

```
hostname 主机名
```

```
[root@centos7 ~]# hostname localhost
[root@centos7 ~]# hostname
```

```
[root@centos7 ~]# hostname localhost
[root@centos7 ~]# hostname
localhost
```

b. 用 sysctl 命令修改内核参数。格式如下：

sysctl kernel. hostname＝主机名

```
[root@centos7 ~]# sysctl kernel. hostname = centos7
[root@centos7 ~]# hostname
```

```
[root@centos7 ~]# sysctl kernel.hostname=centos7
kernel.hostname = centos7
[root@centos7 ~]# hostname
centos7
```

（6）为网络设备 eno16777736 创建一个名为 file 的网络连接。

```
[root@localhost ~]# nmcli connection add con-name file ifname eno16777736 type ethernet
autoconnect yes
```

```
[root@localhost ~]# nmcli connection add con-name file ifname eno16777736 type ethernet autoc
onnect yes
Connection 'file' (9783fbde-d709-44d5-83b4-1996b4bbc32f) successfully added.
```

（7）删除网络设备 eno16777736 上的 file 连接。

```
[root@localhost ~]# nmcli connection delete file
```

```
[root@localhost ~]# nmcli connection delete file
```

（8）使用 ifconfig 配置 IP 地址，修改 IP 地址为 172. 16. 101. 10。

```
[root@localhost ~]# ifconfig eno16777736 172.16.101.10 netmask 255.255.255.0
```

（9）禁用和启用网卡。

① 对于网卡的禁用和启用，依然可以使用 ifconfig 命令。

命令格式：

```
ifconfig 网卡名称 down                    ♯禁用网卡
ifconfig 网卡名称 up                      ♯启用网卡
```

使用 ifconfig eth0 down 命令后,在 Linux 主机上还可以 ping 通 eth0 的 IP 地址,但是在其他主机上就 ping 不通 eth0 地址了。

使用 ifconfig eth0 down 命令后启用 eth0 网卡。

② 使用 ifdown eth0 和 ifup 命令也可以实现禁用和启用网卡的效果。

命令格式:

```
ifdown 网卡名称                           ♯禁用网卡
ifup 网卡名称                             ♯禁用网卡
```

注意:如果使用 ifdown eth0 禁用 eth0 网卡,在 Linux 主机上也不能 ping 通 eth0 的 IP 地址。

(10) 更改网卡 MAC 地址。

MAC 地址也叫物理地址或者硬件地址。它是全球唯一的地址,由网络设备制造商生产时写在网卡内部。MAC 地址的长度为 48 位(6 字节),通常表示为 12 个十六进制数,每两个十六进制数之间用冒号隔开,比如,00:0C:29:EC:FD:83 就是一个 MAC 地址。其中前 6 位十六进制数 00:0C:29 代表网络硬件制造商的编号,它由 IEEE(电气与电子工程师协会)分配,而后 3 位十六进制数 EC:FD:83 代表该制造商所制造的某个网产品(如网卡)的系列号。

更改网卡 MAC 地址时,需要先禁用该网卡,然后使用 ifconfig 命令进行修改。

命令格式:

```
ifconfig 网卡名 hw ether MAC 地址
```

我们来修改 eth0 网卡的 MAC 地址为 00:11:22:33:44:55。

```
[root@localhost ~]♯ ifdown eth0
[root@localhost ~]♯ ifconfig eth0 hw ether 00:11:22:33:44:55
```

通过 ifconfig 命令可以看到 eth0 的 MAC 地址已经被修改成 00:11:22:33:44:55 了。

注意:①如果不先禁用网卡,就会发现提示错误,修改不生效;②ifconfig 命令修改 IP 地址和 MAC 地址是临时生效的,重新启动系统后设置失效。我们可以通过修改网卡配置文件使其永久生效。

(11) 使用 route 命令。

route 命令可以说是 ifconfig 命令的黄金搭档,也像 ifconfig 命令一样,几乎所有的 Linux 发行版都可以使用该命令。route 通常用来进行路由设置。比如添加或者删除路由条目以及查看路由信息,当然也可以设置默认网关。

① 用 route 命令设置网关。

route 命令格式:

```
route add default gw ip 地址              ♯添加默认网关
route del default gw ip 地址              ♯删除默认网关
```

我们把 Linux 主机的默认网关设置为 172.16.101.1,设置好后可以使用 route 命令查看网关情况。

② 查看本机路由表信息。

```
[root@centos7 ~]# route add default gw 172.16.10.1
```

```
[root@centos7 ~]# route add default gw 172.16.101.1
[root@centos7 ~]# route
Kernel IP routing table
Destination     Gateway         Genmask         Flags Metric Ref    Use Iface
default         172.16.101.1    0.0.0.0         UG    0      0        0 eno16777
736
default         172.16.101.1    0.0.0.0         UG    1024   0        0 eno16777
736
172.16.101.0    0.0.0.0         255.255.255.0   U     0      0        0 eno16777
736
```

注意:route 命令设置网关也是临时生效的,重启系统后失效。

上面输出的路由表中,各项信息的含义如下。

- Destination:目标网络 IP 地址,可以是一个网络地址,也可以是一个主机地址。
- Gateway:网关地址,即该路由条目中下一跳的路由器 IP 地址。
- Genmask:路由项的子网掩码,与 Destination 信息进行"与"运算得出目标地址。
- Flags:路由标志。其中 U 表示路由项是活动的,H 表示目标是单个主机,G 表示使用网关,R 表示对动态路由进行复位,D 表示路由项是动态安装的,M 表示动态修改路由,"!"表示拒绝路由。
- Metric:路由开销值,用以衡量路径的代价。
- Ref:依赖于本路由的其他路由条目。
- Use:该路由项被使用的次数。
- Iface:该路由项发送数据包使用的网络接口。

③ 添加/删除路由条目。

在路由表中添加路由条目,其命令语法格式如下:

```
route add - net/host 网络/主机地址 netmask 子网掩码 [dev 网络设备名] [gw 网关]
```

在路由表中删除路由条目,其命令语法格式如下:

```
route del - net/host 网络/主机地址 netmask
```

下面是几个配置实例。

a. 添加到达目标网络 172.16.101.0/24 的网络路由,经由 eno16777736 网络接口,并由路由器 172.16.101.254 转发。

```
[root@localhost ~]# route add - net 172.16.101.0 netmask 255.255.255.0 \gw 172.16.101.254
dev eno16777736
```

注意:若命令太长,一行写不下时,可以使用斜杠"\"来转义 Enters 符号,使命令连续到下一行。但反斜杠后立刻接特殊字符才能转义。

b. 添加到达 172.16.101.9 的主机路由,经由 eno16777736 网络接口,并由路由器 172.16.101.254 转发。

```
[root@localhost ~]# route add - net 172.16.101.9 netmask 255.255.255.0 \gw 172.16.101.254
dev eno16777736
```

c. 删除到达目标网络 172.16.101.0/24 的路由条目。

```
[root@localhost ~]# route del - net 172.16.101.0 netmask 255.255.255.0
```

d. 删除到达主机 172.16.101.9 的路由条目。

```
[root@localhost ~]# route del - host 172.16.101.9 netmask 255.255.255.0
```

2. 使用图形界面工具配置网络

详见 6.3 节内容。

3. 常用的网络配置、测试命令

详见 6.6 节内容。

6.8   习题

1. 填空题

(1) _____文件主要用于设置基本的网络配置,包括主机名称、网关等。

(2) 一块网卡对应一个配置文件,配置文件位于目录_____中,文件名以_____开始后跟网卡类型(通常使用的以太网卡用_____代表)加网卡的序号(从"0"开始)。如第二块以太网卡的配置文件名为_____。

(3) _____文件是 DNS 客户端用于指定系统所用的 DNS 服务器的 IP 地址。

(4) _____文件用于保存各种网络服务名称与该网络服务所使用的协议及默认端口号的映射关系。

(5) 查看系统的守护进程可以使用_____命令。

2. 选择题

(1) 当运行在多用户的模式下时,用 Ctrl+Alt+F*(* 表示 1、2、3、…、12)快捷键可以切换(   )个虚拟用户终端。

    A. 1   B. 3   C. 6   D. 12

(2) 使用(   )命令能查看当前的运行级别。

    A. /sbin/runlevel   B. /sbin/fdisk

    C. /sbin/fsck   D. /sbin/halt

(3) 关于 Linux 运行级别的错误描述的是(   )。

    A. (runlevel)1 是单用户模式

    B. (runlevel)2 是带 NFS 功能的多用户模式

    C. (runlevel)6 是重启系统

D. (runlevel)5 是图形登录模式

（4）以下（　　）命令用来启动 X-Window。

    A. startX   B. runx   C. startx   D. xwin

（5）以下（　　）命令能用来显示 server 当前正在监听的端口。

    A. ifconfig   B. netlst   C. iptables   D. netstat

（6）以下（　　）文件存储机器名到 IP 地址的映射。

    A. /etc/hosts   B. /etc/host

    C. /etc/host. equiv   D. /etc/hdinit

（7）快速启动网卡 eth0 的命令是（　　）。

    A. ifconfig eth0 noshut   B. ipconfig eth0 noshut

    C. ifnoshut eth0   D. ifup eth0

（8）设置 Linux 系统默认运行级别的文件是（　　）。

    A. /etc/init   B. /etc/inittab

    C. /var/inittab   D. /etc/initial

（9）Linux 系统提供了一些网络测试命令，当与某远程网络连接不上时，就需要跟踪路由查看、了解在网络的什么位置出现了问题，下面的命令中，满足该目的的命令是（　　）。

    A. ping   B. ifconfig   C. traceroute   D. netstat

（10）拨号上网使用的协议通常是（　　）。

    A. PPP   B. UUCP   C. SLIP   D. Ethernet

第 2 篇

服务器配置与管理

第 7 章

配置与管理Samba服务器

7.1 基本概念

对于接触 Linux 的用户来说,听得最多的就是 Samba 服务,为什么是 Samba 呢?原因是 Samba 最先在 Linux 和 Windows 两个平台之间架起了一座桥梁,正是由于 Samba 的出现,我们可以在 Linux 系统和 Windows 系统之间互相通信,比如复制文件、实现不同操作系统之间的资源共享等,我们可以将其架设成一个功能非常强大的文件服务器,也可以将其架设成打印服务器来提供本地和远程联机打印,甚至我们可以使用 Samba Server 完全取代 NT/2K/2K3 中的域控制器,进行域管理工作,使用也非常方便。

教学目标

- 了解 Samba 环境及协议。
- 掌握 Samba 的工作原理。
- 掌握主配置文件 Samba.conf 的主要配置。
- 掌握 Linux 和 Windows 客户端共享 Samba 服务器资源的方法。

7.1.1 Samba 应用环境

(1) 文件和打印机共享:文件和打印机共享是 Samba 的主要功能,SMB(Server Message Block)进程实现资源共享,将文件和打印机发布到网络中,以供用户访问。

(2) 身份验证和权限设置:smbd 服务支持 user mode 和 domain mode 等身份验证和权限设置模式,通过加密方式可以保护共享的文件和打印机。

(3) 名称解析:Samba 通过 nmbd 服务可以搭建 NBNS(NetBIOS Name Service)服务器,提供名称解析,将计算机的 NetBIOS 名解析为 IP 地址。

(4) 浏览服务:在局域网中,Samba 服务器可以成为本地主浏览服务器(LMB),保存可用资源列表,当使用客户端访问 Windows 网上邻居时,会提供浏览列表,显示共享目录、打印机等资源。

7.1.2 SMB 协议

SMB 通信协议可以看作是局域网上共享文件和打印机的一种协议。它是 Microsoft 和 Intel 在 1987 年制定的协议,主要是作为 Microsoft 网络的通信协议,而 Samba 则是将 SMB 协议搬到 UNIX 系统上来使用。通过 NetBIOS over TCP/IP 使用 Samba 不但能与局域网络主机共享资源,也能与全世界的计算机共享资源。因为互联网上千千万万的主机所使用的通信协议就是 TCP/IP。SMB 是会话层和表示层以及小部分应用层的协议,SMB 使用了 NetBIOS 的应用程序接口 API。另外,它是一个开放性的协议,允许协议扩展,这使其变得庞大而复杂,大约有 65 个最上层的作业,而每个作业都有 120 个以上的函数。

7.1.3 Samba 工作原理

Samba 服务功能强大,这与其通信基于 SMB 协议有关。SMB 不仅提供目录和打印机共享,还支持认证、权限设置。在早期,SMB 运行于 NBT 协议(NetBIOS over TCP/IP)上,使用 UDP 协议的 137、138 端口及 TCP 的 139 端口,后期 SMB 经过开发,可以直接运行于 TCP/IP 上,没有额外的 NBT 层,使用 TCP 的 445 端口。

(1) Samba 工作流程。当客户端访问服务器时,信息通过 SMB 协议进行传输,其工作过程可以分成 4 个步骤。

① 协议协商。客户端在访问 Samba 服务器时,发送 negprot 指令数据包,告知目标计算机其支持的 SMB 类型。Samba 服务器根据客户端的情况,选择最优的 SMB 类型并做出回应。

② 建立连接。当 SMB 类型确认后,客户端会发送 session setup 指令数据包,提交账号和密码,请求与 Samba 服务器建立连接,如果客户端通过身份验证,Samba 服务器会对 session setup 报文做出回应,并为用户分配唯一的 UID,在客户端与其通信时使用。

③ 访问共享资源。客户端访问 Samba 共享资源时,发送 tree connect 指令数据包,通知服务器需要访问的共享资源名,如果设置允许,Samba 服务器会为每个客户端共享资源连接分配 TID,客户端即可访问需要的共享资源。

④ 断开连接。共享使用完毕,客户端向服务器发送 tree disconnect 报文关闭共享,与服务器断开连接。

(2) Samba 相关进程。Samba 服务由两个进程组成,分别是 nmbd 和 smbd。

- nmbd:其功能是进行 NetBIOS 名解析,并提供浏览服务显示网络上的共享资源列表。
- smbd:其主要功能是用来管理 Samba 服务器上的共享目录、打印机等,主要是针对网络上的共享资源进行管理服务。当要访问服务器时,要查找共享文件,这时我们要依靠如 smbd 这个进程来管理数据传输。

7.2 项目设计与准备

对于一个完整的计算机网络,不仅有 Linux 网络服务器,也有 Windows Server 网络服务器;不仅有 Linux 客户端,也有 Windows 客户端。利用 Samba 服务可以实现 Linux 系统和 Windows 系统之间的资源共享,以实现文件和打印共享。

在进行本章的教学与实验前,需要做好如下准备。

(1) 已经安装好的 CentOS。

(2) CentOS 安装光盘或 ISO 镜像文件。

(3) Linux 客户端。

(4) Windows 客户端。

(5) VMware 10 以上虚拟机软件。以上环境可以用虚拟机实现。

7.3　实验:安装并配置 Samba 服务器

7.3.1　实验目的

(1) 掌握安装 Samba 服务的方法。

(2) 学会启动与停止 Samba 服务。

(3) 掌握 Samba 服务器配置的工作流程。

(4) 掌握主配置文件 Samba.conf 的主要配置方法。

(5) 掌握配置 Samba 客户端的方法。

7.3.2　实验内容

1. Samba 服务器目录

公共目录/share、销售部/sales、技术部/tech。

2. 企业员工情况

主管:总经理 master;销售部:销售部经理 mike,员工 sky、marry;技术部:技术部经理 tom,员工 sunny、bill。

公司使用 Samba 搭建文件服务器,需要建立公共共享目录,允许所有人访问,权限为只读。为销售部建立单独的目录,只允许总经理和对应部门员工访问,并且公司员工无法在网络邻居查看到非本部门的共享目录。

3. 需求分析

对于建立公共的共享目录,使用 public 字段很容易实现匿名访问。但是,注意后面公司的需求,只允许本部门访问自己的目录,其他部门的目录不可见。这就要设置目录共享字段 browseable=no,以实现隐藏功能,但是如果这样设置,所有用户都无法查看该共享。因为对同一共享目录有多种需求,一个配置文件无法完成这项工作,这时需要考虑建立配置文件,以满足不同员工访问需要。但是为每个用户建立一个配置文件,显然操作太烦琐了。我们可以为每个部门建立一个组,并为每个组建立配置文件,实现隔离用户的目标。

7.3.3 实验步骤

1. 安装 Samba 服务

1) 安装 yum 源文件

建议在安装 Samba 服务之前,使用 rpm 命令检测系统是否安装了 Samba 相关性软件包。

```
[root@localhost ~]# rpm - qa|grep samba
```

```
[root@localhost ~]# rpm -qa|grep samba
samba-client-4.1.1-31.el7.x86_64
samba-common-4.1.1-31.el7.x86_64
samba-libs-4.1.1-31.el7.x86_64
```

如果系统还没有安装 Samba 软件包,我们则可以使用 yum 命令安装所需软件包。

(1) 挂载 ISO 安装镜像。

挂载光盘到/iso 下。

```
[root@localhost ~]# mkdir /iso
[root@localhost ~]# mount /dev/cdrom /iso
```

(2) 制作用于安装的 yum 源文件。

```
[root@localhost ~]# vim /etc/yum.repos.d/dvd.repo
```

dvd.repo 文件的内容如下:

```
# /etc/yum.repos.d/dvd.repo
# or for ONLY the media repo, do this:
# yum --disablerepo=\* --enablerepo=c6-media [command]
[dvd]
name=dvd
baseurl=file:///iso
gpgcheck=0
enabled=1
```

使用以下命令查看 Samba 软件包的信息。

```
[root@localhost ~]# yum info samba
```

```
[root@localhost ~]# yum info samba
已加载插件: fastestmirror, langpacks
dvd                                           | 3.6 kB     00:00
(1/2): dvd/group_gz                           | 157 kB     00:00
(2/2): dvd/primary_db                         | 4.9 MB     00:00
Determining fastest mirrors
可安装的软件包
名称    : samba
架构    : x86_64
版本    : 4.1.1
发布    : 31.el7
大小    : 527 k
源      : dvd
简介    : Server and Client software to interoperate with Windows machines
网址    : http://www.samba.org/
协议    : GPLv3+ and LGPLv3+
描述    : Samba is the standard Windows interoperability suite of programs for
        : Linux and Unix.
```

2) 安装 Samba 服务

使用 yum 命令安装 Samba 服务。安装前先清除缓冲。

```
[root@localhost ~]# yum clean all
```

```
[root@localhost ~]# yum clean all
已加载插件：fastestmirror, langpacks
正在清理软件源：dvd
Cleaning up everything
Cleaning up list of fastest mirrors
[root@localhost ~]# yum install samba -y
已加载插件：fastestmirror, langpacks
dvd                                              | 3.6 kB    00:00
(1/2): dvd/group_gz                              | 157 kB    00:00
(2/2): dvd/primary_db                            | 4.9 MB    00:00
Determining fastest mirrors
正在解决依赖关系
--> 正在检查事务
---> 软件包 samba.x86_64.0.4.1.1-31.el7 将被 安装
```

使用以下命令进行安装：

```
[root@localhost ~]# yum install samba - y
```

正常安装完成后，最后显示的提示信息是：

```
安装  1 软件包

总下载量：527 k
安装大小：1.5 M
Downloading packages:
Running transaction check
Running transaction test
Transaction test succeeded
Running transaction
  正在安装    : samba-4.1.1-31.el7.x86_64                    1/1
  验证中      : samba-4.1.1-31.el7.x86_64                    1/1

已安装：
  samba.x86_64 0:4.1.1-31.el7

完毕！
```

3) 查询

所有软件包安装完毕后，可以使用 rpm 命令再一次进行查询：

```
[root@localhost ~]# rpm - qa|grep samba
```

```
[root@localhost ~]# rpm -qa|grep samba
samba-client-4.1.1-31.el7.x86_64
samba-common-4.1.1-31.el7.x86_64
samba-4.1.1-31.el7.x86_64
samba-libs-4.1.1-31.el7.x86_64
```

2. 启动与停止 Samba 服务

1) Samba 服务的启动

```
[root@localhost ~]# service smb start
```

```
[root@localhost ~]# service smb start
Redirecting to /bin/systemctl start  smb.service
```

2）Samba 服务的停止

```
[root@localhost ~]# service smb stop
```

```
[root@localhost ~]# service smb stop
Redirecting to /bin/systemctl stop  smb.service
```

3）Samba 服务的重启

```
[root@localhost ~]# service smb restart
```

```
[root@localhost ~]# service smb restart
Redirecting to /bin/systemctl restart  smb.service
```

4）Samba 服务配置重新加载

```
[root@localhost ~]# service smb reload
```

```
[root@localhost ~]# service smb reload
Redirecting to /bin/systemctl reload  smb.service
```

3. Samba 服务器的配置

在 Samba 服务安装完毕之后，并不是直接可以使用 Windows 或 Linux 的客户端访问 Samba 服务器，我们还必须对服务器进行设置：告诉 Samba 服务器将哪些目录共享出来给客户端进行访问，并根据需要设置其他选项，比如添加对共享目录内容的简单描述信息和访问权限等具体设置。

1）Samba 服务器搭建

基本的 Samba 服务器的搭建流程主要分为 4 个步骤。

（1）编辑主配置文件 smb.conf，指定需要共享的目录，并为共享目录设置共享权限。

（2）在 smb.conf 文件中指定日志文件名称和存放路径。

（3）设置共享目录的本地系统权限。

（4）重新加载配置文件或重新启动 SMB 服务，使配置生效。

当客户端访问服务器时，信息通过 SMB 协议进行传送，其工作过程可以分成 4 个步骤：①协议协商；②建立连接；③访问共享资源；④断开连接，如图 7-1 所示。

2）解读主要配置文件 smb.conf

Samba 的配置文件一般就放在/etc/samba 目录中，主配置文件名为 smb.conf。如果把 Samba 服务器比喻成一个公共图书馆，那么在/etc/samba 目录中，主配置文件/etc/samba/smb.conf 就相当于这个图书馆的图书总目录，记录着大量的共享信息和规则，所以该文件是 Samba 服务非常重要的核心配置文件，几乎绝大部分的配置文件都在该文件中进行。此外，在 smb.conf 这个配置文档中本身就含有非常丰富的说明，所以在配置之前可以先看一下这些说明性的文字。

使用 ll 命令查看 smb.conf 文件属性，并使用命令 vim /etc/samba/smb.conf 查看文件的详细内容。

```
[root@localhost ~]# ll /etc/samba
```

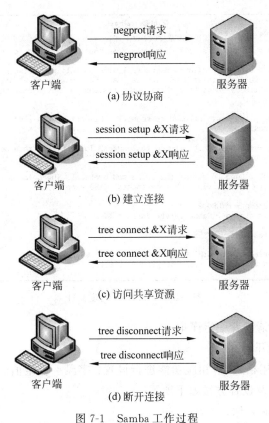

图 7-1　Samba 工作过程

```
[root@localhost ~]# ll /etc/samba
总用量 16
-rw-r--r--. 1 root root    20 6月  18 2014 lmhosts
-rw-r--r--. 1 root root 11630 6月  18 2014 smb.conf
```

使用以下命令查看 smb.conf 配置文件,如图 7-2 所示。

```
[root@localhost ~]# vim /etc/samba/smb.conf
```

smb.conf 配置文件有 288 行内容,配置也相对比较复杂,不过不用担心,Samba 开发组按照功能不同,对 smb.conf 文件进行了分段划分,条理非常清楚。

下面具体介绍 smb.conf 的内容。

(1) Samba 配置简介。

smb.conf 文件的开头部分为 Samba 配置简介,告诉 smb.conf 文件的作用及相关信息。

smb.conf 中以"♯"开头的为注释,为用户提供相关的配置解释信息,方便用户参考,不用修改它。

smb.conf 中还有以";"开头的,这些都是 Samba 配置的格式范例,默认是不生效的,可以通过去掉前面的";"并加以修改来设置想使用的功能。

(2) Global Settings。

Global Settings 设置为全局变量区域。那什么是全局变量呢? 全局变量就是说只要在 global 时进行设置,那么该设置项目就是针对所有共享资源生效的。这与以后学习的很多

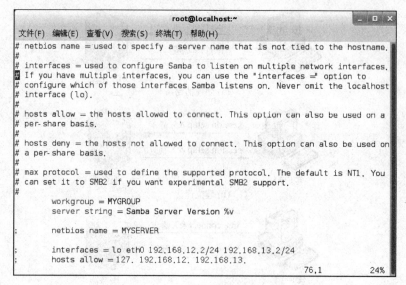

图 7-2　smb.conf 配置文件

服务器配置文件相似,请读者一定谨记。

该部分以[global]开始。

smb.conf 配置通用格式,对相应功能进行设置:字段=设定值。

[global]常用字段及设置方法如下所示。

① 设置工作组或域名称。

工作组是网络中地位平等的一组计算机,可以通过设置 workgroup 字段来对 Samba 服务器所在工作组或域名进行设置。如 workgroup=SmileGroup。

② 服务器描述。

服务器描述实际上类似于备注信息,在一个工作组中,可能存在多台服务器,为了方便用户浏览,我们可以在 server string 配置相应描述信息,这样用户就可以通过描述信息知道自己要登录哪台服务器了。如 server string=Samba Server One。

③ 设置 Samba 服务器安全模式。

Samba 服务器有 share、user、server、domain 和 ads 5 种安全模式,用来适应不同的企业服务器的需求。如 security=share。

- share 安全级别模式。客户端登录 Samba 服务器,不需要输入用户名和密码就可以浏览 Samba 服务器的资源,适用于公共的共享资源,安全性差,需要配合其他权限设置,保证 Samba 服务器的安全性。

- user 安全级别模式。客户端登录 Samba 服务器,需要提交合法账号和密码,经过服务器验证才可以访问共享资源,服务器默认为此级别模式。

- server 安全级别模式。客户端需要将用户名和密码提交到指定的一台 Samba 服务器上进行验证,如果验证出现错误,客户端会用 user 级别访问。

- domain 安全级别模式。如果 Samba 服务器加入 Windows 域环境中,验证工作将由 Windows 域控制器负责,domain 级别的 Samba 服务器只是成为域的成员客户端,并不具备服务器的特性,Samba 早期的版本就是使用此级别登录 Windows 域的。

- ads 安全级别模式。当 Samba 服务器使用 ads 安全级别加入 Windows 域环境中,就
  具备了 domain 安全级别模式中所有的功能并可以具备域控制器的功能。

3)Samba 服务器配置

(1)建立共享目录。

分别建立各部门存储资料的目录。

```
[root@localhost ~]#mkdir /share
[root@localhost ~]#mkdir /sales
[root@localhost ~]#mkdir /tech
```

(2)添加用户和组。

先建立销售组 sales,然后使用 useradd 命令添加经理账号 master,并将员工账号添加
到用户组中。

```
[root@localhost ~]#groupadd sales
[root@localhost ~]#useradd master
[root@localhost ~]#useradd - g sales mike
[root@localhost ~]#useradd - g sales sky
[root@localhost ~]#useradd - g sales marry
[root@localhost ~]#useradd - g tech tom
[root@localhost ~]#useradd - g tech sunny
[root@localhost ~]#useradd - g tech bill
[root@localhost ~]#passwd master
```

出现提示信息,需要更改用户 master 的密码,下同。

```
[root@localhost ~]# passwd master
更改用户 master 的密码 。
新的 密码 :
重新输入新的 密码 :
passwd:所有的身份验证令牌已经成功更新。
```

```
[root@localhost ~]#passwd mike
[root@localhost ~]#passwd sky
[root@localhost ~]#passwd marry
[root@localhost ~]#passwd tom
[root@localhost ~]#passwd sunny
[root@localhost ~]#passwd bill
```

(3)添加相应的 Samba 账号。

```
[root@localhost ~]#smbpasswd - a master
```

```
[root@localhost ~]# smbpasswd  -a master
New SMB password:
Retype new SMB password:
Added user master.
```

以下操作类似上面。

```
[root@localhost ~]#mbpasswd - a mike
[root@localhost ~]#smbpasswd - a sky
```

```
[root@localhost ~]#smbpasswd - a marry
[root@localhost ~]#smbpasswd - a tom
[root@localhost ~]#smbpasswd - a sunny
[root@localhost ~]#smbpasswd - a bill
```

（4）设置共享目录的本地系统权限。

```
[root@localhost ~]#chmod 777 /share
[root@localhost ~]#chmod 777 /sales
[root@localhost ~]#chmod 777 /tech
```

（5）更改共享目录的 context 值。

更改共享目录的 context 值，修改文件的安全级别为 share。

```
[root@localhost ~]#chcon - t samba_share_t /share
[root@localhost ~]#chcon - t samba_share_t /sales
[root@localhost ~]#chcon - t samba_share_t /tech
```

（6）让防火墙放行 Samba 服务。

有两种方法可实现让防火墙放行 Samba 服务。

① 想使用 Samba 进行网络文件和打印机共享，必须首先设置让 Linux 的防火墙放行，执行"应用程序"→"杂项"→"防火墙"命令，然后勾选 samba 和 samba-client 复选框（samba 客户端），如图 7-3 所示。

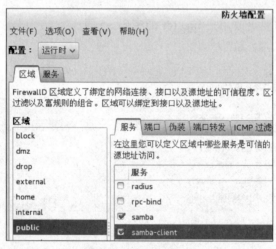

图 7-3　防火墙配置

② 一定强制设置 SELinux 为允许（Permissive）。

```
[root@localhost ~]#setenforce 0          ; 临时关闭,该设置重启计算机后失效!需要重新设置
```

永久关闭：

```
[root@localhost ~]#vim /etc/selinux/config
```

将 SELINUX＝enforcing 改为 SELINUX＝disabled；设置后保存，需要重启才能生效。

注意：以下实例不再考虑防火墙的设置，但不意味着防火墙不用设置。

（7）建立各组独立的配置文件。

用户配置文件使用用户名，组配置文件使用组名命名。

```
[root@localhost ~]# cd /etc/samba
[root@localhost samba]# cp smb.conf master.smb.conf
[root@localhost samba]# cp smb.conf sales.smb.conf
[root@localhost samba]# cp smb.conf tech.smb.conf
```

（8）设置主配置文件 smb.conf。

```
[root@localhost ~]# vim /etc/samba/smb.conf
```

修改配置文件，并保存结果。

```
[global]
    workgroup = WORKGROUP          # 设置 Samba 服务器工作组名为 WORKGROUP
    server string = File Server    # 添加 Samba 服务器注释信息为 File Server
    security = user                # 设置 Samba 安全级别为 user 模式，不允许用户匿名访问
    include = /etc/samba/%U.smb.conf
    include = /etc/samba/%G.smb.conf
[public]                           # 设置共享目录的共享名为 public
    Comment = public
    path = /share                  # 设置共享目录的绝对路径为/ share
    public = yes                   # 设置允许置名访问
    writable = yes
```

① 使 Samba 服务器加载/etc/samba 目录下格式为"用户名.smb.conf"的配置文件。

② 保证 Samba 服务器加载格式为"组名.smb.conf"的配置文件。

（9）设置总经理 master 配置文件。

使用 Vim 编辑器修改 master 账号配置文件 master.smb.conf，如下所示。

```
[global]
    workgroup = MYGROUP
    server string = file Server
    security = user
[public]
    comment = Public
    path = /share
    public = yes
[sales]
    comment = sales
    path = /sales
    writable = yes
    valid users = master
[tech]
    comment = tech
```

```
        path = /tech
        writable = yes
        valid users = master
```

① 添加共享目录 sales,指定 Samba 服务器存放路径,并添加 valid users 字段,设置访问用户为 master 账号。

② 为了使 master 账号访问技术部的目录 tech,还需要添加 tech 目录共享,并设置 valid users 字段,允许 master 访问。

（10）设置销售组 sales 配置文件。

```
[root@localhost ~]#vim /etc/samba/sales.smb.conf
```

编辑该配置文件,注意 global 全局配置以及共享目录 public 的设置,保持和 master 一样,因为销售组仅允许访问 sales 目录,所以只添加 sales 共享目录设置即可。修改[global]和[public],添加[sales]。

```
[sales]
    comment = sales
    path = /sales
    writable = yes
    valid users = @master,sales
```

（11）设置 tech 配置文件。
编辑该文件,全局配置和 public 配置与 sales 对应字段相同,添加 tech 共享设置。

```
[tech]
    comment = tech
    path = /tech
    writable = yes
    valid users = @master,tech
```

（12）重新加载配置。

```
[root@localhost ~]#service smb reload
```

4. 配置 Samba 客户端

在 Linux 中,Samba 客户端使用 smbclint 这个程序来访问 Samba 服务器时,先要确保客户端已经安装了 samba-client 这个 rpm 包。

```
[root@localhost ~]#rpm -qa |grep samba
```

默认已经安装,如果没有安装,可以用前面讲过的命令来安装 yum 源文件。安装 smbclient 服务,并在 Linux 客户端添加 samba 账户,以用户 test 访问为例,命令如下:

```
[root@localhost ~]#yum install -y samba-client
[root@localhost ~]#smbpasswd -a test
```

5．测试

1）Windows 客户端

方法一：资源管理器地址栏输入：\\samba 服务器 IP 地址，结果如图 7-4 所示。

图 7-4　Windows 客户端访问 Samba 服务器

方法二：执行"开始"→"运行"命令，使用 UNC 路径直接访问。

例如，\\localhost\share 或\\172.16.101.9\share。

2）Linux 客户端

Linux 客户端访问服务器主要有两种方法。

（1）使用 smbclient 命令。

smbclient 可以列出目标主机共享目录列表，smbclient 命令格式如下：

> smbclient －L 目标 IP 地址或主机名 －U 登录用户名％密码

当我们查看 172.16.101.9 主机的共享目录列表时，提示输入密码，这时可以不输入密码，直接按 Enter 键，这样表示匿名登录，然后就会显示匿名用户可以看到的共享目录列表。

> [root@localhost ～]＃smbclient －L localhost
> [root@localhost ～]＃smbclient －L 172.16.101.9

若想使用 Samba 账号查看 Samba 服务器端共享的目录，可以加上-U 参数，后面跟上用户名％密码。下面的命令显示只有 boss 账号才有权限浏览和访问的 tech 技术部共享目录。

> [root@localhost ～]＃smbclient －L 172.16.101.9 －U boss％password

```
[root@centos7 samba]# smbclient -L  //172.16.101.9/public -U test%root2019
Domain=[MYGROUP] OS=[Unix] Server=[Samba 4.1.1]

        Sharename       Type      Comment
        ---------       ----      -------
        IPC$            IPC       IPC Service (Samba Server Version 4.1.1)
        public          Disk      Public Stuff
        test            Disk      Home Directories
Domain=[MYGROUP] OS=[Unix] Server=[Samba 4.1.1]

        Server          Comment
        ---------       -------

        Workgroup       Master
        ---------       -------
```

读者还可以使用 smbclient 命令行共享访问模式浏览共享的资料。

smbclient 命令行共享访问模式命令格式如下：

smbclient //目标IP地址或主机名/共享目录 −U用户名%密码

下面的命令结果显示服务器上 tech 共享目录的内容。

[root@localhost ～]♯smbclient //172.16.101.9/tech −U boss%password

（2）使用 mount 命令挂载共享目录。

mount 命令挂载共享目录格式如下：

mount −t cifs //目标IP地址或主机名/共享目录名称 挂载点 −o username=用户名
[root@localhost ～]♯ mount −t cifs //172.16.101.9/tech /mnt/sambadata/ −o username=
boss%password

表示挂载 172.16.101.9 主机上的共享目录 tech 到/mnt/sambadata 目录下，cifs 是
Samba 所使用的文件系统。

7.3.4 安装的常见故障及排除

为了学生以后能在工作中应付 Samba 出现的问题，下面将介绍一系列校验 Samba 服
务器的方法，并且解释造成这些错误的原因。经过这些测试能够保证 Samba 服务器工作得
更加良好。

1. Linux 服务的一般排错方法

对于 Linux 服务，若想排错得心应手，先要养成良好的操作习惯。

1）错误信息

一定要仔细查看接收到的错误信息。如果有错误提示，根据错误提示去判断产生问题所在。
如果使用命令 yum info samba 出现以下错误，说明安装镜像挂载不成功。

[root@localhost ～]♯ yum info samba

```
[root@localhost ~]# yum info samba
已加载插件：fastestmirror, langpacks
Could not retrieve mirrorlist http://mirrorlist.centos.org/?release=7&arch=x86_6
4&repo=os error was
14: curl#6 - "Could not resolve host: mirrorlist.centos.org; 未知的错误"

 One of the configured repositories failed (未知),
 and yum doesn't have enough cached data to continue. At this point the only
 safe thing yum can do is fail. There are a few ways to work "fix" this:

    1. Contact the upstream for the repository and get them to fix the problem.

    2. Reconfigure the baseurl/etc. for the repository, to point to a working
       upstream. This is most often useful if you are using a newer
       distribution release than is supported by the repository (and the
       packages for the previous distribution release still work).

    3. Disable the repository, so yum won't use it by default. Yum will then
       just ignore the repository until you permanently enable it again or use
       --enablerepo for temporary usage:
```

使用命令 ls 列出/etc/yum.repos.d 目录下的文件：

[root@localhost ～]♯cd /etc/yum.repos.d
[root@localhost yum.repos.d]♯ls

```
[root@localhost ~]# cd /etc/yum.repos.d
[root@localhost yum.repos.d]# ls
CentOS-Base.repo      CentOS-Sources.repo  dvd.repo
CentOS-Debuginfo.repo  CentOS-Vault.repo
```

使用 mv 命令更名除了 dvd.repo 以外的所有文件,然后执行命令 # mount /dev/cdrom/iso,挂载镜像文件,结果如下所示。

```
[root@localhost yum.repos.d]# mv CentOS-Base.repo CentOS-Base.repo1
[root@localhost yum.repos.d]# mv  CentOS-Sources.repo  CentOS-Sources.repo1
[root@localhost yum.repos.d]# mv CentOS-Debuginfo.repo CentOS-Debuginfo.repo1
[root@localhost yum.repos.d]# mv CentOS-Vault.repo CentOS-Vault.repo1
[root@localhost yum.repos.d]# ls
CentOS-Base.repo1      CentOS-Sources.repo1  dvd.repo
CentOS-Debuginfo.repo1  CentOS-Vault.repo1
[root@localhost yum.repos.d]# cd /root
[root@localhost ~]# mount /dev/cdrom /iso
mount: /dev/sr0 写保护,将以只读方式挂载
mount: /dev/sr0 已经挂载或 /iso 忙
        /dev/sr0 已经挂载到 /run/media/root/CentOS 7 x86_64 上
        /dev/sr0 已经挂载到 /iso 上
```

2)配置文件

配置文件存放服务的设置信息,用户可以修改配置文件,以实现服务的特定功能。但是用户的配置失误会造成服务无法正常运行。为了减少输入引起的错误,很多服务的软件包都自带配置文件检查工具,用户可以通过这些工具对配置文件进行检查。

3)日志文件

一旦服务出现问题,不要惊慌,用 Ctrl+Alt+F1~Ctrl+Alt+F6 快捷键切换到另外一个文字终端,使用 tail 命令来动态监控日志文件。

```
[root@localhost ~]# tail -F /var/log/messages
```

2. Samba 服务的故障排错

以上是 Linux 中各种服务排错的通用方法,下面具体介绍 Samba 的故障排除分析。

Samba 服务的功能强大,当然配置也相当复杂,所以在 Samba 出现问题后,可以通过以下步骤进行排错。

1)使用 testpram 命令检测

使用 testpram 命令检测 smb.cont 文件的语法,如果报错,说明 smb.conf 文件设置错误。根据提示信息修改主配置文件,并进行调试。

```
[root@localhost ~]# testparm /etc/Samba/smb.conf
```

2)使用 ping 命令测试

Samba 服务器主配置文件排出错误后,再次重启 SMB 服务,如果客户端仍然无法连接 Samba 服务器,客户端可以使用 ping 命令测试,然后根据出现的不同情况进行分析。

(1)如果没有收到任何提示,说明客户端 TCP/IP 安装有问题,需要重新安装该协议,然后重试。

(2)如果提示 host not found(无法找到主机),则是客户端的 DNS 或者/etc/hosts 文件没有设置正确,确保客户端能够使用名称访问 Samba 服务器。

（3）无法 ping 通还可能是防火墙设置的问题。需要重新设置防火墙的规则，开启 Samba 与外界联系的端口。

（4）还有一种可能，执行 ping 命令时，主机名输入错误，更正重试。

3）使用 smbclient 命令测试

若客户端与 Samba 服务器可以 ping 通，说明客户端到达服务器的连接没有问题，如果用户还是不能访问 Samba 共享资源，可以执行 smbclient 命令进一步测试服务器端配置。

（1）如果 Samba 服务器正常，并且用户采用正确的账号和密码，执行 smbclient 命令可以获取共享列表。

```
[root@localhost ~]# smbclient -L 172.16.101.39 -U test % root2019
```

（2）如果接收到一个错误信息提示 tree connect failed，如下所示。

```
[root@localhost ~]# smbclient //192.168.0.10/public -U test % 123
tree connect failed: Call returned zero bytes(EOF)
```

说明可能在 smb.conf 文件中设置了 host deny 字段，拒绝了客户端的 IP 地址或域名，可以修改 smb.conf，允许该客户端访问即可。

（3）如果返回信息 connection refused（连接拒绝），如下所示。

```
[root@localhost ~]# smbclient -L 192.168.0.10
Error connecting to 192.168.0.10 (Connection refused)
Connection to 192.168.0.10 failed
```

说明 Samba 服务器 smbd 进程可能没有开启。确保 smbd 和 nmbd 进程开启，并使用 netstat -a 检查 netbios 使用的 139 端口是否处在监听状态。

① 提示信息如果为 session setup failed（连接建立失败），表明服务器拒绝了连接请求。

```
[root@localhost ~]# smbclient -L 192.168.0.10 -U test % 1234
sesoion setup failed: NT_STATUS_LOGON_FAILURE
```

这是因为用户输入的账号或密码错误造成的，请更正重试。

② 有时会收到提示信息 Your server software is being unfriendly（你的服务器软件存在问题）。一般是因为配置 smbd 时使用了错误的参数，或者启动 smbd 时遇到类似的严重错误。可以使用前面提到的 testparm 去检查相应的配置文件，并检查日志。

7.4 习题

1. 填空题

（1）Samba 服务功能强大，使用_____协议，英文全称是_____。

（2）SMB 经过开发，可以直接运行于 TCP/IP 上，使用 TCP 的_____端口。

（3）Samba 服务是由两个进程组成，分别是_____和_____。

（4）_____指定 yum 仓库的位置。yum 源文件的扩展名是_____,yum 源文件的默认目录是_____。

（5）Samba 的配置文件一就放在_____目录中,主配置文件名为_____。

（6）Samba 服务器有_____、_____、_____、_____和_____5 种安全模式,默认级别是_____。

2．选择题

（1）用 Samba 共享了目录,但是在 Windows 网络邻居中却看不到它,应在 /etc/Samba/smb.conf 中怎样设置才能正确工作?（　　）

  A．Allow WindowsClients＝yes　　　　B．Hidden＝no

  C．browseable＝yes　　　　　　　　　D．以上都不是

（2）请选择（　　）命令来卸载 Samha 服务。

  A．yum install samba　　　　　　　B．yum info samba

  C．yum remove samba　　　　　　　D．yum uninstall samba

（3）下面（　　）可以允许 198.168.0.0/24 访问 Samba 服务器。

  A．hosts enable＝198.168.0.　　　　B．hosts allow＝198.168.0.

  C．hosts accept＝198.168.0.　　　　D．hosts accept ＝198.168.0.0/24

（4）启动 Samba 服务,下面（　　）是必须运行的端口监控程序。

  A．nmbd　　　　　B．lmbd　　　　　C．mmbd　　　　　D．smbd

（5）下面所列出的服务器类型中（　　）是可以使用户在异构网操作系统之间进行文件系统共享的。

  A．FTP　　　　　B．Samba　　　　　C．DHCP　　　　　D．Squid

（6）利用（　　）命令可以对 Samba 的配置文件进行语法测试。

  A．smbclient　　　　　　　　　　　B．smbpasswd

  C．testparm　　　　　　　　　　　D．smbmount

（7）可以通过设置条目（　　）来控制可以访问 Samba 共享服务器的合法主机名。

  A．allow hosts　　　　　　　　　　B．valid hosts

  C．allow　　　　　　　　　　　　　D．publics

（8）Samba 的主配置文件中不包括（　　）。

  A．global 参数　　　　　　　　　　B．directory shares 部分

  C．printers shares 部分　　　　　　D．applications share 部分

3．简答题

（1）简述 Samba 服务器的应用环境。

（2）简述 Samba 的工作流程。

（3）简述基本的 Samba 服务器搭建流程的四个主要步骤。

（4）简述 Samba 服务故障排除的方法。

4．实践题

（1）公司需要配置一台 Samba 服务器。工作组名为 smile，共享目录为/share，共享名为 public，该共享目录只允许 192.168.0.0/24 网段员工访问。请给出实现方案并上机调试。

（2）如果公司有多个部门，因工作需要，必须分门别类地建立相应部门的目录。要求将技术部的资料存放在 Samba 服务器的/companydata/tech/目录下集中管理，以便技术人员浏览。

第 8 章

配置与管理NFS服务器

8.1 基本概念

在 Windows 主机之间可以通过共享文件夹实现存储远程主机上的文件,而在 Linux 系统中通过 NFS 可以实现类似的功能。

教学目标
- 了解 NFS 服务的基本原理。
- 掌握 NFS 服务器的配置与调试方法。
- 掌握 NFS 客户端的配置方法。
- 掌握 NFS 故障排除的技巧。

8.1.1 NFS 服务概述

Linux 和 Windows 之间可以通过 Samba 进行文件共享,那么 Linux 之间怎么进行资源共享呢? 这就要说到 NFS(Network File System,网络文件系统),它最早是 UNIX 操作系统之间共享文件和操作系统的一种方法,后来被 Linux 操作系统完美继承。NFS 与 Windows 中的"网上邻居"十分相似,它允许用户连接到一个共享位置,然后像对待本地硬盘一样操作。

NFS 最早是由 Sun 公司于 1984 年开发出来的,其目的就是让不同计算机、不同操作系统之间可以彼此共享文件。由于 NFS 使用起来非常方便,因此很快得到了大多数 UNIX/Linux 系统的广泛支持,而且还被 IETE(国际互联网工程组)制定为 RFC1904、RFC1813 和 RFC3010 标准。

1. 使用 NFS 的好处

使用 NFS 的好处是显而易见的。

(1) 本地工作站可以使用更少的磁盘空间,因为通常的数据可以存储在一台机器上,而且可以通过网络访问到。

（2）用户不必在网络上每个机器中都设一个 home 目录，home 目录可以被放在 NFS 服务器上，并且在网络上处处可用。

比如，Linux 系统计算机每次启动时就自动挂载到 server 的/exports/nfs 目录上，这个共享目录在本地计算机上被共享到每个用户的 home 目录中。具体命令如下：

```
[root@localhost ~]# mount server:/exports/nfs /home/client1/nfs
[root@localhost ~]# mount server:/exports/nfs /home/client2/nfs
```

这样，Linux 系统计算机上的这两个用户都可以把/home/用户名/nfs 当作本地硬盘，从而不用考虑网络访问问题。

（3）诸如 CD-ROM、DVD-ROM 之类的存储设备可以在网络上被其他的机器使用。这样可以减少整个网络上可移动介质设备的数量。

2. NFS 和 RPC

我们知道，绝大部分的网络服务都有固定的端口，比如 Web 服务器的 80 端口、FTP 服务器的 21 端口、Windows 下 NetBIOS 服务器的 137～139 端口、DHCP 服务器的 67 端口……客户端访问服务器上相应的端口，服务器通过该端口提供服务。那么 NFS 服务是这样吗？它的工作端口是多少？我们只能很遗憾地说，NFS 服务的工作端口未确定。

这是因为 NFS 是一个很复杂的组件，它涉及文件传送、身份验证等方面的需求，每个功能都会占用一个端口。为了防止 NFS 服务占用过多的固定端口，它采用动态端口的方式来工作，每个功能提供服务时都会随机取用一个小于 1024 的端口来提供服务。但这样一来又会对客户端造成困扰，客户端到底访问哪个端口才能获得 NFS 提供的服务呢？

此时，我们就需要 RPC(Remote Procedure Call，远程进程调用)服务了。RPC 最主要的功能就是记录每个 NFS 功能所对应的端口，它工作在固定端口 111，当客户端需求 NFS 服务时，就会访问服务器的 111 端口(RPC)，RPC 会将 NFS 工作端口返回给客户端，如图 8-1 所示。至于 RPC 如何知道 NFS 各个功能的运行端口，那是因为 NFS 启动时，会自动向 RPC 服务器注册，告诉它自己各个功能使用的端口。

常规的 NFS 服务是按照图 8-2 所示流程进行的。

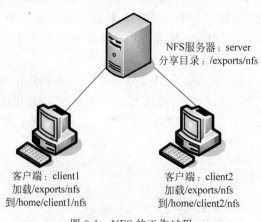

图 8-1　NFS 的工作过程

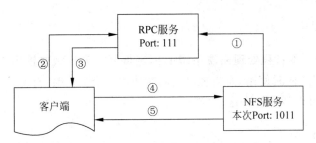

图 8-2　NFS 和 RPC 合作为客户端提供服务的流程

（1）NFS 启动时，自动选择工作端口小于 1024 的 1011 端口，并向 RPC（工作于 11 端口）汇报，RPC 记录在案。

（2）客户端需要 NFS 提供服务时，首先向 111 端口的 RPC 查询 NFS 工作在哪个端口。

（3）RPC 回答客户端，它工作在 1011 端口。

（4）客户端直接访问 NFS 服务器的 1011 端口，请求服务。

（5）NFS 服务经过权限认证，允许客户端访问自己的数据。

因为 NFS 需要向 RPC 服务器注册，所以 RPC 服务必须优先 NFS 服务启用，并且 RPC 服务重新启动后，要重新启动 NFS 服务，让它重新向 RPC 服务注册，这样 NFS 服务才能正常工作。

8.1.2　NFS 服务的组件

Linux 下的 NFS 服务主要由以下 6 个部分组成。其中，只有前面 3 个是必需的，后面 3 个是可选的。

1. rpc.nfsd

rpc.nfsd 的主要作用是判断、检查客户端是否具备登录主机的权限，负责处理 NFS 请求。

2. rpc.mounted

rpc.mounted 的主要作用是管理 NFS 的文件系统。当客户端顺利地通过 rpc.nfsd 登录主机后，在开始使用 NFS 主机提供的文件之前，它会去检查客户端的权限（根据/etc/exports 来对比客户端的权限）。通过这一关之后，客户端才可以顺利地访问 NFS 服务器上的资源。

3. rpcbind

rpcbind 的主要功能是进行端口映射工作。当客户端尝试连接并使用 RPC 服务器提供的服务（如 NFS 服务）时，rpcbind 会将所管理的与服务对应的端口号提供给客户端，从而使客户端可以通过该端口向服务器请求服务。在 CentOS 7 中 rpcbind 默认已安装并且已经正常启动。

虽然 rpcbind 只用于 RPC，但它对 NFS 服务来说是必不可少的。如果 rpcbind 没有运行，NFS 客户端就无法查找从 NFS 服务器中共享的目录。

4. rpc.locked

rpc.locked 使用本进程处理崩溃系统的锁定恢复。为什么要锁定文件呢？因为 NFS 文件可以让众多用户同时使用,而当客户端同时使用一个文件时,有可能造成一些问题。此时,rpc.locked 就可以帮助解决这个难题。

5. rpc.stated

rpc.stated 负责处理客户与服务器之间的文件锁定问题,确定文件的一致性(与 rpc.locked 有关)。当多个客户端同时使用一个文件而造成文件破坏时,rpc.stated 可以用来检测该文作并尝试恢复。

6. rpc.quotad

rpc.quotad 提供了 NFS 和配额管理程序之间的接口。不管客户端是否通过 NFS 对其数据进行处理,都会受配额限制。

8.2　项目设计及准备

在 VMware 虚拟机中启动两台 Linux 系统,一台作为 NFS 服务器,主机名为 centos7,规划好 IP 地址,如 172.16.101.9;一台作为 NFS 客户端,主机名为 client,同样规划好 IP 地址,如 172.16.101.8。配置 NFS 服务器,使客户机 client 可以浏览 NFS 服务器中特定目录下的内容。

8.3　实验:安装并配置 NFS 服务器

8.3.1　实验目的

(1)掌握安装、启动和停止 NFS 服务的方法。
(2)掌握主配置文件/etc/exports 的创建与维护的方法。
(3)了解 NFS 服务的文件存取权限。
(4)掌握在客户端挂载 NFS 文件系统的方法。

8.3.2　实验内容

1. 企业 NFS 服务器拓扑结构

企业 NFS 服务器拓扑结构如图 8-3 所示,NFS 服务器的地址是 172.16.101.9,一个客户端的 IP 地址是 172.16.101.8,另一个客户端的 IP 地址是 172.16.102.8。在本例中有 3 个域:team1.smile.com、team2.smile.com、team3.smile.com。

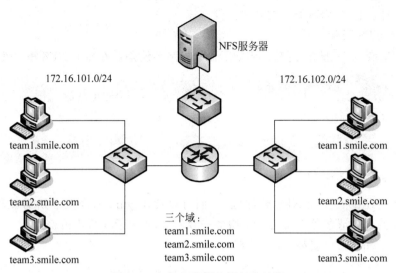

图 8-3　企业 NFS 服务器拓扑结构

2．企业需求

（1）共享/media 目录，允许所有客户访问该目录并仅有只读权限。

（2）共享/nfs/public 目录，允许 172.16.101.0/24 和 172.16.102.0/24 网段的客户端访问，并且对此目录仅有只读权限。

（3）共享/nfs/team1、nfs/team2、nfs/team3 目录，并且/nfs/team1 只有 team1.smile.com 域成员可以访问并有读写权限，/nfs/team2、/nfs/team3 目录同理。

（4）共享/nfs/works 目录，172.16.101.0/24 网段的客户端具有只读权限，并且将 root 用户映射成匿名用户。

（5）共享/nfs/test 目录，所有人都具有读写权限，但当用户使用该共享目录时都将账号映射成匿名用户，并且指定匿名用户的 UID 和 GID 都为 65534。

（6）共享/nfs/security 目录，仅允许 172.16.102.8 客户端访问并具有读写权限。

8.3.3　实验步骤

1．安装 NFS 服务器

要使用 NFS 服务，首先需要安装 NFS 服务组件，在 CentOS 中，在默认情况下，NFS 服务会被自动安装到计算机中。

如果不确定是否安装了 NFS 服务，那就先检查计算机中是否已经安装了 NFS 支持套件。如果没有安装，就安装相应的组件。

1）所需要的套件

对于 CentOS 7 来说，要启用 NFS 服务器，至少需要以下两个套件。

（1）rpcbind。NFS 服务要正常运行必须借助 RPC 服务的帮助，做好端口映射工作，而这个工作就是由 rpcbind 负责的。

（2）cfs-utils。它是提供 rpc.nfsd 和 rpc.mounted 这两个守护进程与其他相关文档、执行文件的套件。它是 NFS 服务的主要套件。

2）安装 NFS 服务

建议在安装 NFS 服务之前,使用如下命令检测系统是否安装了 NFS 相关性软件包。

```
[root@centos7 ~]# rpm - qa|grep nfs - utils
```

```
nfs-utils-1.3.0-0.el7.x86_64
```

```
[root@centos7 ~]# rpm - qa|grep rpcbind
```

```
rpcbind-0.2.0-23.el7.x86_64
```

如果系统还没有安装 NFS 软件包,我们可以使用 yum 命令安装所需软件包。制作 yum 源文件的内容请参考前面 samba 服务安装部分,本书后面将不再赘述。

（1）使用 yum 命令安装 NFS 服务。

```
[root@centos7 ~]# yum clean all            //安装前先清除缓存
[root@centos7 ~]# yum install rpcbind - y
[root@centos7 ~]# yum install nfs - utils - y
```

```
[root@centos7 ~]# yum install rpcbind -y
已加载插件: fastestmirror, langpacks
Loading mirror speeds from cached hostfile
软件包 rpcbind-0.2.0-23.el7.x86_64 已安装并且是最新版本
无须任何处理
[root@centos7 ~]# yum install nfs-utils -y
已加载插件: fastestmirror, langpacks
Loading mirror speeds from cached hostfile
软件包 1:nfs-utils-1.3.0-0.el7.x86_64 已安装并且是最新版本
无须任何处理
```

（2）所有软件包安装完毕之后,可以使用 rpm 命令再一次进行查询。

```
[root@centos7 ~]# rpm  - qa|grep nfs
[root@centos7 ~]# rpm - qa|grep rpcbind
```

```
[root@localhost ~]# rpm -qa|grep nfs
nfs-utils-1.3.0-0.el7.x86_64
libnfsidmap-0.25-9.el7.x86_64
nfs4-acl-tools-0.3.3-13.el7.x86_64
[root@localhost ~]#  rpm -qa|grep rpcbind
rpcbind-0.2.0-23.el7.x86_64
```

2. 配置 NFS 服务

1）创建目录

```
[root@centos7 ~]# mkdir /media
[root@centos7 ~]# mkdir /nfs
[root@centos7 ~]# mkdir /nfs/public
[root@centos7 ~]# mkdir /nfs/team1
[root@centos7 ~]# mkdir /nfs/team2
[root@centos7 ~]# mkdir /nfs/team3
[root@centos7 ~]# mkdir /nfs/works
[root@centos7 ~]# mkdir /nfs/test
[root@centos7 ~]# mkdir /nfs/security
```

2）配置主文件/etc/exports

NFS 服务的配置主要是创建并维护/etc/exports 文件。这个文件定义了服务器上的哪几个部分与网络上的其他计算机共享，以及共享的规则都有哪些等。

（1）exports 文件的格式。

```
[root@centos7 ~]# vim /etc/exports
```

```
/media        *(ro)
/nfs/public 172.16.101.0/24(ro) 172.16.102.0/24(ro)
/nfs/team1    *.team1.smile.com(rw)
/nfs/team2    *.team2.smile.com(rw)
/nfs/team3    *.team3.smile.com(rw)
/nfs/works   172.16.101.0/24(ro,root_squash)
/nfs/test     *(rw,all_squash,anonuid=65534,anongid=65534)
/nfs/security 172.16.102.8(rw)
```

修改了 exports 文件后，无须重启 NFS 服务，否则可能会导致其他用户访问挂死，执行以下命令重新加载共享内容即可。

```
[root@centos7 ~]# exports - avr
```

在设置/etc/exports 文件时需要特别注意"空格"的使用，因为在此配置文件中，除了分开共享目录和共享主机以及分隔多台共享主机外，其余的情形下都不可使用空格。例如，以下的两个范例就分别表示不同的意义。

```
/home client(rw)
/home client(rw)
```

在以上的第一行中，客户端 client 对/home 目录具有读取和写入权限；而第二行中 client 对/home 目录只具有读取权限（这是系统对所有客户端的默认值），除 client 之外的其他客户端对/home 目录具有读取和写入权限。

（2）主机名规则。

主文件/etc/exports 设置很简单，每一行最前面是要共享出来的目录，然后这个目录可以依照不同的权限共享给不同的主机。

至于主机名称的设定，主要有以下两种方式。

① 可以使用完整的 IP 地址或者网段，例如 192.168.0.3、192.168.0.0/24 或 192.168.0.0/255.255.255.0 都可以接受。

② 可以使用主机名称，这个主机名称要在/etc/hosts 内或者使用 DNS，只要能被找到就行。如果是主机名称，那么它可以支持通配符，例如"＊"或"？"均可以接受。

（3）权限规则。

至于权限方面（就是小括号内的参数），常见的参数则有以下几种。

- rw：read-write，可读/写的权限。
- ro：read-only，只读权限。
- sync：数据同步写入内存与硬盘中。
- async：数据会先暂存于内存中，而非直接写入硬盘。
- no_ root_squash：登录 NFS 主机使用共享目录的用户如果是 root，那么对于这个共享的目录来说，它就具有 root 的权限。这个设置极不安全，不建议使用。

- root_squash：登录 NFS 主机使用共享目录的用户如果是 root，那么这个用户的权限将被压缩成匿名用户，通常它的 UID 与 GID 都会变成 nobody(nfsnobody)这个系统账号的身份。

查看服务器端共享文件的默认权限，其中 65534 指的是 nfsnobody 用户和组。

```
[root@centos7 ~]♯cat /var/lib/nfs/etab
```

- all_squash：不论登录 NFS 的用户身份如何，它的身份都会被压缩成匿名用户，即 nobody(nfsnobody)。
- anonuid：anon 是指 anonymous(匿名者)，前面关于术语 squash 提到的匿名用户的 UID 设定值，通常为 nobody(nfsnobody)，但是用户可以自行设定这个 UID 值。当然，这个 UID 必须要存在于/etc/passwd 中。
- anongid：同 anonuid，只要变成 Group ID 即可。

（4）了解 NFS 服务的文件存取权限。

由于 NFS 服务本身并不具备用户身份验证功能，那么当客户端访问时，服务器该如何识别用户呢？主要有以下标准。

① root 账户。如果客户端是以 root 账户访问 NFS 服务器资源的，那么基于安全方面的考虑，服务器会主动将客户端改成置名用户。所以，root 账户只能访问服务器上的匿名资源。

② NFS 服务器上有客户端账号。客户端根据用户和组(UID、GID)访问 NFS 服务器资源时，如果 NFS 服务器上有对应的用户名和组，就访问与客户端同名的资源。

③ NFS 服务器上没有客户端账号。此时，客户端只能访问匿名资源。

3）NFS 配置固定端口

（1）首先打开 111 端口和 2049 端口。

```
[root@centos7 ~]♯firewall-cmd --permanent --add-port=111/tcp
[root@centos7 ~]♯firewall-cmd --permanent --add-port=111/udp
[root@centos7 ~]♯firewall-cmd --permanent --add-port=2049/tcp
[root@centos7 ~]♯firewall-cmd --permanent --add-port=2049/udp
```

```
[root@centos7 ~]# firewall-cmd --permanent --add-port=111/tcp
success
[root@centos7 ~]# firewall-cmd --permanent --add-port=111/udp
success
[root@centos7 ~]# firewall-cmd --permanent --add-port=2049/tcp
success
[root@centos7 ~]# firewall-cmd --permanent --add-port=2049/udp
success
```

（2）编辑/etc/sysconfig/nfs 文件。

添加 RQUOTAD_PORT=1001，去掉下面语句前面的"♯"号。

```
♯ LOCKD_TCPPORT = 32803
♯ LOCKD_UDPPORT = 32769
♯ MOUNTD_PORT = 892
```

（3）打开 1001、32803、32769、892 端口。

```
[root@centos7 ~]# firewall-cmd --permanent --add-port 1001/tcp
success
[root@centos7 ~]# firewall-cmd --permanent --add-port 1001/udp
success
[root@centos7 ~]# firewall-cmd --permanent --add-port 32803/tcp
success
[root@centos7 ~]# firewall-cmd --permanent --add-port 32803/udp
success
[root@centos7 ~]# firewall-cmd --permanent --add-port 32769/tcp
success
[root@centos7 ~]# firewall-cmd --permanent --add-port 32769/udp
success
[root@centos7 ~]# firewall-cmd --permanent --add-port 892/tcp
success
[root@centos7 ~]# firewall-cmd --permanent --add-port 892/udp
success
```

4）关闭防火墙

如果 NFS 客户端无法访问，则一般是防火墙的问题。请牢记，在处理其他服务器问题时，也要把本地系统权限、防火墙设置放到首位，如图 8-4 所示。

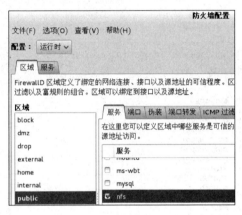

图 8-4 防火墙放行 NFS 服务

或者执行命令：

```
[root@centos7 ~]# iptables -F
```

5）设置共享文件权限属性

```
[root@centos7 ~]# chmod 777 /media
[root@centos7 ~]# chmod 777 /nfs
[root@centos7 ~]# chmod 777 /nfs/public
[root@centos7 ~]# chmod 777 /nfs/team1
[root@centos7 ~]# chmod 777 /nfs/team2
[root@centos7 ~]# chmod 777 /nfs/team3
[root@centos7 ~]# chmod 777 /nfs/works
[root@centos7 ~]# chmod 777 /nfs/test
[root@centos7 ~]# chmod 777 /nfs/security
```

3. NFS 服务器测试

（1）查询 NFS 的各个程序是否在正常运行，命令如下：

```
[root@centos7 ~]# rpcinfo - p                    ;检测 NFS 是否使用固定端口
```

```
program vers proto   port  service
 100000   4    tcp    111   portmapper
 100000   3    tcp    111   portmapper
 100000   2    tcp    111   portmapper
 100000   4    udp    111   portmapper
 100000   3    udp    111   portmapper
 100000   2    udp    111   portmapper
 100024   1    udp  45890   status
 100024   1    tcp  44699   status
```

如果没有看到 nfs 和 mounted 选项,则说明 NFS 没有运行,需要启动它。使用以下命令可以启动:

```
[root@centos7 ~]# service rpcbind start
[root@centos7 ~]# service nfs start
```

```
Redirecting to /bin/systemctl start  nfs.service
```

根据提示输入:

```
[root@centos7 ~]# /bin/systemctl start nfs.service
[root@centos7 ~]# rpcinfo - p
```

```
program vers proto   port  service
 100000   4    tcp    111   portmapper
 100000   3    tcp    111   portmapper
 100000   2    tcp    111   portmapper
 100000   4    udp    111   portmapper
 100000   3    udp    111   portmapper
 100000   2    udp    111   portmapper
 100024   1    udp  35683   status
 100024   1    tcp  58061   status
 100005   1    udp  20048   mountd
 100005   1    tcp  20048   mountd
 100005   2    udp  20048   mountd
 100005   2    tcp  20048   mountd
 100005   3    udp  20048   mountd
 100005   3    tcp  20048   mountd
 100003   3    tcp   2049   nfs
 100003   4    tcp   2049   nfs
 100227   3    tcp   2049   nfs_acl
 100003   3    udp   2049   nfs
 100003   4    udp   2049   nfs
 100227   3    udp   2049   nfs_acl
 100021   1    udp  51453   nlockmgr
 100021   3    udp  51453   nlockmgr
 100021   4    udp  51453   nlockmgr
 100021   1    tcp  57615   nlockmgr
 100021   3    tcp  57615   nlockmgr
 100021   4    tcp  57615   nlockmgr
 100011   1    udp    875   rquotad
 100011   2    udp    875   rquotad
 100011   1    tcp    875   rquotad
 100011   2    tcp    875   rquotad
```

(2) 检测 NFS 的 rpc 注册状态。

```
[root@centos7 ~]# rpcinfo - u 172.16.101.9 nfs
```

```
program 100003 version 3 ready and waiting
program 100003 version 4 ready and waiting
```

(3) 查看共享目录和参数设置。

```
[root@centos7 ~]# cat /var/lib/nfs/etab
```

```
/nfs/security    172.16.102.8(rw,sync,wdelay,hide,nocrossmnt,secure,root_squash,n
o_all_squash,no_subtree_check,secure_locks,acl,anonuid=65534,anongid=65534,sec=s
ys,rw,secure,root_squash,no_all_squash)
/nfs/works       172.16.101.0/24(ro,sync,wdelay,hide,nocrossmnt,secure,root_squas
h,no_all_squash,no_subtree_check,secure_locks,acl,anonuid=65534,anongid=65534,se
c=sys,ro,secure,root_squash,no_all_squash)
/nfs/public      172.16.101.0/24(ro,sync,wdelay,hide,nocrossmnt,secure,root_squas
h,no_all_squash,no_subtree_check,secure_locks,acl,anonuid=65534,anongid=65534,se
c=sys,ro,secure,root_squash,no_all_squash)
/nfs/public      172.16.102.0/24(ro,sync,wdelay,hide,nocrossmnt,secure,root_squas
h,no_all_squash,no_subtree_check,secure_locks,acl,anonuid=65534,anongid=65534,se
c=sys,ro,secure,root_squash,no_all_squash)
/nfs/team3       *.team3.smile.com(rw,sync,wdelay,hide,nocrossmnt,secure,root_squ
ash,no_all_squash,no_subtree_check,secure_locks,acl,anonuid=65534,anongid=65534,
sec=sys,rw,secure,root_squash,no_all_squash)
/nfs/team2       *.team2.smile.com(rw,sync,wdelay,hide,nocrossmnt,secure,root_squ
ash,no_all_squash,no_subtree_check,secure_locks,acl,anonuid=65534,anongid=65534,
sec=sys,rw,secure,root_squash,no_all_squash)
/nfs/team1       *.team1.smile.com(rw,sync,wdelay,hide,nocrossmnt,secure,root_squ
ash,no_all_squash,no_subtree_check,secure_locks,acl,anonuid=65534,anongid=65534,
sec=sys,rw,secure,root_squash,no_all_squash)
/nfs/test        *(rw,sync,wdelay,hide,nocrossmnt,secure,root_squash,all_squash,n
o_subtree_check,secure_locks,acl,anonuid=65534,anongid=65534,sec=sys,rw,secure,r
oot_squash,all_squash)
/media  *(ro,sync,wdelay,hide,nocrossmnt,secure,root_squash,no_all_squash,no_sub
tree_check,secure_locks,acl,anonuid=65534,anongid=65534,sec=sys,ro,secure,root_s
quash,no_all_squash)
```

```
[root@centos7 ~]# cd /nfs/public
# touch test.txt                              ;创建 test 文件以供客户端下载
# ls
```

```
[root@localhost public]# touch test.txt
[root@localhost public]# ls
test.txt
```

（4）停止 NFS 服务。

停止 NFS 服务时不一定要关闭 rpcbind 服务。

```
[root@server ~]# service nfs stop
```

（5）重启 NFS 服务。

```
[root@centos7 ~]# service nfs restart
```

4．在客户端测试

Linux 下有多个好用的命令行工具，用于查看、连接、卸载、使用 NFS 服务器上的共享资源。

配置 NFS 客户端的一般步骤如下。

（1）安装 nfs-utils 软件包。

```
[root@centos7 ~]# yum install nfs-utils-y
```

（2）识别要访问的远程共享。

```
[root@centos7 ~]# ifconfig eno16777736
```

```
eno16777736: flags=4163<UP,BROADCAST,RUNNING,MULTICAST>  mtu 1500
        inet 172.16.101.8  netmask 255.255.255.0  broadcast 172.16.101.255
        inet6 fe80::20c:29ff:fef3:909b  prefixlen 64  scopeid 0x20<link>
        ether 00:0c:29:f3:90:9b  txqueuelen 1000  (Ethernet)
        RX packets 50128  bytes 3376463 (3.2 MiB)
        RX errors 0  dropped 0  overruns 0  frame 0
        TX packets 192  bytes 19194 (18.7 KiB)
        TX errors 0  dropped 0 overruns 0  carrier 0  collisions 0
```

查看 NFS 服务器上的共享资源,使用的命令为 showmount,它的语法格式如下:

showmount [- adehv] [ServerName]

参数说明如下。

-a:查看服务器上的输出目录和所有连接客户端信息。显示格式为 host:dir。

-d:只显示被客户端使用的输出目录信息。

-e:显示服务器上所有的输出目录(共享资源)。

[root@centos7 ~]# showmount - e 172.16.101.9

```
Export list for 172.16.101.9:
/nfs/test      *
/media         *
/nfs/team3     *.team3.smile.com
/nfs/team2     *.team2.smile.com
/nfs/team1     *.team1.smile.com
/nfs/works     172.16.101.0/24
/nfs/public    172.16.102.0/24,172.16.101.0/24
/nfs/security  172.16.102.8
```

[root@centos7 ~]# showmount - d 172.16.101.9

```
Directories on 172.16.101.9:
```

(3) 确定挂载点。

格式:

mount - t nfs NFS 服务器 IP 地址或主机名:共享名 本地挂载点

```
[root@centos7 ~]# mkdir /mnt/media
[root@centos7 ~]# mkdir /mnt/nfs
[root@centos7 ~]# mkdir /mnt/test
[root@centos7 ~]# mount - t nfs 172.16.101.9:/nfs/public /mnt/media
[root@centos7 ~]# mount - t nfs 172.16.101.9:/nfs/works /mnt/nfs
[root@centos7 ~]# mount - t nfs 172.16.101.9:/nfs/test /mnt/test
[root@centos7 ~]# umount /mnt/media
[root@centos7 ~]# umount /mnt/nfs
```

8.4 排除 NFS 故障

与其他网络服务一样,运行 NFS 的计算机同样可能出现问题。当 NFS 服务无法正常工作时,需要根据 NFS 相关的错误消息选择适当的解决方案。NFS 采用 C/S 结构,并通过网络通信,因此,可以将常见的故障点划分为 3 个,即网络、客户端和服务器。

1. 网络

关于网络故障,主要有两个方面的常见问题。

(1)网络无法连通。使用 ping 命令检测网络是否连通,如果出现异常,请检查物理线路、交换机等网络设备或者计算机的防火墙设置。

(2)无法解析主机名。对于客户端而言,无法解析服务器的主机名,可能会导致使用 mount 命令挂载时失败,并且服务器如果无法解析客户端的主机名,在进行特殊设置时,同样会出现错误,所以需要在/etc/hosts 文件中添加相应的主机记录。

2. 客户端

客户端在访问 NFS 服务器时多使用 mount 命令,下面将列出常见的错误信息以供参考。

(1)服务器无响应:端口映射失败,RPC 超时。NFS 服务已经关机,或者其 RPC 端口映射进程(Portmap)已关闭。重新启动服务器的 portmap 程序,更正该错误。

(2)服务器无响应:程序未注册。mount 命令发送请求到达 NFS 服务器端口映射进程,但是 NFS 相关守护程序没有注册。具体解决方法在服务器设定中有详细的介绍。

(3)拒绝访问。客户端不具备访问 NFS 服务器共享文件的权限。

(4)不被允许。执行 mount 命令的用户权限过低,必须具有 root 身份或是系统组的成员才可以运行 mount 命令,即只有 root 用户和系统组的成员才能进行 NFS 安装、卸载操作。

3. 服务器

(1)NFS 服务进程状态。为了使 NFS 服务器正常工作,首先要保证所有相关的 NFS 服务进程为开启状态。

使用 rpcinfo 命令可以查看 RPC 的相应信息,命令格式如下:

```
rpcinfo-p 主机名或 IP 地址
```

登录 NFS 服务器后,使用 rpcinfo 命令检查 NFS 相关进程的启动情况。

如果 NFS 相关进程并没有启动,使用 service 命令启动 NFS 服务,再次使用 rpcinfo 进行测试,直到 NFS 服务工作正常。

(2)注册 NFS 服务。虽然 NFS 服务正常开启,但是如果没有进行 RPC 的注册,客户端依然不能正常访问 NFS 共享资源,所以需要确认 NFS 服务已经进行注册。rpcinfo 命令能够提供检测功能,命令格式如下:

```
rpcinfo-u 主机名或 IP 进程
```

假设在 NFS 服务器上,需要检测 rpc.nfsd 是否注册,可以使用以下命令:

```
[root@server ~]#rpcinfo -u server nfs
```

出现该提示表明 rpc.nfsd 进程没有注册,那么需要在开启 RPC 以后再启动 NFS 服务进行注册操作。

```
[root@server ~]# service rpcbind start
[root@server ~]# service nfs restart
```

执行注册以后,再次使用 rpcinfo 命令进行检测。

```
[root@server ~]# rpcinfo - u server nfs
[root@server ~]# rpcinfo - u server mount
```

如果一切正常,会发现 NFS 相关进程的 v2、v3 及 v4 版本均注册完毕,NFS 服务器可以正常工作。

(3) 检测共享目录输出。客户端如果无法访问服务器的共享目录,可以登录服务器进行配置文件的检查。确保/etc/exports 文件设定共享目录,并且客户端拥有相应的权限。通常情况下,使用 showmount 命令能够检测 NFS 服务器的共享目录输出情况。

```
[root@server ~]# showmount - e server
```

8.5　习题

1. 填空题

(1) Linux 和 Windows 之间可以通过_____进行文件共享,UNIX/Linux 操作系统之间通过_____进行文件共享。

(2) NFS 的英文全称是_____,中文名称是_____。

(3) RPC 的英文全称是_____,中文名称是_____。RPC 最主要的功能就是记录每个 NFS 功能所对应的端口,它工作在固定端口_____。

(4) Linux 下的 NFS 服务主要由 6 部分组成,其中_____、_____、_____是 NFS 必需的。

(5) 守护进程的主要作用就是_____,负责处理 NFS 请求。

(6) _____是提供 rpc. nfsd 和 rpc. mounted 这两个守护进程与其相关文档、执行文件的套件。

(7) 在 Linux 下查看 NFS 服务器上共享资源,使用的命令为_____,它的语法格式是_____。

(8) Linux 下的自动加载文件系统是在_____中定义的。

2. 选择题

(1) NFS 工作站要挂载远程 NFS 服务器上的一个目录时,以下(　　)项是服务器端必需的。

　　A. rpcbind 必须启动

　　B. NFS 服务必须启动

　　C. 共享目录必须加在/etc/exports 文件里

D. 以上全部都需要

（2）请选择（　　）项命令，完成加载 NFS 服务器 svr. jnrp. edu. cn 的/home/nfs 共享目录到本机/home2。

  A. mount -t nfs svr. jnrp. edu. cn：/home/nfs/home2

  B. mount -t -s nfs svr. jnrp. edu. cn/home/nfs/home2

  C. nfsmount svr. jnrp. edu. cn：/home/nfs/home2

  D. nfsmount -s svr. jnrp. edu. cn/home/nfs/home2

（3）下面（　　）命令用来通过 NFS 使磁盘资源被其他系统使用。

  A. share   B. mount   C. export   D. exports

（4）以下 NFS 系统中关于用户 ID 映射正确的描述是（　　）。

  A. 服务器上的 root 用户默认值和客户端的一样

  B. root 被映射到 nfsnobody 用户

  C. root 不被映射到 nfsnobody 用户

  D. 默认情况下，anonuid 不需要密码

（5）某公司有 10 台 Linux 服务器，想用 NFS 在 Linux 服务器之间共享文件，应该修改的文件是（　　）。

  A. /etc/exports   B. /etc/crontab

  C. /etc/named. conf   D. /etc/smb. conf

（6）查看 NFS 服务器 192.168.12.1 中的共享目录的命令是（　　）。

  A. show -e 192.168.12.1   B. show //192.168.12.1

  C. showmount -e 192.168.12.1 D. showmount -l 192.168.12.1

（7）装载 NFS 服务器 192.168.12.1 的共享目录/tmp 到本地目录/mnt/share 的命令是（　　）。

  A. mount 192.168.12.1/tmp/mnt/share

  B. mount -t nfs 192.168.12.1/tmp/mnt/share

  C. mount -t nfs 192.168.12.1：/tmp/mnt/share

  D. mount -t nfs //192.168.12.1/tmp/mnt/share

3. 简答题

（1）简述 NFS 服务的工作流程。

（2）简述 NFS 服务的好处。

（3）简述 NFS 服务各组件及其功能。

（4）简述如何排除 NFS 故障。

4. 实践题

（1）建立 NFS 服务器，并完成以下任务。

① 共享/share1 目录，允许所有的客户端访问该目录，但只具有只读权限。

② 共享/share2 目录，允许 192.168.8.0/24 网段的客户端访问，并且对该目录具有只读权限。

③ 共享/share3 目录,只有来自 smile.com 域的成员可以访问并具有读写权限。

④ 共享/share4 目录,192.168.9.0/24 网段的客户端具有只读权限,并且将 root 用户映射成为匿名用户。

⑤ 共享/share5 目录,所有人都具有读写权限,但当用户使用该共享目录时将账号映射成为匿名用户,并且指定匿名用户的 UID 和 GID 均为 527。

(2) 客户端设置练习。

① 使用 showmount 命令查看 NFS 服务器发布的共享目录。

② 挂载 NFS 服务器上的/share1 目录到本地/share1 目录下。

③ 卸载/share1 目录。

④ 自动挂载 NFS 服务器上的/share1 目录到本地/share1 目录下。

第 9 章

配置与管理DHCP服务器

9.1 基本概念

在终端比较多的网络中,如果要为整个企业每个部门的上百台机器逐一进行 IP 地址的配置绝不是一件轻松的工作。为了更方便、更简洁地完成这些工作,很多时候会采用动态主机配置协议(Dynamic Host Configuration Protocol,DHCP)来自动为客户端配置 IP 地址、默认网关等信息。

在完成该项目之前,首先应当对整个网络进行规划,确定网段的划分以及每个网段可能的主机数量等信息。

DHCP 基于客户/服务器模式,当 DHCP 客户端启动时,它会自动与 DHCP 服务器通信,要求提供自动分配 IP 地址的服务,而安装了 DHCP 服务软件的服务器则会响应要求。

DHCP(Dynamic Host Configuration Protocol,动态主机配置协议)是一个简化主机 IP 地址分配管理的 TCP/IP 标准协议,用户可以利用 DHCP 服务器管理动态的 IP 地址分配及其他相关的环境配置工作,如 DNS 服务器、WINS 服务器、Gateway(网关)的设置。

在 DHCP 机制中可以分为服务器和客户端两部分,服务器使用固定的 IP 地址,在局域网中扮演着给客户端提供动态 IP 地址、DNS 配置和网管配置的角色。客户端与 IP 地址相关的配置都在启动时由服务器自动分配。

教学目标
- 了解 DHCP 服务器在网络中的作用。
- 理解 DHCP 的工作过程。
- 掌握 DHCP 服务器的基本配置。
- 掌握 DHCP 客户端的配置和测试。
- 掌握在网络中部署 DHCP 服务器的解决方案。

9.1.1 DHCP 工作过程

DHCP 客户端和服务器端申请 IP 地址、获得 IP 地址的过程一般分为 4 个阶段,如

图 9-1 所示。

1. DHCP 客户机发送 IP 租约请求

当客户端启动网络时,由于在 IP 网络中的每台机器都需要有一个地址,因此,此时的计算机 TCP/IP 地址与 0.0.0.0 绑定在一起。它会发送一个 DHCP Discover(DHCP 发现)广播信息包到本地子网,该信息包发送给 UDP 端口 67,即 DHCP/BOOTP 服务器端口的广播信息包。

2. DHCP 服务器提供 IP 地址

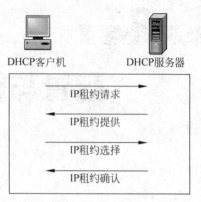

图 9-1　DHCP 的工作过程

本地子网的每一个 DHCP 服务器都会接收 DHCP Discover 信息包。每个接收到请求的 DHCP 服务器都会检查它是否有提供给请求客户端的有效空闲地址,如果有,则以 DHCP Offer(DHCP 提供)信息包作为响应,该信息包包括有效的 IP 地址、子网掩码、DHCP 服务器的 IP 地址、租用期限,以及其他的有关 DHCP 范围的详细配置。所有发送 DHCP Offer 信息包的服务器都将保留它们提供的这个 IP 地址(该地址暂时不能分配给其他的客户端)。DHCP Offer 信息包广播发送到 UDP 端口 68,即 DHCP/BOOTP 客户端端口。响应是以广播的方式发送的,因为客户端没有能直接寻址的 IP 地址。

3. DHCP 客户机进行 IP 租用选择

客户端通常对第一个提议产生响应,并以广播的方式发送 DHCP Request(DHCP 请求)信息包作为回应。该信息包告诉服务器"是的,我想让你给我提供服务。我接收你给我的租用期限"。而且,一旦信息包以广播方式发送以后,网络中所有的 DHCP 服务器都可以看到该信息包,那些提议没有被客户端承认的 DHCP 服务器将保留的 IP 地址返回给它的可用地址池。客户端还可利用 DHCP Request 询问服务器其他的配置选项,如 DNS 服务器或网关地址。

4. DHCP 服务器 IP 租用认可

当服务器接收到 DHCP Request 信息包时,它以一个 DHCP Acknowledge(DHCP 确认)信息包作为响应,该信息包提供了客户端请求的任何其他信息,并且也是以广播方式发送的。该信息包告诉客户端"一切准备好。记住你只能在有限时间内租用该地址,而不能永久占据! 好了,以下是你询问的其他信息"。

客户端执行 DHCP Discover 后,如果没有 DHCP 服务器响应客户端的请求,客户端会随机使用 169.254.0.0/16 网段中的一个 IP 地址配置本机地址。

9.1.2　IP 地址租约和更新

客户端从 DHCP 服务器取得 IP 地址后,这次租约行为就会被记录到主机的租赁信息文件中,并且开始租约计时。

1．IP 地址租约

DHCP 服务器是以地址租约的方式为 DHCP 客户端提供服务的，它主要提供以下两种方式的地址租约。

（1）限定租期。当 DHCP 客户端向 DHCP 服务器租用到 IP 地址后，DHCP 客户端只是暂时使用这个地址一段时间。如果客户端在租约到期时并没有更新租约，则 DHCP 服务器会收回该 IP 地址，并将该 IP 地址提供给其他 DHCP 客户端使用。如果原 DHCP 客户端又需要 IP 地址，它可以向 DHCP 服务器重新租用另一个 IP 地址。

（2）永久租用。当 DHCP 客户端向 DHCP 服务器租用到 IP 地址后，这个地址就永远分派给这个 DHCP 客户端使用。只要有足够的 IP 地址给客户端使用，就没有必要限定租约，可以采用这种方式给客户端自动分派 IP 地址。

2．租约更新

客户端取得 IP 地址后，并不是一直等到租约到期才与服务器取得联系。实际上，在租约到期的时间内，它会两次与服务器联系，并决定下一步需要进行的动作。

（1）更新。当客户端注意到它的租用期时间到了 50% 以上时，就要更新该租用期。这时它发送一个直接 UDP 信息包给它所获得原始信息的服务器，该信息包是一个 DHCP Request 信息包，用来询问是否能保持 TCP/IP 配置信息并更新它的租用期。如果服务器是可用的，则它通常发送一个 DHCP Acknowledge 信息包给客户端，同意客户端的请求。

（2）重新捆绑。当租用期达到期满时间的近 87.5% 时，客户端如果在前一次请求中没有更新租用期，它会再次试图更新租用期。如果这次更新失败，客户端就会尝试与任何一个 DHCP 服务器联系以获得一个有效的 IP 地址。如果另外的 DHCP 服务器能够分配一个新的 IP 地址，则该客户端再次进入捆绑状态。如果客户端当前的 IP 地址租用期满，则客户端必须放弃该 IP 地址，并重新进入初始化状态，然后重复整个过程。

3．解约条件

既然客户端就 IP 地址的分配与 DHCP 服务器建立了一个有效租约，那么这个租约什么时候解除呢？下面分两种情况讨论。

（1）客户端租约到期。DHCP 服务器分配给客户端的 IP 地址是有使用期限的。如果客户端使用此 IP 地址达到了这个有效期限的终点，并且没有再次向 DHCP 服务器提出租约更新，DHCP 服务器就会将这个 IP 地址回收，客户端就会造成断线。

（2）客户端离线。除了客户端租约到期会造成租约解除外，当客户端离线（包括关闭网络接口—— ifdown、重新开机—reboot、关机—shutdown）时，DHCP 服务器也会将 IP 地址回收并放入自己的 IP 地址池中，等候下一个客户端申请。

9.1.3　DHCP 服务器分配给客户端的 IP 地址类型

在客户端向 DHCP 服务器申请 IP 地址时，服务器并不是总给它一个动态的 IP 地址，而是根据实际情况决定。

1. 动态 IP 地址

客户端从 DHCP 服务器取得的 IP 地址一般不是固定的,而是每次都可能不一样。在 IP 地址有限的单位内,动态 IP 地址可以最大化地达到资源的有效利用。它利用并不是每个员工都会同时上线的原理,优先为上线的员工提供 IP 地址,离线之后再收回。

2. 固定 IP 地址

客户端从 DHCP 服务器取得的 IP 地址也并不总是动态的。例如,有的单位除了员工用计算机外,还有数量不少的服务器,这些服务器如果也使用动态 IP 地址,不但不利于管理,而且客户端访问起来也不方便。该怎么办呢?我们可以设置 DHCP 服务器记录特定计算机的 MAC 地址,然后为每个 MAC 地址分配一个固定的 IP 地址。至于如何查询网卡的 MAC 地址,根据网卡是本机还是远程计算机,采用的方法也有所不同。

(1) 查询本机网卡的 MAC 地址。这个很简单,用 ifconfig 命令就可以轻松完成。

(2) 查询远程计算机网卡的 MAC 地址。

既然 TCP/IP 网络通信最终要用到 MAC 地址,那么使用 ping 命令当然也可以获取对方的 MAC 地址信息,只不过它不会显示出来,我们要借助其他工具来完成。

```
[root@localhost ~]# ping - c 1 192.168.0.168    //ping 远程计算机 192.168.0.168 一次
[root@localhost ~]# arp - n                     //查询缓存在本地的远程计算机中的 MAC 地址
```

注意:什么是 MAC 地址? MAC 地址也叫作物理地址或硬件地址,是由网络设备制造商生产时写在硬件内部的(网络设备的 MAC 地址都是唯一的)。在 TCP/IP 网络中,表面上看来是通过 IP 地址进行数据的传送,实际上最终是通过 MAC 地址来区分不同节点的。

9.2 项目设计及准备

9.2.1 项目设计

部署 DHCP 之前应该先进行规划,明确哪些 IP 地址用于自动分配给客户端(即作用域中应包含的 IP 地址),哪些 IP 地址用于手工指定给特定的服务器。例如,在项目中,IP 地址段为 172.16.101.1~172.16.101.254,子网掩码是 255.255.255.0,网关为 172.16.101.1,网段地址 172.16.102.2~172.16.102.30 是服务器的固定地址,客户端可以使用的地址段为 172.16.102.100~172.16.102.200,其余剩下的 IP 地址为保留地址。

9.2.2 项目需求准备

部署 DHCP 服务应满足下列需求。

(1) 安装 Linux 企业服务器版,用作 DHCP 服务器。

(2) DHCP 服务器的 IP 地址、子网掩码、DNS 服务器等 TCP/IP 参数必须手动指定,否则将不能为客户端分配 IP 地址。

（3）DHCP 服务器必须要拥有一组有效的 IP 地址，以便自动分配给客户端。

9.3 实验：安装并配置 DHCP 服务器

9.3.1 实验目的

（1）学会分配 IP 地址。
（2）掌握 IP 地址扩容的方法。
（3）掌握 DHCP 客户端的配置和测试。

9.3.2 实验内容

网络中如果计算机和其他设备数量增加，IP 地址需要进行扩容才能满足需求。小型网络可以对所有设备重新分配 IP 地址，其网络内部客户机和服务器数量较少，实现起来比较简单。但如果是一个大型网络，重新配置整个网络的 IP 地址是不明智的，如果操作不当，可能会造成通信暂时中断以及其他网络故障。我们可以通过多作用域的设置，即 DHCP 服务器发布多个作用域实现 IP 地址扩容的目的。

1. 任务需求

公司 IP 地址规划为 172.16.0.0/24 网段，可以容纳 254 台设备，使用 DHCP 服务器建立一个 172.16.101.0 网段的作用域，动态管理网络 IP 地址，但网络规模扩大到 400 台机器，显然一个 C 类网的地址无法满足要求了。这时，可以再为 DHCP 服务器添加一个新作用域，管理分配 172.16.102.0/24 网段的 IP 地址，为网络增加 254 个新的 IP 地址，这样既可以保持原有 IP 地址的规划，又可以扩容现有的网络 IP 地址。

2. 需求分析

对于多作用域的配置，必须保证 DHCP 服务器能够侦听所有子网客户机的请求信息，下面将讲解配置多作用域的基本方法，为 DHCP 添加多个网卡连接每个子网，并发布多个作用域的声明。

9.3.3 实验步骤

1. 使用 VMware 部署该网络环境

（1）VMware 联网方式采用自定义。
（2）3 台安装好 CentOS 的计算机，1 台服务器（CentOS-1）有 2 块网卡，一块连接 VMnet1，IP 地址是 172.16.101.9，一块网卡连接 VMnet8，IP 地址是 172.16.102.9。
（3）第 1 台客户机（client-1）的网卡连接 VMnet1，第 2 台客户机（client-2）的网卡连接 VMnet8。

2. DHCP 服务器网卡 IP 地址

DHCP 服务器有多块网卡时，需要使用 ifconfig 命令为每块网卡配置独立的 IP 地址，但要注意,IP 地址配置的网段要与 DHCP 服务器发布的作用域对应。

```
[root@localhost ~]# ifconfig eth0 172.16.101.9 netmask 255.255.255.0
[root@localhost ~]# ifconfig eth1 172.16.102.9 netmask 255.255.255.0
```

3. 安装 DHCP

(1) 首先检测系统是否已经安装了 DHCP 相关软件。

```
[root@localhost ~]# rpm - qa |grep dhcp
```

(2) 使用 yum 命令安装 DHCP 服务。

```
[root@localhost ~]# yum clean all                //安装前先清除缓存
[root@localhost ~]# yum install dhcp - y
```

(3) 安装完成后再次查询,发现已安装成功。

```
[root@localhost ~]# rpm - qa |grep dhcp
```

```
dhcp-4.1.1-53.P1.el6.centos.x86_64
dhcp-common-4.1.1-53.P1.el6.centos.x86_64
```

4. 常规服务器配置

基本的 DHCP 服务器搭建流程如下。
(1) 编辑主配置文件 dhcpd.conf,指定 IP 作用域(指定一个或多个 IP 地址范围)。
(2) 建立租约数据库文件。
(3) 重新加载配置文件或重新启动 dhcpd 服务使配置生效。
① 复制样例文件到主配置文件 dhcpd.conf。默认主配置文件(/etc/dhcp/dhcpd.conf)没有任何实质内容,打开查阅,发现里面有一句话 see /usr/share/doc/dhcp * /dhcpd.conf sample。将该样例文件复制到主配置文件。

```
[root@localhost ~]# cp /usr/share/doc/dhcp * /dhcpd.conf.sample /etc/dhcp/dhcpd.conf
```

② dhcpd.conf 主配置文件组成部分:
• parameters(参数)
• declarations(声明)
• option(选项)
③ dhcpd.conf 主配置文件整体框架。dhcpd.conf 包括全局配置和局部配置。全局配置可以含参数或选项,该部分对整个 DHCP 服务器生效。局部配置通常由声明部分表示,该部分仅对局部生效,比如只对某个 IP 作用域生效。
dhcpd.conf 文件格式:

```
# 全局配置
参数或选项;          # 全局生效
```

```
#局部配置
声明 {
    参数或选项;                    #局部生效
    }
```

dhcp 范本配置文件内容包含部分参数、声明以及选项的用法,其中注释部分可以放在任何位置,并以"#"号开头,当一行内容结束时,以";"号结束,大括号所在行除外。

可以看出整个配置文件分成全局和局部两个部分。但是并不容易看出哪些属于参数,哪些属于声明和选项。

主要修改 subnet 作用域、地址池、网关,如下所示。

```
subnet 172.16.101.0 netmask 255.255.255.0 {
  range 172.16.101.2 172.16.101.200;
  option domain-name-servers 172.16.101.9;
  option routers 172.16.101.1;
  option routers rtr-239-0-1.example.org, rtr-239-0-2.example.org;
}

# This declaration allows BOOTP clients to get dynamic addresses,
# which we don't really recommend.

subnet 172.16.102.0 netmask 255.255.255.0 {
  range dynamic-bootp 172.16.102.2 172.16.102.200;
  option routers rtr-239-32-1.example.org;
}
```

(4)重新加载配置,并重启网卡,使用命令查看是否获得了 IP 地址等信息。

```
[root@localhost ~]# service dhcpd restart
[root@localhost ~]# service network restart
[root@localhost ~]# ifconfig eno16777736
```

(5)在服务器端查看租约数据库文件。

```
[root@localhost ~]# cat /var/lib/dhcpd/dhcpd.leases
```

```
[root@localhost ~]# cat /var/lib/dhcpd/dhcpd.leases
# The format of this file is documented in the dhcpd.leases(5) manual page.
# This lease file was written by isc-dhcp-4.2.5

server-duid "\000\001\000\001%\223`\214\000\014)\245\021M";
```

5. DHCP 的启动、停止、重启、自动加载

```
[root@localhost ~]# service dhcpd start                    //启动服务
[root@localhost ~]# /etc/rc.d/init.d/dhcpd start           //启动服务
[root@localhost ~]# service dhcpd stop                     //停止服务
[root@localhost ~]# /etc/rc.d/init.d/dhcpd stop            //停止服务
[root@localhost ~]# service dhcpd restart                  //重启服务
[root@localhost ~]# /etc/rc.d/init.d/dhcpd restart         //重启服务
[root@localhost ~]# systemctl start dhcpd                  //启动服务
```

6. 检查服务器的日志文件

重启 DHCP 服务后检查系统日志文件,检测配置是否成功,使用 tail 命令动态显示日志信息。可以看到2台客户机获取 IP 地址以及这2台客户机的 MAC 地址等。

```
[root@localhost ~]# tail -F /var/log/messages
```

7. 配置 DHCP 客户端（Windows）

（1）在 Windows 客户端比较简单，设置 Internet 协议版本（TCP/IPv4）自动获取就可以。

（2）在 Windows 命令提示符下，利用 ipconfig 释放 IP 地址后，重新获取 IP 地址。

```
释放 IP 地址：ipconfig /release
重新申请 IP 地址：ipconfig /renew
```

结果如图 9-2 所示。

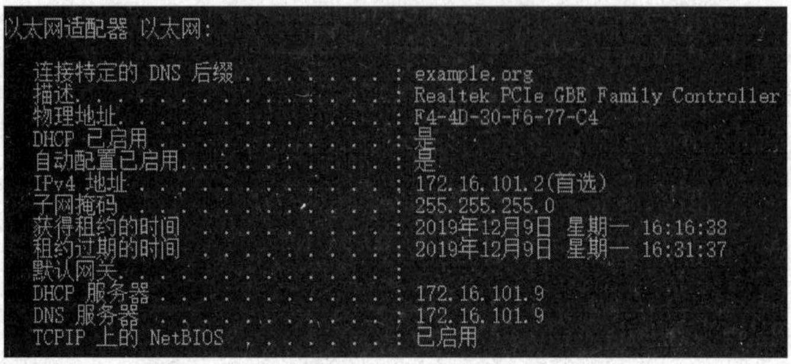

图 9-2　Windows 客户端测试

8. 配置 DHCP 客户端（Linux）

（1）开启另一台虚拟机，添加一个和 DHCP 服务器相同的网卡。设置 DHCP 自动获取网络，编辑文件/etc/sysconfig/network-scripts/ifcfg-配置 1。

```
[root@localhost ~]# vim /etc/sysconfig/network-scripts/ifcfg- 配置 1
```

在该配置中，改 BOOTPROTO＝dhcp、ONBOOT＝yes，如图 9-3 所示。将 IPADDR＝192.168.1.1、PREFIX＝24、NETMASK＝255.255.255.0、HWADDR＝00:0C:29:A2:BA:98 等条目删除。

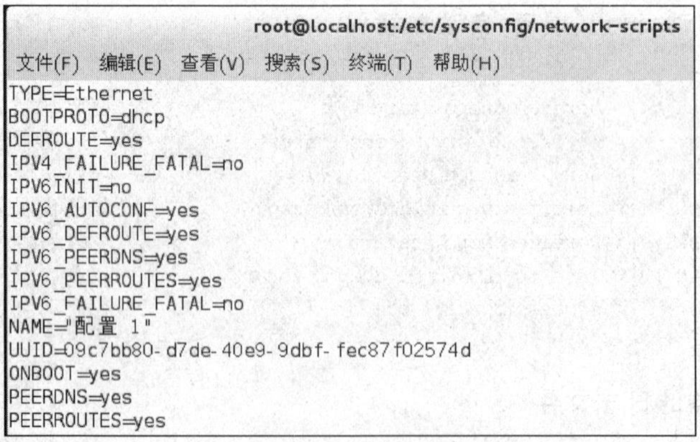

图 9-3　/etc/sysconfig/network-scripts 文件配置

（2）重启网络，使用以下命令：

```
[root@localhost ~]# systemctl restart network
[root@localhost ~]# ifconfig eno16777736
```

```
[root@localhost ~]# ifconfig eno16777736
eno16777736: flags=4163<UP,BROADCAST,RUNNING,MULTICAST>  mtu 1500
        inet 172.16.101.3  netmask 255.255.255.0  broadcast 172.16.101.255
        inet6 fe80::20c:29ff:fea5:114d  prefixlen 64  scopeid 0x20<link>
        ether 00:0c:29:a5:11:4d  txqueuelen 1000  (Ethernet)
        RX packets 187051  bytes 14494540 (13.8 MiB)
        RX errors 0  dropped 0  overruns 0  frame 0
        TX packets 1463  bytes 121698 (118.8 KiB)
        TX errors 0  dropped 0  overruns 0  carrier 0  collisions 0
```

9.3.4　安装的常见故障及排除

通常配置 DHCP 服务器很容易，下面有一些技巧可以帮助避免出现问题。对服务器而言，要确保正常工作并具备广播功能；对客户端而言，要确保网卡正常工作；最后，要考虑网络的拓扑，检查客户端向 DHCP 服务器发出的广播消息是否会受到阻碍。另外，如果 dhcpd 进程没有启动，浏览 syslog 消息文件确定是哪里出了问题，这个消息文件通常是 /var/log/messages。

1. 客户端无法获取 IP 地址

如果 DHCP 服务器配置完成且没有语法错误，但是网络中的客户端却无法取得 IP 地址。这通常是由于 Linux DHCP 服务器无法接收来自 255.255.255.255 的 DHCP 客户端的 Request 封包造成的，具体地讲，是由于 DHCP 服务器的网卡没有设置 MULTICAST（多点传送）功能。为了保证 dhcpd(DHCP 程序的守护进程)和 DHCP 客户端沟通，dhcpd 必须传送封包到 255.255.255.255 这个 IP 地址。但是在有些 Linux 系统中，255.255.255.255 这个 IP 地址被用来作为监听区域子网域（localsubnet）广播的 IP 地址。所以，必须在路由表（Routing Table）中加入 255.255.255.255 以激活 MULTICAST（多点传送）功能，执行命令如下：

```
[root@localhost ~]# route add - host 255.255.255.255 dev eth0
```

上述命令创建了一个到地址 255.255.255.255 的路由。

如果得到 255.255.255.255：unkown host，那么需要修改/etc/hosts 文件，并添加一条记录。

```
255.255.255.255 dhcp - server
```

2. 提供备份的 DHCP 设置

在中型网络中，数百台计算机的 IP 地址的管理是一个大问题。为了解决该问题，可以使用 DHCP 动态地为客户端分配 IP 地址。但是这同样意味着如果某些原因致使服务器瘫痪，DHCP 服务自然也就无法使用，客户端也就无法获得正确的 IP 地址。为解决这个问题，配置两台以上的 DHCP 服务器即可。如果其中一台服务器出了问题，另外一台 DHCP 服务器就会自动承担分配 IP 地址的任务。对于用户来说,无须知道哪台服务器提供了 DHCP 服务。解决方法如下。

可以同时设置多台 DHCP 服务器来提供冗余,然而 Linux 的 DHCP 服务器本身不提供备份。它们提供的 IP 地址资源为避免发生客户端 IP 地址冲突的现象也不能重叠。提供容错能力即通过分割可用的 IP 地址到不同的 DHCP 服务器上,多台 DHCP 服务器同时为一个网络服务,从而使一台 DHCP 服务器出现故障而仍能正常提供 IP 地址资源供客户端使用。通常为了进一步增强可靠性,还可以将不同的 DHCP 服务器放置在不同的子网中,互相使用中转提供 DHCP 服务。

3．利用命令及租约文件排除故障

1）dhcpd

如果遇到 DHCP 无法启动的情况,可以使用命令进行检测。根据提示信息内容进行修改或调试。

```
[root@localhost ~]# dhcpd
```

配置文件错误并不是唯一导致 dhcpd 服务无法启动的原因,如果网卡接口配置错误也可能导致服务启动失败。例如,网卡(eth0)的 IP 地址为 10.0.0.1,而配置文件中声明的子网为 192.168.20.0/24。通过 dhcpd 命令也可以排除错误。

```
[root@localhost ~]# dhcpd
...
No subnet declaration for eth0 (10.0.0.1)
**   Ignoring Requests on eth0. If this not what
     you want, please write a subnet declaration
     in your dhcpd.conf file for the network segment
     to which interface eth0 is attached. **
Not configured to listen on any interfaces!
...
```

请注意粗体部分的提示:

"没有为 eth0(10.0.0.1)设置子网声明。

＊＊忽略 eth0 接受请求,如果您不希望看到这样的结果,请在您的配置文件 dhcpd.conf 中添加一个子网声明。＊＊

没有配置任何接口进行侦听!"

根据信息提示,很容易就可以完成错误更正。

2）租约文件

一定要确保租约文件存在,否则无法启动 dhcpd 服务,如果租约文件不存在,我们可以手动建立一个。

```
[root@localhost ~]# vim /var/lib/dhcpd/dhcpd.leases
```

3）ping

DHCP 设置完后,重启 dhcp 服务使之配置生效,如果客户端仍然无法连接 DHCP 服务器,我们可以使用 ping 命令测试网络连通性。

4）总结网络故障的排除

（1）如果出现问题,请检查防火墙。若仍然不能解决问题就关闭防火墙,特别是 samba 和 NFS。

（2）网卡 IP 地址配置是否正确至关重要。配置完成,一定要测试,注意 ONBOOT 的值。

（3）在 samba 和 NFS 等服务器配置中要特别注意本地系统权限的配合设置。

（4）任何时候,对虚拟机的网络连接方式都要特别清楚。

9.4 习题

1. 填空题

（1）DHCP 工作过程包括_____、_____、_____、_____ 4 种报文。

（2）如果 DHCP 客户端无法获得 IP 地址,将自动从_____地址段中选择一个作为自己的地址。

（3）在 Windows 环境下,使用_____命令可以查看 IP 地址配置,释放 IP 地址使用_____命令,续租 IP 地址使用命令。

（4）DHCP 是一个简化主机 IP 地址分配管理的 TCP/IP 标准协议,英文全称是_____,中文名称是_____。

（5）当客户端注意到它的租用期到了_____以上时,就要更新该租用期。这时它发送一个_____信息包给它所获得原始信息的服务器。

（6）当租用期达到期满时间的近_____时,客户端如果在前一次请求中没能更新租用期,它会再次试图更新租用期。

（7）配置 Linux 客户端需要修改网卡配置文件,将 BOOTPROTO 项设置为_____。

2. 选择题

（1）TCP/IP 中,（   ）协议是用来进行 IP 地址自动分配的。

    A. ARP   B. NFS   C. DHCP   D. DDNS

（2）DHCP 租约文件默认保存在（   ）目录中。

    A. /etc/dhcpd   B. /var/log/dhcpd

    C. /var/log/dhcp   D. /var/lib/dhcp

（3）配置完 DHCP 服务器,运行（   ）命令可以启动 DHCP 服务。

    A. service dhcpd start   B. /etc/rc.d/init.d/dhcpd start

    C. start dhcpd   D. dhcpd on

3. 简答题

（1）动态 IP 地址方案有什么优点和缺点？简述 DHCP 服务器的工作过程。

（2）简述 IP 地址租约和更新的全过程。

（3）如何配置 DHCP 作用域选项？如何备份与还原 DHCP 数据库？

（4）简述 DHCP 服务器分配给客户端的 IP 地址类型。

4．实践题

建立 DHCP 服务器，为子网 A 内的客户机提供 DHCP 服务，具体参数如下。

（1）IP 地址段：192.168.11.101～192.168.11.200，子网掩码：255.255.255.0。

（2）网关地址：192.168.125.4，域名服务器：192.168.0.10。

（3）子网所属域的名称：jnrp.edu.cn。

（4）默认租约有效期 1 天，最大租约有效期 3 天。

请写出详细解决方案，并上机实现。

第 *10* 章

配置与管理DNS服务器

10.1　基本概念

　　DNS(Domain Name Service,域名服务)是 Internet/Intranet 中最基础也是非常重要的一项服务,它提供了网络访问中域名和 IP 地址的相互转换。

　　/etc/hosts 文件是 Linux 系统中一个负责 IP 地址与域名快速解析的文件,以 ASCII 格式保存在/etc 目录下,文件名为 hosts。hosts 文件包含 IP 地址和主机名之间的映射,还包括主机名的别名。在没有域名服务器的情况下,系统上的所有网络程序都通过查询该文件来解析对应于某个主机名的 IP 地址,否则就需要使用 DNS 服务程序来解决。通常可以将常用的域名和 IP 地址映射加入到 hosts 文件中,实现快速、方便地访问。

教学目标

- 了解 DNS 服务器的作用及其在网络中的重要性。
- 理解 DNS 的域名空间结构。
- 掌握 DNS 查询模式。
- 掌握 DNS 域名解析过程。
- 掌握常规 DNS 服务器的安装与配置。
- 理解并掌握 DNS 客户机的配置。
- 掌握 DNS 服务的测试。

10.2　项目设计及准备

10.2.1　项目设计

　　为了保证校园网中的计算机能够安全、可靠地通过域名访问本地网络以及 Internet 资源,需要在网络中部署主 DNS 服务器、辅助 DNS 服务器和缓存 DNS 服务器。

10.2.2　项目准备

一共需要4台计算机,其中3台是Linux计算机,1台是Windows 7计算机。

(1) 安装Linux企业服务器版的计算机2台,用作主DNS服务器和辅助DNS服务器。

(2) 安装有Windows 7操作系统的计算机1台,用来部署DNS客户端。

(3) 安装有Linux操作系统的计算机1台,用来部署DNS客户端。

(4) 确定每台计算机的角色,并规划每台计算机的IP地址及计算机名。

(5) 用VMware虚拟机软件部署实验环境。

注意:DNS服务器的IP地址必须是静态的。

10.3　实验:安装并配置DNS服务器

10.3.1　实验目的

(1) 了解BIND软件包并会安装。

(2) 掌握DNS服务的启动、停止和重启的方法。

(3) 掌握DNS服务配置文件的设置方法。

(4) 理解并掌握DNS客户机的配置。

(5) 掌握DNS服务的测试。

10.3.2　实验内容

授权DNS服务器管理btqy.com区域,并把该区域的区域文件命名为btqy.com.zone。DNS服务器是172.16.101.9,Mail服务器是172.16.101.9。本例至少需要2台Linux服务器,一台安装DNS,一台作为客户端。

10.3.3　实验步骤

Linux下架设DNS服务器通常使用BIND(Berkeley Internet Name Domain)程序来实现其守护进程named。

1. BIND软件包简介

BIND是一款实现DNS服务器的开放源码软件。BIND原本是美国DARPA资助研究伯克里大学(Berkeley)开设的一个研究生课题,后来经过多年的变化发展已经成为世界上使用最为广泛的DNS服务器软件,目前Internet上绝大多数的DNS服务器都是用BIND来架设的。

BIND经历了第4版、第8版和最新的第9版,第9版修正了以前版本的许多错误,并提升了执行时的效能,BIND能够运行在当前大多数的操作系统平台之上。目前BIND软件由Internet软件联合会(Internet Software Consortium,ISC)这个非营利性机构负责开发和维护。

2. 安装 BIND 软件包

（1）使用 yum 命令安装 BIND 服务。

```
[root@localhost ~]#yum clean all        //安装前先清除级存
[root@localhost ~]#yum install bind - y
```

（2）安装完后再次查询，发现已安装成功。

```
[root@localhost ~]#rpm - qa|grep bind
```

```
ypbind-1.20.4-33.el6.x86_64
bind-utils-9.8.2-0.62.rc1.el6.x86_64
samba-winbind-3.6.23-41.el6.x86_64
PackageKit-device-rebind-0.5.8-26.el6.x86_64
rpcbind-0.2.0-13.el6.x86_64
samba-winbind-clients-3.6.23-41.el6.x86_64
bind-9.8.2-0.62.rc1.el6.x86_64
bind-libs-9.8.2-0.62.rc1.el6.x86_64
```

3. DNS 服务的启动、停止与重启

```
[root@localhost ~]#service named start
[root@localhost ~]#service named stop
[root@localhost ~]#service named restart
```

需要注意的是，像上面那样启动的 DNS 服务只能运行到计算机关机之前，下一次系统重新启动时就需要重新启动它了。

4. 配置主要名称服务器

安装好 DNS 服务器后，就算是可以启动它也不能正常运行，我们还必须编写 DNS 的配置文件、本机区域反向解析文件、主机区域正、反向解析文件和 DNS Cache 文件。

一般的 DNS 配置文件和正、反向解析区域声明文件必须存在 4 个文件，其结构如下：

```
/etc/named.conf                ;区域配置主文件
/var/named/named.ca            ;根区域文件
/var/named/named domain        ;正向解析区声明文件
/var/named/named.domain.arpa   ;反向解析区域声明文件
```

1）配置正向解析区域

（1）建立主配置文件 named.conf。

```
[root@localhost ~]#vim /etc/named.conf
```

```
options{
    listen - on port 53 {any;}        //127.0.0.1改成 any
    listen - on - v6 port 53(::1: );
    directory "/var/named";
    dump - file "/var/named/data/cache_dump.db";
    statistics - file "/var/named/data/named_stats.txt";
```

```
        memstatistics - file "/var/named/data/named_mem stats. txt";
        allow - query {any; };              //localhost 改成 any
        recursion yes;
        dnssec - enable no;                 //yes 改成 no
        dnssec - validation no;             //yes 改成 no
        dnssec - lookaside auto;
};
zone "." IN{            //以下 4 行是根域设置,区域文件为/var/named/name.ca,不可省略
        type hint;
        file "named.ca";
};
zone "btqy. com"{                           //区域名为 btqy.com
        type master;                        //区域类型为 master
        file "btqy. com. zone"              //区域解析文件为/var/named/btqy. com.zone
};
```

directory 路径名用于定义服务器的工作目录,该目录存放区域数据文件。配置文件中所有相对路径的路径名都基于此目录。如果没有指定,默认的是 BIND 启动的目录。

(2) 建立 btqy. com. zone 区域文件,结果如下所示。

```
[root@localhost ~]# vim /var/named/btqy. com. zone
```

```
$TTL 1D
@ IN SOA btqy.com.   root.btqy.com. (
                          2013120800  ;serial
                          1D
                          1H
                          1W
                          3H )
@     IN NS   dns.btqy.com.
dns   IN A    172.16.101.9
@     IN MX  5    mail.btqy.com.
```

2) 配置反向解析区域

(1) 添加反向解析区域。

```
[root@localhost ~]# vim /etc/named.conf,加四行内容。
```

```
zone "101.16.172. in - addr. arpa"{
    type    master;
    file    "9.101.16.172.zone";
};
```

(2) 建立反向区域文件,结果如下所示。

```
[root@localhost ~]# vim /var/named/9.101.16.172. zone
```

```
$TTL  86400
@    IN SOA 101.16.172. in- addr. arpa.   root.btqy.com. (
                          2013120800  ;serial
                          28800
                          14400
                          3600000
                          86400 )
@     IN NS   dns.btqy.com.
9     IN PTR  dns.btqy.com.
@     IN MX  5    mail.btqy.com.
```

5. 将/etc/named.conf,正、反向区域文件属组由 root 改为 named

```
[root@localhost ~]#chgrp named /etc/named.conf
[root@localhost ~]#chgrp named /var/named/btqy.com.zone
[root@localhost ~]#chgrp named /var/named/9.101.16.172.zone
```

6. 关闭防火墙

```
[root@localhost ~]#systemctl disable firewalld.service
```

7. 重新加载配置

```
[root@localhost ~]#service named restart
```

配置 DNS 客户端(Linux)。

```
[root@localhost ~]#vim /etc/resolv.conf
```

添加 nameserver 172.16.101.9(如果此操作无法生效,则手动在客户端里添加 DNS 服务器的 IP 地址为:172.16.101.9)。

```
[root@localhost ~]#service network restart
[root@localhost ~]#nslookup
```

```
[root@centos7 ~]# nslookup
> dns.btqy.com
Server:         172.16.101.9
Address:        172.16.101.9#53

Name:   dns.btqy.com
Address: 172.16.101.9
> 172.16.101.9
Server:         172.16.101.9
Address:        172.16.101.9#53

9.101.16.172.in-addr.arpa        name = dns.btqy.com.
> server
Default server: 172.16.101.9
Address: 172.16.101.9#53
```

10.3.4 安装的常见故障及排除

1. 使用工具排除 DNS 服务器配置

1) nslookup 工具

nslookup 工具可以查询互联网域名信息,检测 DNS 服务器的设置。如查询域名所对应的 IP 地址等。nslookup 支持两种模式:非交互式和交互式。

(1)非交互式模式。非交互式模式仅仅可以查询主机和域名信息。在命令行下直接输入 nslookup 命令即可查询域名信息。命令格式如下:

```
nslookup 域名或 IP 地址
```

通常,访问互联网时输入的网址实际上对应着互联网上的一台主机。

(2) 交互模式。交互模式允许用户通过域名服务器查询主机和域名信息或者显示一个域的主机列表。用户可以按照需要输入指令进行交互式的操作。交互模式下,nslookup 可以查询主机或者域名信息。下面举例说明 nslookup 命令的使用方法。

① 运行 nslookup 命令。

```
[root@localhost ~]#nslookup
```

② 正向查询,查询域名 www.btqy.com 所对应的 IP 地址。

```
> www.btqy.com
Server: 172.16.101.9
Address: 172.16.101.9#53
Name: www.btqy.com
```

③ 反向查询,查询 IP 地址 172.16.101.9 所对应的域名。

```
>172.16.101.9
Server: 172.16.101.9
Address: 172.16.101.9#53
9.101.16.172.in-addr.arpa name = dns.btqy.com
```

④ 显示当前设置的所有值。

```
> set all
Default server:172.16.101.9
Address:172.16.101.9#53

Set options:
    novc nodebug nod2
    search recurse
    timeout = 0 retry = 2 port = 53
    querytype = A class = IN
    srchlist =
```

2) dig 命令

dig(domain information groper)是一个灵活的命令行方式的域名查询工具,常用于从域名服务器获取特定的信息。例如,通过 dig 命令查看域名 dns.btqy.com 的信息。

```
[root@localhost ~]#dig dns.btqy.com
```

```
; <<>> DiG 9.9.4-RedHat-9.9.4-14.el7 <<>> dns.btqy.com
;; global options: +cmd
;; Got answer:
;; ->>HEADER<<- opcode: QUERY, status: NOERROR, id: 16360
;; flags: qr aa rd ra; QUERY: 1, ANSWER: 1, AUTHORITY: 1, ADDITIONAL: 1

;; OPT PSEUDOSECTION:
; EDNS: version: 0, flags:; udp: 4096
```

```
;; QUESTION SECTION:
; dns.btqy.com.                     IN      A

;; ANSWER SECTION:
dns.btqy.com.           86400  IN      A       172.16.101.9

;; AUTHORITY SECTION:
btqy.com.               86400  IN      NS      dns.btqy.com.

;; Query time: 30 msec
;; SERVER: 172.16.101.9#53(172.16.101.9)
;; WHEN: 一 12月 23 04:52:34 EST 2019
;; MSG SIZE  rcvd: 71
```

3）host 命令

host 命令用来做简单的主机名信息查询，在默认情况下，host 只在主机名和 IP 地址之间进行转换。下面是一些常见的 host 命令的使用方法。

（1）正向查询主机地址。

```
[root@localhost ~]# host dns.btqy.com
```

```
dns.btqy.com has address 172.16.101.9
```

（2）反向查询 IP 地址对应的域名。

```
[root@localhost ~]# host 172.16.101.9
```

```
9.101.16.172.in-addr.arpa domain name pointer dns.btqy.com.
```

（3）查询不同类型的资源记录配置，-t 参数后可以为 SOA、MX、CNAME、A、PTR。

```
[root@localhost ~]# host -t Ns dns.btqy.com
```

```
dns.btqy.com has no NS record
```

（4）列出整个 btqy.com 域的信息。

```
[root@localhost ~]# host -l btqy.com 172.16.101.9
```

```
Using domain server:
Name: 172.16.101.9
Address: 172.16.101.9#53
Aliases:

btqy.com name server dns.btqy.com.
dns.btqy.com has address 172.16.101.9
```

4）查看启动信息

执行命令 service named restart，如果 named 服务无法正常启动，可以查看提示信息，根据提示信息更改配置文件。

5）查看端口

如果服务正常工作，则会开启 TCP 和 UDP 的 53 端口，可以使用 netstat -an 命令检测 53 端口是否正常工作。

```
[root@localhost ~]# netstat -an|grep 53
```

```
tcp       0       0 127.0.0.1:953              0.0.0.0:*              LISTEN
tcp       0       0 172.16.101.9:53            0.0.0.0:*              LISTEN
tcp       0       0 127.0.0.1:53               0.0.0.0:*              LISTEN
tcp       0       0 172.16.101.9:34175         172.16.101.9:53        TIME_WAIT
tcp6      0       0 ::1:953                    :::*                   LISTEN
tcp6      0       0 :::53                      :::*                   LISTEN
udp       0       0 0.0.0.0:55346              0.0.0.0:*
udp       0       0 172.16.101.9:53            0.0.0.0:*
udp       0       0 127.0.0.1:53               0.0.0.0:*
udp       0       0 0.0.0.0:5353               0.0.0.0:*
udp6      0       0 :::53                      :::*
unix  2    [ ACC ]     STREAM     LISTENING     26800    /tmp/.ICE-unix/2853
unix  2    [ ACC ]     STREAM     LISTENING     27253    /run/user/0/pulse/nat
ive
unix  2    [ ACC ]     STREAM     LISTENING     26669    /tmp/ssh-9G3btjtskzST
/agent.2853
           [ ACC ]     STREAM     LISTENING     26799    @/tmp/.ICE-unix/2853
unix  3    [ ]         STREAM     CONNECTED     27382    @/tmp/.ICE-unix/2853
unix  3    [ ]         STREAM     CONNECTED     26153
unix  3    [ ]         STREAM     CONNECTED     27853
unix  3    [ ]         STREAM     CONNECTED     27776    @/tmp/.ICE-unix/2853
unix  2    [ ]         DGRAM                    17532
unix  3    [ ]         STREAM     CONNECTED     28282    @/tmp/.ICE-unix/2853
```

2. 防火墙及 SELinux 对 DNS 服务器的影响

1) iptables

如果使用 iptables 防火墙,注意打开 53 端口。

```
[root@localhost ~]# iptables - A - FORWARD - i eth0 - p tcp - dport 53 - j ACCEPT
[root@localhost ~]# iptables - A - FORWARD - i eth0 - p udp - dport 53 - j ACCEPT
```

2) SELinux

SELinux(增强安全性的 Linux)是美国安全部的一个研发项目,其目的在于增强开发代码的 Linux 内核,以提供更强的保护措施,防止一些关于安全方面的应用程序走弯路并且减轻恶意软件带来的灾难。SELinux 提供一种严格的细分程序和文件的访问权限以及防止非法访问的 OS 安全功能。设定了监视并保护容易受到攻击的功能(服务)的策略,具体而言,主要目标是 Web 服务器 httpd、DNS 服务器 named,以及 dhcpd、nscd、ntpd、portmap、snmpd、squid 和 syslogd。SELinux 把所有的拒绝信息输出到/var/log/messages。如果某台服务器的 bind 不能正常启动,应查询 messages 文件来确认是否是 SELinux 造成服务不能运行。安装配置 BIND DNS 服务器时应先关闭 SELinux。

使用命令行方式编辑修改/etc/sysconfig/selinux 配置文件。

```
SELINUX = 0
```

重新启动后该配置生效。

也可以通过图形界面,依次执行"系统"→"杂项"→"防火墙"命令,打开"安全级别设置"对话框来关闭防火墙。

3. 检查 DNS 服务器配置中的常见错误

(1) 配置文件名写错。在这种情况下,运行 nslookup 命令不会出现命令提示符">"。

(2) 主机域名后面没有小点".",这是最常犯的错误。

(3) /etc/resolv.conf 文件中域名服务器的 IP 地址不正确。在这种情况下,nslookup 命令不出现命令提示符。

注意：网卡配置文件、/etc/resolv.conf 文件和命令 setup 都可以设置 DNS 服务器地址，这三处一定要一致，如果没有按用户设置的方式运行，不妨看看这两个文件是否冲突。

（4）回送地址的数据库文件有问题。同样 nslookup 命令不出现命令提示符。

（5）在/etc/named.conf 文件中的 zone 区域声明中定义的文件名与/var/named 目录下的区域数据库文件名不一致。

4. 了解 chroot 软件包

chroot 也就是 Change Root，用于改变程序执行时的根目录位置。早期的很多系统程序默认所有程序执行的根目录都是"/"，这样黑客或者其他不法分子就很容易通过/etc/passwd 绝对路径来窃取系统机密了。有了 chroot，比如 BIND 的根目录就被改变到了/var/named/chroot，这样即使黑客突破了 BIND 账号，也只能访问/var/named/chroot，能把攻击对系统的危害降低到最小。

为了让 DNS 以更加安全的状态运行，我们也需要安装 chroot。为什么前面没有讲 chroot 呢？原因是对于初次接触 Linux 的用户而言，安装了 chroot 后，主配置文件和区域文件的路径都发生了变化，容易出现问题。但当你有了一定基础后可以试着安装 chroot，记得更改相应目录就可以了。

在实际工作中，最好启用 chroot 功能，可以使服务器的安全性能得到提高。启用了 chroot 后，由于 BIND 程序的虚拟目录是/var/named/chroot，所以 DNS 服务器的配置文件、区域数据文件和配置文件内的语句都是相对这个虚拟目录而言的。如/etc/named.conf 文件的真正路径是/var/named/chroot/etc/named.conf。/var/named 目录的真正路径是/var/named/chroot/var/named。

还有一点，安装 chroot 后，Linux 会主动实现虚拟目录下的文件与原目录下文件的同步，你可以查看相应目录下的文件验证。

10.4 习题

1. 填空题

（1）在 Internet 中计算机之间直接利用 IP 地址进行寻址，因而需要将用户提供的主机名换成 IP 地址，我们把这个过程称为_____。

（2）DNS 提供了一个_____的命名方案。

（3）DNS 顶级域名中表示商业组织的是_____。

（4）_____表示主机的资源记录，_____表示别名的资源记录。

（5）写出可以用来检测 DNS 资源创建是否正确的两个工具是_____、_____。

（6）DNS 服务器的查询模式有_____、_____。

（7）DNS 服务器分为四类：_____、_____、_____、_____。

（8）一般在 DNS 服务器之间的查询请求属于_____查询。

2. 选择题

（1）在 Linux 环境下，能实现域名解析的功能软件模块是（   ）。

A. apache　　　　　　B. dhcpd　　　　　C. BIND　　　　　D. SQUID

(2) www.jnrp.edu.cn 是 Internet 中主机的(　　)。

A. 用户名　　　　　　B. 密码　　　　　　C. 别名　　　　　　D. IP 地址

(3) 在 DNS 服务器配置文件中 A 类资源记录的意思是(　　)。

A. 官方信息　　　　　　　　　　　　　B. IP 地址到名字的映射

C. 名字到 IP 地址的映射　　　　　　　D. 一个 name server 的规范

(4) 在 Linux DNS 系统中,根服务器提示文件是(　　)。

A. /etc/named.ca　　　　　　　　　　B. /var/named/named.ca

C. /var/named/named.local　　　　　D. /etc/named.local

(5) DNS 指针记录的标志是(　　)。

A. A　　　　　　　　B. PTR　　　　　C. CNAME　　　　　D. NS

(6) DNS 服务使用的端口是(　　)。

A. TCP 53　　　　　　B. UDP 53　　　　C. TCP 54　　　　　D. UDP 54

(7) 以下(　　)命令可以测试 DNS 服务器的工作情况。

A. ig　　　　　　　　　　　　　　　B. host

C. nslookup　　　　　　　　　　　　D. named-checkzone

(8) 下列(　　)命令可以启动 DNS 服务。

A. service named start　　　　　　　B. /etc/init.d/named start

C. service dns start　　　　　　　　D. /etc/init.d/dns start

(9) 指定域名服务器位置的文件是(　　)。

A. /etc/hosts　　　　　　　　　　　B. /etc/network

C. /etc/resolv.conf　　　　　　　　　D. /profile

3. 简答题

(1) 描述域名空间的有关内容。

(2) 简述 DNS 域名解析的工作过程。

(3) 常用的资源记录有哪些?

(4) 如何排除 DNS 故障?

4. 实践题

企业采用多个区域管理各部门网络,技术部属于 tech.org 域,市场部属于 mart.org 域,其他人员属于 freedom.org 域。技术部门共有 200 人,采用的 IP 地址为 192.168.1.1～192.168.1.200。市场部门共有 100 人,采用 IP 地址为 192.168.2.1～192.168.2.100;其他人员只有 50 人,采用 IP 地址为 192.168.3.1～192.168.3.50。现采用一台 CentOS 主机搭建 DNS 服务器,其 IP 地址为 192.168.1.254,要求这台 DNS 服务器可以完成内网所有区域的正/反向解析,并且所有员工均可以访问外网地址。

请写出详细解决方案,并上机实现。

## 第 11 章

配置与管理Apache服务器

11.1 相关知识

由于能够提供图形、声音等多媒体数据,再加上可以交互的动态 Web 语言的广泛普及,WWW(World Wide Web)已经成为 Internet 用户最喜欢的访问方式。一个最重要的证明就是,当前的绝大部分 Internet 流量都是由 WWW 浏览产生的。

教学目标

- 掌握 Apache 服务的安装与启动。
- 掌握 Apache 服务的主配置文件。
- 掌握各种 Apache 服务器的配置。
- 学会创建 Web 网站和虚拟主机。

11.1.1 Web 服务的概述

WWW 服务是解决应用程序之间相互通信的一项技术。严格来说,WWW 服务是描述一系列操作的接口,它使用标准的、规范的 XML 描述接口。这一描述中包括与服务进行交互所需要的全部细节,包括消息格式、传输协议和服务位置。而在对外的接口中隐藏了服务实现的细节,仅提供一系列可执行的操作,这些操作独立于软、硬件平台和编写服务所用的编程语言。WWW 服务既可单独使用,也可同其他 WWW 服务一起使用,实现复杂的商业功能。

11.1.2 Apache 服务器简介

Apache HTTP Server(简称 Apache)是 Apache 软件基金会维护开发的一个开放源代码的网页服务器,可以在大多数计算机操作系统中运行,由于其多平台和安全性被广泛使用,是最流行的 Web 服务器端软件之一。它快速、可靠,并且可通过简单的 API 扩展将 Perl/Python 等解释器编译到服务器中。

1. Apache 的历史

Apache 起初是由伊利诺伊大学香槟分校的国家超级计算机应用中心(NCSA)开发的,

此后，Apache 被开放源代码团体的成员不断地发展和加强。Apache 服务器拥有牢靠、可信的美誉，已用在超过半数的 Internet 网站中，几乎包含所有的最热门和访问量最大的网站。

开始，Apache 只是 Netscape 网页服务器（现在是 Sun ONE）之外的开放源代码选择，渐渐地，它开始在功能和速度上超越其他基于 UNIX 的 HTTP 服务器。自 1996 年 4 月以来，Apache 一直是 Internet 上最流行的 HTTP 服务器。

2. Apache 的特性

Apache 支持众多功能，这些功能绝大部分都是通过编译模块实现的。这些特性从服务器端的编程语言支持到身份认证方案。

一些通用的语言接口支持 Perl、Python、Tcl 和 PHP，流行的认证模块包括 mod_access、rood_digest，还有 SSL 和 TLS 支持（mod_ssl）、代理服务器（proxy）模块、URL 重写（由 rood_rewrite 实现）、定制日志文件（mod_log_config），以及过滤支持（mod_include 和 mod_ext_filter）。

Apache 日志可以通过网页浏览器使用免费的脚本 AWStats 或 Visitors 来进行分析。

11.2 项目设计及准备

11.2.1 项目设计

利用 Apache 服务建立普通 Web 站点、基于主机和用户认证的访问控制。

11.2.2 项目准备

安装有企业服务器版 Linux 的 PC 一台、测试用计算机 2 台（Windows 7、Linux），并且两台计算机都已接入局域网。该环境也可以用虚拟机实现，规划好各台主机的 IP 地址。

11.3 实验：安装并配置 Apache 服务器

11.3.1 实验目标

（1）认识 Apache。
（2）掌握 Apache 服务的安装与启动。
（3）掌握 Apache 服务的主配置文件。
（4）掌握各种 Apache 服务器的配置。
（5）学会测试 Web 网站。

11.3.2 实验内容

部门内部搭建一台 Web 服务器，采用的 IP 地址和端口为 172.16.101.9：80，首页采用 index.html 文件。管理员 E-mail 地址为 root@btqy.com，网页的编码类型采用 GB 2312，

所有网站资源都存放在/var/www/html 目录下,并将 Apache 的根目录设置为/etc/httpd
目录。

11.3.3   实验步骤

1. 安装 Apache 相关软件

```
[root@localhost ~]#rpm - q httpd
[root@localhost ~]#mkdir /iso
[root@localhost ~]#mount /dev/cdrom /iso
[root@localhost ~]#yum clean all          //安装前先清除缓存
[root@localhost ~]#yum install httpd - y
[root@localhost ~]#yum install firefox - y //安装浏览器
[root@localhost ~]#rpm - qa|grep httpd        //检查安装组件是否成功
```

```
httpd-tools-2.2.15-59.el6.centos.x86_64
httpd-2.2.15-59.el6.centos.x86_64
```

注意:一般情况下,httpd 默认已经安装,浏览器有可能在安装时未安装,需要根据情况
而定。

2. 测试 httpd 服务是否安装成功

安装完 Apache 服务器后,执行以下命令启动它。

```
[root@centos7 ~]#systemctl start httpd
```

然后在客户端的浏览器中输入 Apache 服务器的 IP 地址,即可进行访问。如果看到如
图 11-1 所示的提示信息,则表示 Apache 服务器已安装成功。

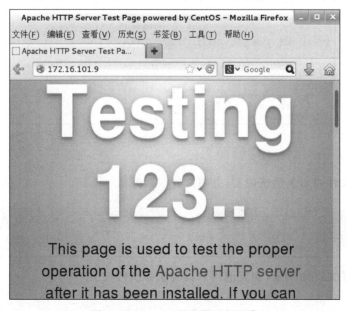

图 11-1   Apache 服务器运行正常

3. 修改主配置文件 httpd.conf

```
[root@localhost ~]# cp /etc/httpd/conf/httpd.conf /etc/httpd/conf/httpd.conf.bak
```

注意：以后每个服务器的配置中都要做这一步，防止配置文件出错而无法实现服务。

```
[root@localhost ~]# vim /etc/httpd/conf/httpd.conf
```

主要是以下几步：

```
ServerRoot "/etc/httpd"              ; 设置 Apache 的根目录为/etc/httpd
Timeout 120                          ; 设置客户端访问超时时间为 120 秒
Listen 80                            ; 设置 httpd 监听端口为 80
ServerAdmin root@btqy.com            ; 设置管理员 E-mail 地址为 root@btqy.com
ServerName 172.16.101.9:80           ; 设置 Web 服务器的主机名和监听端口为 80
ServerName www.btqy.com:80           ; 设置 Web 服务器的域名为 www.btqy.com
```

4. 设置 Apache 文档目录为/var/www/html

```
DocumentRoot "/var/www/html"
DirectoryIndex index.html            ; 设置主页文件为 index.html
AddDefaultCharset GB 2312            ; 设置服务器的默认编码为 GB 2312
```

5. 注释掉 Apache 默认欢迎页面

```
# vim /etc/httpd/conf.d/welcome.conf
```

将其中 4 行代码注释掉，如图 11-2 所示。

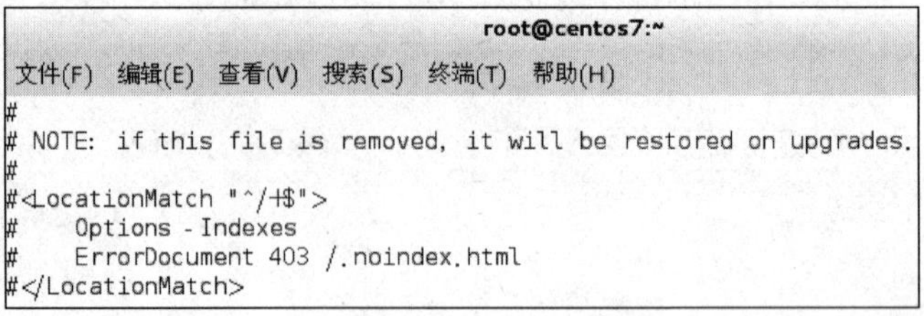

图 11-2　欢迎页面

6. 在主页文件中写入测试内容，并将文件权限开放

```
[root@localhost ~]# cd /var/www/html
[root@localhost html]# echo "This is Web test sample.">> index.html
```

7. 修改默认文件的权限，使其他用户具有读和执行权限

```
[root@localhost ~]# chmod 705 index.html
```

8. 关闭防火墙

```
[root@localhost ~]# systemctl disable firewalld.service
```

9. 重新加载配置

```
[root@localhost ~]# service httpd restart
```

10. 配置 Apache 客户端

1）安装 firefox

```
[root@localhost ~]# mkdir /iso
[root@localhost ~]# mount /dev/cdrom /iso
[root@localhost ~]# yum install firefox -y
```

2）测试

在客户端浏览器中输入 Apache 服务器 IP 地址,查看访问情况。打开 FireFox 浏览器,输入 http://172.16.101.9/,就可以打开我们制作好的首页了,如图 11-3 所示。

图 11-3　浏览 index.html 网页

11.4　习题

1. 填空题

（1）Web 服务器使用的协议是_____,英文全称是_____,中文名称是_____。

（2）HTTP 请求的默认端口是_____。

（3）CentOS 7 采用了 SELinux 这种增强的安全模式,在默认的配置下,只有_____服务可以通过。

（4）在命令行控制台窗口,输入_____命令打开 Linux 配置工具选择窗口。

2. 选择题

（1）（　　）命令可以用于配置 Linux 启动时自动启动 httpd 服务。

    A. service　　　　　　B. ntsysv　　　　　　C. useradd　　　　　　D. startx

（2）在 Linux 中手工安装 Apache 服务器时,默认的 Web 站点的目录为（　　）。

    A. /etc/httpd　　　　　　　　　　B. /var/www/html

C. /etc/home D. /home/httpd

(3) 对于 Apache 服务器,提供的子进程的默认用户是(　　)。

A. root B. apache C. httpd D. nobody

(4) 世界上排名第一的 Web 服务器是(　　)。

A. Apache B. IIS C. SunONE D. NCSA

(5) Apache 服务默认的工作方式是(　　)。

A. ined B. xinetd C. standby D. standalone

(6) 用户的主页存放的目录由文件 httpd.conf 的参数(　　)设定。

A. UserDir B. Directory

C. public_html D. DocumentRoot

(7) 设置 Apache 服务器时,一般将服务的端口绑定到系统的(　　)端口上。

A. 10000 B. 23 C. 80 D. 53

(8) 下列选项中(　　)不是 Apache 基于主机的访问控制指令。

A. allow B. deny C. order D. all

(9) 用来设定当服务器产生错误时,显示在浏览器上管理员 E-mail 地址的是(　　)。

A. Servername B. ServerAdmin

C. ServerRoot D. Documentroot

(10) 在 Apache 基于用户名的访问控制中,生成用户密码文件的命令是(　　)。

A. smbpasswd B. htpasswd

C. passwd D. password

3. 实践题

(1) 建立 Web 服务器,同时建立一个名为/mytest 的虚拟目录,并完成以下设置。

① 设置 Apache 根目录为/etc/httpd。

② 设置首页名称为 test.html。

③ 设置超时时间为 240 秒。

④ 设置客户端连接数为 500。

⑤ 设置管理员 E-mail 地址为 root@smile.com。

⑥ 虚拟目录对应的实际目录为/linux/apache。

⑦ 将虚拟目录设置为仅允许 192.168.0.0/24 网段的客户端访问。

⑧ 测试 Web 服务器。

(2) 在文档目录中建立 security 目录,并完成以下设置。

① 对该目录启用用户认证功能。

② 仅允许 user1 和 user2 账号访问。

③ 更改 Apache 默认监听的端口,将其设置为 8080。

④ 将允许 Apache 服务的用户和组设置为 nobody。

⑤ 禁止使用目录浏览功能。

第 **12** 章

配置与管理FTP服务器

12.1 相关知识

以 HTTP 为基础的 WWW 服务功能虽然强大,但对于文件传送来说却略显不足。一种专门用于文件传送的 FTP 服务应运而生。

FTP 服务就是文件传送服务,FTP 的全称是 File Transfer Protocol,顾名思义,就是文件传送协议,具备更强的文件传送可靠性和更高的效率。

教学目标

- 掌握 FTP 服务的工作原理。
- 学会配置 vsftpd 服务器。

12.1.1 匿名用户

FTP 服务不同于 WWW,它首先要求登录到服务器上,然后再进行文件的传输,这对于很多公开提供软件下载的服务器来说十分不便,于是匿名用户访问就诞生了。通过使用一个共同的用户名 anonymous、密码不限的管理策略(一般使用用户的邮箱作为密码即可),让任何用户都可以很方便地从这些服务器上下载软件。

12.1.2 流行的 FTP 服务器软件简介

目前最常用的 FTP 服务器软件有 vsftpd、PureFTPD、Wu-ftpd 和 Proftpd 等。

1. vsftpd

vsftpd 是 Linux 5 内置的 FTP 服务器软件,它的使用方法简单,安全性也很高(vs 就是 very secure 的缩写,非常安全),并且用户数量最多。

2. PureFTPD

PureFTPD 也是 Linux 下一款著名的 FTP 服务器软件,在 SuSE、Debian 中内置,遗憾的是,CentOS 中没有包含它的软件包。PureFTPD 服务器使用起来很简单,它的网站宣传中说即使是初入门用户,也可以在 5 分钟内用它创建一个 FTP 服务器。

3. Wu-ftpd

Wu-ftpd 是老牌的 FTP 服务器软件,也曾经是 Internet 上最流行的 FTP 守护程序。它功能强大,能够架构多种类型的 FTP 服务,不过它发布得较早,程序组织较乱,安全性较差。

4. Proftpd

虽然 Wu-ftpd 有着极佳的性能,同时也是一套很好的软件,然而它曾经有过不少的安全漏洞。Proftpd 的研发者自己就曾花了很多的时间发掘 Wu-ftpd 的漏洞并试图加以改进,然而十分遗憾的是,他们很快就发现 Wu-ftpd 显然需要全部重新改写的 FTP 服务器。为了追求一个安全且易于设定的 FTP 服务器,他们开始编写 Proftpd。事实上也确实如此,Proftpd 很容易配置,在多数情况下速度也比较快,而且干净的源代码导致缓冲溢出的错误也比较少。

12.2 项目设计与准备

12.2.1 项目设计

在 VMware 虚拟机中启动 3 台虚拟机,其中一台 Linux 服务器作为 vsftpd 服务器(172.16.101.9),在该系统中添加用户 uscr1 和 user2;一台 Linux 客户端 client(172.16.101.8)对 vsftpd 服务进行测试;一台 Windows 7 客户端(172.16.101.8,也可以用 Windows 7 物理机代替,但网络连接方式都应是桥接,这里一定要注意网络连接方式)。

12.2.2 项目准备

(1) 个人计算机 2 台,其中一台安装企业版 Linux 网络操作系统,另一台作为测试客户端。

(2) 推荐使用虚拟机进行网络环境搭建。

12.3 实验:安装并配置 FTP 服务器

12.3.1 实验目标

(1) 掌握 FTP 服务的安装方法。

(2) 学会配置 vsftpd 服务器。

(3) 实践典型的 FTP 服务器配置案例。

12.3.2　实验内容

搭建一台只允许本地账户登录的 FTP 服务器。

12.3.3　实验步骤

1. 安装 vsftpd 服务

```
[root@localhost ~]#rpm - q vsftpd
[root@localhost ~]#mkdir /iso
[root@localhost ~]#mount /dev/cdrom /iso
[root@localhost ~]#yum install vsftpd - y
[root@localhost ~]#yum install ftp - y
[root@localhost ~]#rpm - qa|grep vsftpd
```

vsftpd-2.2.2-24.el6.x86_64

```
[root@rhel6 ~]# rpm - qa|grep ftp
```

gvfs-obexftp-1.4.3-27.el6.x86_64
ftp-0.17-54.el6.x86_64
vsftpd-2.2.2-24.el6.x86_64

2. vsftpd 服务启动

```
[root@localhost ~]#service vsftpd start
```

3. vsftpd 服务停止

```
[root@localhost ~]#service vsftpd stop
```

4. 重启 FTP 服务

```
[root@localhost ~]#service vsftpd restart
```

5. 修改主配置文件

```
[root@localhost ~]#vim /etc/vsftpd/vsftpd.conf
```

anymous_enable = NO
local_enable = YES
local_root = /home
ftp_username = user1

6. 修改文件/etc/selinux/config

```
[root@localhost ~]#vim /etc/selinux/config
```

SELINUX = disabled

7. 建立用户 user1,并设置密码

```
[root@localhost ~]# useradd - s /sbin/nologin user1
[root@localhost ~]# passwd user1
```

8. 设置本地权限,将属主设为 user1,对 user1 目录赋予写的权限

```
[root@localhost ~]# chown user1 /home/user1
[root@localhost ~]# chmod 777 /home/user1
```

9. 放行防火墙

```
[root@localhost ~]# setenforce 0
[root@localhost ~]# sestatus - b |grep ftp
[root@localhost ~]# setsebool - P ftp_home_dir 1
[root@localhost ~]# setsebool - P allow_ftpd_full_access 1
```

10. 在 Linux 客户端安装 ftp 软件包

```
[root@localhost ~]# yum install vsftpd - y
[root@localhost ~]# yum install ftp - y
[root@localhost ~]# ftp 172.16.101.199
```

11. 在客户端添加用户 user1 并在该用户目录下创建文件

```
[root@localhost ~]# useradd user1
[root@localhost ~]# passwd user1
[root@localhost ~]# su user1
[user1@localhost ~]# cd
[user1@localhost ~]# touch haha
[user1@localhost ~]# pwd
[user1@localhost ~]# ls
```

12. 测试

(1) 在 Linux 客户端: ftp 172.16.101.9 使用 user1 用户名登录。

```
> put haha
```

在服务器端的/home 下查看上传的文件。

```
[root@centos7 桌面]# ftp 172.16.101.9
Connected to 172.16.101.9 (172.16.101.9).
220 (vsFTPd 3.0.2)
Name (172.16.101.9: root): user1
331 Please specify the password.
```

```
Password:
230 Login successful.
Remote system type is UNIX.
Using_binary mode to transfer files.
```

（2）在 Windows 客户端：资源浏览器中输入 ftp://172.16.101.9，使用用户名 user1 登录，然后在 user1 文件夹中新建文件夹或复制粘贴文件，如图 12-1 所示。

图 12-1　Windows 客户端测试

12.3.4　FTP 排错

相比其他服务而言，vsftp 配置操作并不复杂，但因为管理员的疏忽，也会造成客户端无法正常访问 FTP 服务器。本小节将通过几个常见错误讲解 vsftp 的排错方法。

1. 拒绝账户登录（错误提示：OOPS 无法改变目录）

当客户端使用 ftp 账号登录服务器时，提示 500 OOPS 错误。

接收到该错误信息，其实并不是 vsftpd.conf 配置文件设置有问题，重点是 cannot change directory，即无法更改目录。造成这个错误主要有以下两个原因。

（1）目录权限设置错误。该错误一般在本地账户登录时发生，如果管理员在设置该账户主目录权限时，忘记添加执行权限（X），那么就会收到该错误信息。FTP 中的本地账号需要拥有目录的执行权限，请使用 chmod 命令添加"X"权限，保证用户能够浏览目录信息，否则拒绝登录。对于 FTP 的虚拟账号，即使不具备目录的执行权限，也可以登录 FTP 服务器，但会有其他错误提示。为了保证 FTP 用户的正常访问，需开启目录的执行权限。

（2）SELinux。FTP 服务器开启了 SELinux 针对 FTP 数据传送的策略，也会造成"无法切换目录"的错误提示，如果目录权限设置正确，那么，需要检查 SELinux 的配置。用户可以通过 setsebool 命令，禁用 SELinux 的 FTP 传送审核功能。

```
[root@rhel6 ~]setsebool –P ftpd_disable_trans
```

重新启动 vsfpd 服务，用户能够成功登录 FTP 服务器。

2. 客户端连接 FTP 服务器超时

造成客户端访问服务器超时的原因主要有以下两种情况。

(1) 线路不通。使用 ping 命令测试网络连通性,如果出现 Request Timed Out,说明客户端与服务器的网络连接存在问题,检查线路的故障。

(2) 防火墙设置。如果防火墙屏蔽了 FTP 服务器控制端口 21 以及其他数据端口,则会造成客户端无法连接服务器,形成"超时"的错误提示。需要设置防火墙开放 21 端口,并且还应该开启主动模式的 20 端口,以及被动模式使用的端口范围,防止数据的连接错误。

3. 账户登录失败

客户端登录 FTP 服务器时,还有可能会收到"登录失败"的错误提示。

登录失败,实际上牵扯到身份验证以及其他一些登录设置。

(1) 密码错误。请保证登录密码的正确性,如果 FTP 服务器更新了密码设置,则使用新密码重新登录。

(2) PAM 验证模块。当输入密码无误,仍然无法登录 FTP 服务器时,很有可能是 PAM 模块中 vsftpd 的配置文件设置错误造成的。PAM 的配置比较复杂,其中 auth 字段主要是接收用户名和密码,进而对该用户的密码进行认证;account 字段主要是检查账户是否被允许登录系统、账号是否已经过期、账号的登录是否有时间段的限制等,保证这两个字段配置的正确性,否则 FTP 账号将无法登录服务器。事实上,大部分账号登录失败都是由这个错误造成的。

(3) 用户目录权限。FTP 账号对于主目录没有任何权限时,也会收到"登录失败"的错误提示,根据该账号的用户身份重新设置其主目录权限,重启 vsftpd 服务,使配置生效。

12.4 习题

1. 填空题

(1) FTP 服务就是_____服务,FTP 的英文全称是_____。

(2) FTP 服务通过使用一个共同的用户名_____、密码不限的管理策略,让任何用户都可以很方便地从这些服务器上下载软件。

(3) FTP 服务有两种工作模式,分别是_____和_____。

(4) FTP 命令的格式为_____。

2. 选择题

(1) ftp 命令的(   )参数可以与指定的机器建立连接。

    A. connect   B. close   C. cdup   D. open

(2) FTP 服务使用的端口是(   )。

    A. 21   B. 23   C. 25   D. 53

（3）我们从 Internet 上获得软件最常采用的是（　　）。

    A. WWW　　　　　　B. telnet　　　　　C. FTP　　　　　　　D. DNS

（4）一次可以下载多个文件用（　　）命令。

    A. mget　　　　　　　　　　　　　　B. get

    C. put　　　　　　　　　　　　　　　D. mput

（5）下列选项中（　　）不是 FTP 用户的类别。

    A. real　　　　　　　　　　　　　　B. anonymous

    C. guest　　　　　　　　　　　　　D. users

（6）修改文件 vsftpd.con 的（　　）可以实现 vsftpd 服务独立启动。

    A. listen＝YES　　　　　　　　　B. listen＝NO

    C. boot＝standalone　　　　　　D. ♯listen＝YES

（7）将用户加入（　　）文件中可能会阻止用户访问 FTP 服务器。

    A. vsftpd/ftptestusers　　　　　B. vsftpd/user_list

    C. ftpd/ftptestusers　　　　　　D. ftpd/userlist

3. 简答题

（1）简述 FTP 的工作原理。

（2）简述 FTP 服务的传输模式。

（3）简述常用的 FTP 软件。

4. 实践题

（1）在 VMware 虚拟机中启动一台 Linux 服务器作为 vsftpd 服务器，在该系统中添加用户 user1 和 user2。

① 确保系统安装了 wfpd 软件包。

② 设置匿名账号具有上传、创建目录权限。

③ 利用/etc/vsftpd/ftptestusers 文件设置禁止本地 user1 用户登录 ftp 服务器。

④ 设置本地用户 user2 登录 FTP 服务器之后，在进入 dir 目录时显示提示信息 welcome to user's dir。

⑤ 设置将所有本地用户都锁定在/home 目录中。

⑥ 设置在/etc/vsftpd/user_list 文件中只有指定本地用户 user1 和 user2 可以访问 FTP 服务器，其他用户都不可以。

⑦ 配置基于主机的访问控制，实现以下功能。

- 拒绝 192.168.6.0/24 访问。

- 对域 btqy.net 和 192.168.2.0/24 内的主机不做连接数和最大传送速率限制。

- 对其他主机的访问限制每个 IP 的连接数为 2，最大传送速率为 500KB/s。

（2）使用 PAM 实现基于虚拟用户的 FTP 服务器配置。

① 创建虚拟用户口令库文件。

② 生成虚拟用户所需的 PAM 配置文件/etc/pam.d/vsftpd。

③ 修改 vsftpd.conf 文件。

④ 重新启动 vsftpd 服务。

⑤ 测试。

（3）建立仅允许本地用户访问的 vsftp 服务器，并完成以下任务。

① 禁止匿名用户访问。

② 建立 s1 和 s2 账号，并具有读/写权限。

③ 使用 chroot 限制 s1 和 s2 账号在/home 目录中。

参 考 文 献

［1］任利军.Linux 系统管理［M］.北京：人民邮电出版社,2016.

［2］叶小荣,刘晓辉.网络服务器配置与应用(Linux 版)［M］.北京：中国铁道出版社,2011.

［3］黄卫东,张岳,史士英.Linux 操作系统基础及实验指导教程［M］.北京：中国水利水电出版社,2018.

［4］吴怡.计算机网络配置管理与应用——Linux［M］.北京：高等教育出版社,2006.

［5］冼进.网络服务器搭建、配置与应用［M］.北京：电子工业出版社,2006.

［6］张朝辉.网络服务器配置与应用手册［M］.北京：国防工业出版社,2004.

［7］张黎明.网络操作系统——Linux 管理与应用［M］.北京：机械工业出版社,2005.

［8］丛佩丽.网络操作系统管理与应用［M］.北京：中国铁道出版社,2012.

［9］杨云,于淼,王春身.网络操作系统项目教程［M］.2 版.北京：人民邮电出版社,2013.

［10］任利军,王海荣,员志超,等.Linux 系统管理［M］.北京：人民邮电出版社,2016.

［11］杨云,王秀梅,孙凤杰.Linux 网络操作系统及应用教程［M］.北京：人民邮电出版社,2013.